科技大讲堂丛书

网络攻防技术

微课视频版

王 群◎编著

清华大学出版社

北京

内 容 简 介

本书从攻击与防御两个层面,通过网络攻防技术概述、Windows操作系统的攻防、Linux操作系统的攻防、恶意代码的攻防、Web服务器的攻防、Web浏览器的攻防、移动互联网应用的攻防共7章内容,系统介绍网络攻防的基本原理和技术方法,力求通过有限的篇幅和内容安排来提高读者的安全技能。

本书可作为高等院校信息安全、网络空间安全相关专业的教材,也可作为从事网络与系统管理相关方向技术人员及理工科学生学习网络攻防技术的参考用书。

图书在版编目(CIP)数据

网络攻防技术:微课视频版/王群编著.—北京:清华大学出版社,2023.3(2024.2重印)
(清华科技大讲堂丛书)
ISBN 978-7-302-61912-3

Ⅰ.①网… Ⅱ.①王… Ⅲ.①计算机网络－安全技术 Ⅳ.①TP393.08

中国版本图书馆 CIP 数据核字(2022)第 178325 号

策划编辑:魏江江
责任编辑:王冰飞
封面设计:刘　键
责任校对:时翠兰
责任印制:刘海龙

出版发行:清华大学出版社
　　　　网　　　址:https://www.tup.com.cn,https://www.wqxuetang.com
　　　　地　　　址:北京清华大学学研大厦 A 座　　　邮　　编:100084
　　　　社 总 机:010-83470000　　　　　　　　　　邮　　购:010-62786544
　　　　投稿与读者服务:010-62776969,c-service@tup.tsinghua.edu.cn
　　　　质量反馈:010-62772015,zhiliang@tup.tsinghua.edu.cn
　　　　课件下载:https://www.tup.com.cn,010-83470236
印 装 者:三河市天利华印刷装订有限公司
经　　销:全国新华书店
开　　本:185mm×260mm　　印　　张:17　　　　　字　　数:414 千字
版　　次:2023 年 5 月第 1 版　　　　　　　　　　印　　次:2024 年 2 月第 3 次印刷
印　　数:2701~4700
定　　价:59.80 元

产品编号:097563-01

前 言

　　党的二十大报告指出：教育、科技、人才是全面建设社会主义现代化国家的基础性、战略性支撑。必须坚持科技是第一生产力、人才是第一资源、创新是第一动力，深入实施科教兴国战略、人才强国战略、创新驱动发展战略，这三大战略共同服务于创新型国家的建设。高等教育与经济社会发展紧密相连，对促进就业创业、助力经济社会发展、增进人民福祉具有重要意义。

　　网络攻防表面上是一种攻守双方的技术对抗，实质则是攻击者与防守者之间的力量较量，是人与人之间的智力博弈。近年来，随着人们对网络的依赖性越来越强，功能各异的操作系统和应用软件在丰富网络应用的同时，其自身存在的漏洞也成为网络攻击者不断挖掘和利用的资源。网络攻防是一种矛与盾的关系，防守者总希望能够通过获取并分析攻击者的痕迹来溯源攻击行为，并制定或修改防御策略。

　　本书（包括配套的《网络攻防实训》）是江苏省高等学校重点教材，从立项之初到最后成书，期间曾多易其稿，甚至将第一稿的全部内容推翻进行重写。在写作过程中克服了许多困难。

　　本书的写作思路如下。

　　一是内容确定。武汉大学张焕国教授曾经用"信息安全是信息的影子"比喻信息与信息安全之间的关系，非常确切。今天，当人们随时随地、无时无刻地享受着即时通信、撰写博客、点评美食、网络约车等信息技术带来的便捷时，银行账号信息窃取、电信诈骗、地理位置信息泄露等信息安全问题也如影相随。那么，作为一本课时量受限的教材来说，又该如何在有限的时间内为学生系统介绍信息安全领域有关攻击与防范的知识呢？本书立足作者多年来从事信息安全实践与教学科研的经验，最后确定将操作系统、恶意代码、Web服务与应用和移动互联网应用等方面的攻防作为重点进行介绍。

　　二是内容组织。从攻防的角度来讲，本书的每一章都可以单独编成一本厚厚的书，很显然这不适合教学。本书将理论和实践分开，重点介绍攻击与防御中涉及的基础知识和基本理论，而配套的《网络攻防实训》主要提供具体的攻防训练，通过实训加深对基础知识的理解，并培养实践动手能力。

　　三是知识融合。就攻击和防御来说，虽然针对每一个具体案例在知识结构上具有相对独立性，但不同案例所涉及的知识点和实践能力的培养具有交叉性，这就涉及不同章节及同一章节不同知识点之间的融合。融合不仅仅是内容上的有效组织，更是培养目标的确定，以及培养过程的遵循。只有在内容上注重相互间的关联，在教学过程中关注理论与实践之间的结合，才能最后实现在知识上融会贯通的人才培养目标。

　　本书共7章，具体内容简述如下。

第1章：网络攻防技术概述。本章较为系统地介绍网络攻防的基础知识，主要包括网络攻击的类型、方法、实施过程及发展趋势。

第2章：Windows操作系统的攻防。本章在介绍Windows操作系统安全机制的基础上，重点从数据、进程与服务、日志、系统漏洞、注册表等方面分别介绍攻防的实现方法。

第3章：Linux操作系统的攻防。本章在介绍Linux操作系统工作机制和安全机制的基础上，分别介绍用户和组、身份认证、访问控制、日志等的安全机制，并对Linux操作系统的远程攻防技术和用户提权方法进行介绍。

第4章：恶意代码的攻防。恶意代码包括的内容较多，而且相关内容的发展较快。本章重点对计算机病毒、蠕虫、木马、后门、僵尸网络和Rootkit等典型恶意代码从攻击与防范两个层面进行较为系统的介绍。

第5章：Web服务器的攻防。本章在对比分析C/S结构和B/S结构及安全机制的基础上，从Web服务器的组成出发，重点介绍Web服务器信息的收集方法、Web数据的攻防、Web应用程序的攻防及Web服务器软件的攻防等内容。

第6章：Web浏览器的攻防。本章与第5章的内容相互照应，但重点不同。本章主要从Web浏览器安全应用出发，从浏览器插件和脚本、Cookie、网页木马、网络钓鱼、黑链攻击等方面，介绍针对Web浏览器的攻击与防范方法。

第7章：移动互联网应用的攻防。作为近年来发展迅速的移动互联网应用及存在的主要安全问题，本章立足于应用安全，通过大量的案例介绍，从技术和非技术两个层面介绍相关的安全问题，并提出相应的安全防范方法。

本书在编写过程中得到了许多同事和同行的无私帮助和支持，在项目申请和出版过程中得到了清华大学出版社编辑老师的关心和帮助，我的同事倪雪莉老师和刘家银老师对全书的文字进行了校对。同时，本书的编写参考了大量的文献资料，尤其是国内外著名安全企业的技术手册，有些未能在参考文献中标明。在此一并表示衷心的感谢！

由于作者水平有限，书中难免有不足之处，敬请读者提出宝贵意见。

编　者

2023年1月于南京

目 录

第1章

网络攻防技术概述

近年来,世界各国对网络空间的争夺日益激烈,针对网络空间的控制信息权和话语权成为新的战略制高点;现实空间的渗透和恐怖袭击正与网络空间的渗透和恐怖袭击紧密地结合在一起,成为人类社会面临的新威胁;不断增长和扩散的计算机病毒(如木马、蠕虫)、黑客攻击等大量信息时代的"衍生物",正在对信息化程度较高的金融、交通、商业、医疗、通信、电力等重要国家基础设施造成严重的破坏,成为影响国家安全的新威胁。保护网络空间安全作为重大挑战之一,已与防止核恐怖事件、利用核聚变能量等一起被列为 21 世纪亟待解决的难题。本章立足网络空间安全,介绍网络攻防的基本概念和相关技术。

1.1　黑客、红客及红黑对抗

计算机的出现使程序的自动运行变成了现实,而网络技术的应用使信息成为物质和能量以外维护人类社会的第三资源。随着计算机应用的普及、Internet 的飞速发展和黑客、红客等概念的出现,涉及黑客与红客之间博弈的红黑对抗越来越引起社会的关注。

1.1.1　黑客与红客

1. 黑客

黑客(hacker)原是正面形象,指那些技术高超、爱好钻研计算机技术,能够洞察到各类计算机安全问题并加以解决的技术人员。在这一定义中,黑客不具有恶意破坏计算机系统和扰乱网络正常运行秩序的特征,而是安全的守护者和捍卫者。其中,将挖掘并公开漏洞的黑客称为白帽,而白帽网站(如乌云网)则是一个供白帽、安全厂商和安全研究者对安全漏洞等问题进行公开和反馈的网络平台,也是互联网安全研究者学习交流和研究的平台。

今天的黑客又称为"骇客"(cracker),描述为熟悉计算机操作系统的原理且能够及时发现和利用操作系统存在的安全漏洞,借此实施非法入侵、窃取、破坏等行为的计算机捣乱分子或计算机犯罪分子。

黑客和骇客之间的差异性主要表现在以下几个方面。

（1）黑客是系统安全的守卫者,所从事的工作是建设性的;而骇客则是系统安全的破坏者,所从事的是破坏行为。

（2）虽然黑客和骇客都是利用自己掌握的计算机技术,设法在未经授权的情况下访问计算机文件或网络,是计算机系统和网络的入侵者。但黑客在成功入侵后进行的操作不是恶意破坏性的,而是有建设性的,而骇客则不然。

（3）由于运行程序是计算机的主要功能,所以黑客需要掌握计算机编程能力,而骇客一般不具有此能力,通常只掌握一些入侵和扫描工具的使用方法,并利用这些工具入侵他人系统进行不法行为。

20 世纪 90 年代,Internet 在中国快速发展,国内一批计算机技术爱好者开始研究安全漏洞,并通过网络分享自己的研究成果,成为第一批黑客群体。之后,随着越来越多的安全漏洞被发现,一些人意识到了其利用价值,买卖漏洞、传播恶意代码的现象开始在黑客中出现,黑客群体开始向两极分化。以营利为目的的网络攻击行为促使了黑色产业链的产生和迅猛发展,而崇尚分享、自由、开放的最为纯正的黑客精神逐渐走向消亡。

现在的黑客特指假借名义控制他人计算机的特殊人群,可以称为通过使用已有工具软件对计算机系统进行攻击和控制的软件黑客（software cracker）或脚本小子（script kids）。软件黑客和脚本小子继承了骇客的破坏性特征,而缺乏原本黑客应有的高深技术。在现实网络空间中,真正对网络进行破坏的,往往不是那些挖掘并研究漏洞的黑客,而是软件黑客或脚本小子。如不做特殊说明,本书中所讲的黑客一般是指软件黑客。

2. 红客

红客（honker）是信息安全的守卫者,除在技术上具备传统黑客的能力外,还需要具有"正义感",能够有效阻止针对计算机系统和网络的破坏行为,确保用户能够按既定的秩序在系统中提供或获得服务。红客的本意是维护系统的秩序,减少系统的不安全因素。

黑客在某种意义上代表着"邪恶",因此黑客的行为都是在隐蔽环境下进行的。而红客代表的是"正义",所以红客的行动一般都是公开的,可以充分运用技术和非技术（如法律、法规、管理制度等）手段来捍卫系统的安全。在中国,红色代表着正义、进步和强大,红客除蕴含着技术能力外,还映射着一种正能量和正面精神,即具有正义感、爱国情怀和进取精神的从事网络安全的技术人员。

1.1.2　红黑对抗

网络空间是继陆、海、空、天领域之后的第五维空间,它是以自然存在的电磁能为载体,以人工网络为平台,以信息控制为目的的空间。网络空间包括电子系统、计算机、通信网络和其他信息基础设施,通过对信息的采集、存储、修改、交换、分析和利用,实现对物理实体的实时控制,影响人的认知活动和社会行为。网络空间已经成为当前国家最重要的基础设施之一,网络空间安全对抗也成为捍卫国家安全的重要使命。

网络攻防的实质是网络空间中人与人之间的智力博弈,其表现形式为红客与黑客之间的对抗,即"红黑对抗"。互联网本身是不健壮的,但在设计之初被认为是安全的。红黑对抗是一种正义与非正义之间的斗争。在网络空间中,攻击者与防卫者就是一种矛与盾的关系,矛希望能够刺穿盾,盾则希望能够阻挡矛。信息安全领域中的红黑对抗就是这样一个互相抗衡、此消彼长的动态过程。红客和黑客连续不断的网络攻防对抗,导致了网络秩序失去平衡。红黑对抗是伴随着信息技术的发展而不断演进的。

在教学环节中,网络攻防可通过配置虚拟网络实验环境,在虚拟的、高实时、强交互、网络拓扑结构处于高度不稳定状态的网络中,对基于过程的网络行为分析、网络跟踪、网络主动防御等技术进行研究。通过网络攻击和防御技术的模拟,再现攻击和防御的博弈过程。网络攻防不仅是一种攻击和防御的实施方法,而且可以为网络的可恢复性、灵活性和安全性评估提供技术指导。

作为应用数学分支之一的博弈论是一套研究智能的理性决策者之间冲突与合作的策略选择理论,而网络空间中的攻防本身就是一种冲突,攻击与防御在方法和技术上的较量归根到底就是攻防双方在决策上的博弈。模型创建是网络攻防的基础,通过建立和分析网络攻防博弈模型,可以评测攻防双方的既定策略,并基于攻防双方的驱动与能力,获得纵深的策略集合甚至是攻防均衡点,使防御方能够基于最小的代价获得最大的安全收益,为网络攻防提供理论依据。

1.2 网络攻击的类型

网络攻击是指任何非授权而进入或试图进入他人网络的行为,是入侵者实现入侵目的所采取的技术手段和方法。这种行为包括对整个网络的攻击,也包括对网络中的服务器、防火墙、路由器等单个节点的攻击,还包括对节点上运行的某一个应用系统或应用软件的攻击。根据攻击实现方法的不同,可以分为主动攻击和被动攻击两种类型。

1.2.1 主动攻击

主动攻击是指攻击者为了实现攻击目的,主动对需要访问的信息进行非授权的访问行为。例如,通过远程登录服务器的 TCP 25 号端口搜索正在运行的服务器的信息,在 TCP 连接建立时通过伪造无效 IP 地址耗尽目的主机的资源等。主动攻击的实现方法较多,针对信息安全的可用性、完整性和真实性,主动攻击一般可以分为中断、篡改和伪造 3 种类型。

1. 中断

中断主要针对的是信息安全中的可用性。可用性(availability)是指授权实体按需对信息的取得能力,强调的是信息系统的稳定性,只有系统运行稳定,才能确保授权实体对信息的随时访问和操作。可用性同时强调的是一种持续服务能力,这种能力的实现需要立足系统的整体架构来解决可能存在的安全问题,降低安全风险。中断是针对系统可用性的攻击,主要通过破坏计算机硬件、网络和文件管理系统来实现。拒绝服务是最常见的中断攻击方式,除此之外,针对身份识别、访问控制、审计跟踪等应用的攻击也属于中断。

2. 篡改

篡改针对的是信息安全中的完整性。完整性(integrity)是指防止信息在未经授权的情况下被篡改,强调保持信息的原始性和真实性,防止信息被蓄意地修改、插入、删除、伪造、乱序和重放,以致形成虚假信息。在计算机系统和网络环境中,信息具有数字化特征,致使信息被篡改的可能性和可操作性要比传统纸介质大得多、简单得多,因此篡改也成为了网络攻击过程中较常使用的一种危害性较大的攻击类型。

完整性要求保持信息的原始性,即信息的正确生成、存储和传输。在网络环境中,信息的完整性一般通过协议、纠错编码、数字签名、校验等方式来实现。针对这些实现方法,篡改攻击则会利用存在的漏洞破坏原有的机制,达到攻击目的。例如,通过安全协议可以有效地检测出信息存储和传输过程中出现的全部或部分被复制、删除、失效等行为,但攻击者也可以破坏或扰乱相关安全协议的执行,进而使安全协议丧失应有的功能。

3. 伪造

伪造针对的是信息安全中的真实性。真实性(validity)是指某个实体(人或系统)冒充成其他实体,发出含有其他实体身份信息的数据信息,从而以欺骗方式获取一些合法用户的权利和特权。伪造主要用于对身份认证和资源授权的攻击,攻击者在获得合法用户的用户名和密码等账户信息后,假冒成合法用户非法访问授权资源或进行非法操作。例如,当攻击者冒充为系统管理员后,可拥有对系统的最高权限,进而对系统进行任意的参数修改、功能设置、账户管理等操作,对系统安全产生严重威胁。

在一个授权访问系统中,认证系统的功能是使信息接收者相信所接收到的信息确实是由该信息声称的发送者发出的,即信息发送者的身份是可信赖的。另外,认证系统或协议需要保证通信双方的通信连接不能被第三方介入,防止攻击者假冒其中的一方进行数据的非法接收或传输。

1.2.2　被动攻击

被动攻击是利用网络存在的漏洞和安全缺陷对网络系统的硬件、软件及系统中的数据进行的攻击。被动攻击一般不会对数据进行篡改,而是利用截取或窃听等方式在未经用户授权的情况下对消息内容进行获取,或者对业务数据流进行分析。被动攻击主要分为窃听和流量分析两种方式。

1. 窃听

窃听原本指偷听别人之间的谈话,随着通信技术的应用和发展,窃听的含义早已超出了偷听和搭线截听电话的概念,开始指借助于技术手段窃取网络中的信息,既包括以明文形式保存和传输的信息,也包括通过数据加密技术处理后的密文信息。

一些窃听的实现需要打破原有的工作机制,如对加密后密文的窃听需要对获取的密文进行破解后才能得到明文信息。而有些窃听的实现则利用了网络已有的工作机制,如目前广泛使用的以太网是一种广播类型的分组网络,任何一台接入以太网的计算机都可以接收到本网段中的广播分组,当网卡设置为混杂模式时可以接收到本网段中的所有分组,若网络通信没有采用加密机制,便可以通过协议分析获知全部的报文信息。例如,无线局域网

（Wireless Local Area Networks，WLAN）目前采用 2.4GHz 和 5.0GHz 两个微波频段通信，由于微波信号以电磁波的形式在开放空间中传输，所以任何一台工作在该频段的设备在信号传输的有效范围内都可以接收到承载着各类信息的信号，然后通过信号分析便可以恢复得到原始信号。

2. 流量分析

数据在网络中传输时都以流量进行描述，流量分析建立在数据拦截的基础上，对截获的数据根据需要进行定向分析。Internet 中，流量在节点之间传输时都需要遵循 TCP/IP 体系结构所确定的协议，在分层模型中每一层对网络流量的格式定义称为协议数据单元（Protocol Data Unit，PDU）。其中，物理层的 PDU 称为数据位（bit），数据链路层的 PDU 称为数据帧（frame），网络层的 PDU 称为分组（packet），传输层的 PDU 称为数据段（segment），应用层的 PDU 统一称为报文（message）。

流量分析攻击可以针对分层结构的每一层，最直接的是通过对应用层报文的攻击直接获得用户的数据。对于传输层及其以下层的 PDU 虽然无法直接获得具体的信息，但攻击者通过对获取的 PDU 分析，便可以确定通信双方的 MAC 地址、IP 地址、通信时长等，进而确定通信双方所在位置、传输的数据类型、通信的频度等，这些信息为进一步实施后续的攻击提供了重要依据。例如，通过对通信双方所占用带宽和通信时长的分析，便可以知道双方信息交换的信息类型；通过对流量的协议分析，便可以推断出用户数据的类型；通过对异常流量的分析，可以判定网络是否存在攻击等。

1.3 网络攻击的属性

网络攻击的实施是一个系列过程，同时涉及技术和非技术因素。任何一个攻击的实施过程都不是单一的，而是由一个或多个不同阶段组成的，其中不同的阶段体现出不同的攻击特点。研究网络攻击的目的是通过掌握攻击的实施过程来确定对应的防御方法。攻击涉及安全，而安全具有相对性，所以在具体的研究过程中，受研究条件、研究环境、把控能力等因素的影响，人们对各种网络攻击的理解不尽相同，进而对网络攻击的判定和特征的提取方法也不相同，对网络攻击及其造成危害或威胁的认识程序也不一致，从而给网络的防御带来了一定的困难。为便于对攻击过程的理解，本节选择从攻击中抽取属性的方法，将攻击分为权限、转换方法和动作 3 种类型。

1.3.1 权限

网络中的权限用于确定谁能够访问某一系统及能够访问这一系统上的哪些资源。对于任何一个授权访问系统来说，权限管理对其安全性是非常重要的。以 Windows Server 操作系统来说，用户被分成多个组，每个组设置了不同的权限，组与组之间的权限不同。其中，Administrators（管理员组）默认具有最高的权限，位于该组中的用户可以对计算机或域进行任意权限的操作；Power Users（高级用户组）中的用户可以执行除了为 Administrators 组保留的任务外的其他任何操作系统任务，其权限仅次于 Administrators；Users（普通用户组）中的用户可以运行经过验证的应用程序，但无法修改操作系统的设置或用户信息。通过对不同类型的用户设置不同的权限,可以加强对用户的分类管理,以提高系统的安全性。

根据访问方式的不同,权限又分为远程网络访问、本地网络访问、用户访问、超级网络管理员访问和对主机的物理访问等类型。任意一种访问如果被恶意利用,便构成了针对该访问方式的攻击。

1. 远程网络访问攻击

远程网络访问攻击属于一种外部攻击方式,它是通过各种手段,从被攻击者所在网络外发起的攻击行为。

2. 本地网络访问攻击

本地网络访问攻击属于一种内部攻击方式,攻击者和被攻击者属于同一个网络(多为内部局域网),也可能是攻击者为了隐藏自己的真实身份,从本地网络获取了被攻击者的必要信息后,从外部发起攻击,造成外部入侵的假象。

3. 用户访问攻击

用户访问攻击属于利用账户的攻击方式,攻击者在非法获得了合法用户账户信息后,冒充合法用户访问系统或资源。

4. 超级网络管理访问攻击

超级网络管理访问攻击属于利用账户的攻击方式,攻击者在非法获得了系统管理员的账户信息后,冒充系统管理员对系统进行非法的操作。

5. 对主机的物理访问攻击

对主机的物理访问攻击既可以作为内部攻击方式,也可以作为外部攻击方式。作为内部攻击方式时,攻击者通常获得能够直接接触被攻击主机的机会,对主机进行物理破坏;作为外部攻击方式时,攻击者在入侵被攻击对象后通过植入木马或病毒对内存或硬盘等主机的硬件进行破坏。

1.3.2　转换方法

转换方法是指攻击者对已有漏洞的利用。攻击过程的实施需要借助通信机制,通过对已有机制存在的漏洞的利用来实现。转换方法主要包括以下几种。

1. 伪装

伪装就是将攻击者的秘密信息隐藏于正常的非秘密文件中,常见的有图像、声音、视频等多媒体数字文件。伪装技术不同于传统的加密技术,加密操作仅仅隐藏了信息的内容,而信息伪装不但隐藏了信息的内容而且隐藏了信息的存在。伪装攻击的最大特点是具有隐蔽性,不易被发现。

2. 滥用

滥用主要是指针对系统功能和权限的非法利用。例如,针对权限的滥用多是指服务端开放的功能超出了实际的需求,或者服务端开放的权限对具体需求的限制不严格,导致攻击者可以通过直接或间接调用的方式达到攻击效果。

3. 执行缺陷

缺陷(Bug)是指系统或程序中隐藏着的一些未被发现的错误或不足,程序设计中存在的缺陷会导致功能不正常或运行不稳定。执行缺陷是指攻击者对系统或程序中缺陷的发现和利用。

4. 系统误设

用户需求的多元化导致了应用系统功能的多样性,但对于某一个具体的应用来说,其功能需求是确定的。然而,在系统部署过程中,受技术熟练程度、需求掌握情况及安全意识等方面的限制,对系统功能的设置往往没有做到与具体功能的对应,出现了超出预定需求甚至是错误的设置。错误设置,尤其是安全功能的错误设置一旦被攻击者利用,就会对安全造成威胁。

5. 社会工程学

社会工程学被认为是反映当代社会现象发展复杂性程度的一门综合性的社会科学,其目标是对各种社会问题进行实例分析和解决。它并不是将人文科学、社会科学、自然科学的知识与技术简单相加,而是根据计划、政策的概念,在重构这些知识和技术的基础上,进行新的探索和整合。社会工程学攻击是一种针对受害者本能反应、好奇心、信任、贪婪等心理陷阱的攻击,它采取欺骗、伤害等危害手段来获得自身利益。传统的计算机攻击者在系统入侵的环境下存在很多的局限性,而新的社会工程学攻击则将充分发挥其优势,通过利用人为的漏洞缺陷进行欺骗来获取系统控制权。这种攻击表面上难以察觉,不需要与受害者目标进行面对面的交流,不会在系统中留下任何可被追查的日志记录。

1.3.3 动作

动作是指攻击实施过程中的具体行为或采用的方法,主要包括以下几种。

1. 探测

探测是指对计算机网络或服务器进行扫描,以获取有效 IP 地址、活动端口号、主机操作系统类型和安全弱点的攻击方式。探测主要用扫描器作为攻击工具,扫描器是一种自动检测远程或本地主机在安全性方面弱点的程序包。例如,用一个 TCP 端口扫描工具选择要扫描的 TCP 端口或服务器,记录下目标主机的应答,以此获得有关目标主机的信息。理解和分析这些信息,就可能发现破坏目标主机安全性的因素。

2. 拒绝服务

1) 拒绝服务(Deny of Service,DoS)攻击

通过连续向攻击目标发送超出其处理能力的过量数据,消耗其有限的网络链路或操作系统资源,使之无法为合法用户提供有效服务。DoS 攻击可分为两种形式:一是利用目标系统或软件漏洞,发送一个或多个精心构造的数据包给目标系统,让被攻击系统崩溃、运行异常或重启等,导致无法为正常用户提供服务。例如,ping-of-death 攻击发送大容量的 ICMP ping 包给被攻击系统,这些 ping 包会被分片重组,某些设计不完善的操作系统可能会因为缓冲区溢出而重启、崩溃。另一种称为洪泛攻击,它让无用的信息占用系统的带宽或

其他资源,使得系统不能服务于合法用户。

2）分布式拒绝服务（Distributed DoS,DDoS）攻击

传统 DoS 攻击中的数据包来自一个固定的攻击源,而 DDoS 攻击中的数据包来自不同的攻击源,即利用网络中不同的主机同时发起 DoS 攻击,使得被攻击对象不能服务于正常用户。DDoS 攻击因为使用了不同的攻击源,攻击效果被放大。典型的 DDoS 攻击包含 4个方面的要素:①实际攻击者;②用来隐藏攻击者身份的机器,可能会被隐藏多级,该机器一般用于控制僵尸网络（实际发起攻击的机器）并发送攻击命令;③实际进行 DDoS 攻击的机器群,一般属于僵尸网络;④被攻击目标（即受害者）。

3）低速率拒绝服务（Low-rate DoS,LDoS）攻击

传统 DoS 攻击原理的共同特点是攻击者采取一种压力（sledge-hammer）方式向被攻击者发送大量攻击包,即要求攻击者维持一个高频、高速率的攻击流。正是这种特征,各种传统 DoS 攻击的网络流量与正常网络流量相比都具有一种异常统计特性,使得对其进行检测相对简单。因此,许多 DoS 检测方法都把这种异常统计特征作为识别 DoS 攻击的特征,一旦检测到攻击,就激活包过滤机制,丢弃所有具有攻击特征的数据流传送的数据包,或者采用一定的速率限制技术来降低攻击影响。LDoS 攻击只是在特定时间间隔内发送数据,同一周期其他时间段内不发送任何数据,这种间歇性攻击特点使得攻击流的平均速率比较低,与合法用户的数据流区别不大,不再具有传统 DoS 攻击数据的异常统计特性,因此很难用已有的方法对其进行检测和防范。LDoS 攻击是对传统 DoS 攻击的改进形式,它与传统 DoS 攻击相比,攻击效率有了大幅度的提高,且更加有效地躲避了检测和防范。LDoS 攻击比传统 DoS 攻击更具威胁性。

3. 截获

截获攻击针对的是信息安全中的秘密性。攻击者在截取了通信双方的正常数据包后,通过篡改数据包的字段信息（包括收发地址、数据、窗口大小等）伪造了一个虚假的数据包,从而实现攻击目的。在无线通信网络中,由于数据包易于获取,所以截获攻击较容易实施。

4. 改变

改变攻击是攻击行为的泛指,在具体的攻击实施过程中凡是破坏或扰乱了原有秩序的行为统称为改变,包括地址改变、内容改变、路径改变、时间改变等。

5. 利用

在攻击过程中,利用一般借助于系统存在的漏洞来实现。例如,ARP 欺骗攻击借助于 ARP 存在的安全漏洞来实现,IP 源地址伪造攻击借助于路由器缺乏对源 IP 地址的验证机制这一规则来实现,还有大量利用各类操作系统安全漏洞的渗透攻击等。在网络攻击中,利用既是一个动作,也是一种手段和方法。

1.4 主要攻击方法

由于计算机网络体系结构的复杂性和应用的开放性,使得网络设备和数据的安全成为影响网络正常运行的重要问题。计算机网络的风险主要由网络系统存在的缺陷或漏洞、利用漏洞的攻击及外部环境对网络的威胁等因素构成。广义的攻击是指任何形式的非授权行

为,目前的网络攻击主要利用网络通信协议本身存在的设计缺陷或因安全配置不当而产生的安全漏洞而实施。基于这一现实,本节重点介绍以下的攻击方法。

1.4.1 端口扫描

视频讲解

网络扫描就是对计算机系统或网络设备进行相关的安全检测,以便发现安全隐患和可利用的漏洞。攻击者利用网络扫描技术来寻找对系统发起攻击的途径。计算机网络通过端口对外提供服务,一个端口同时也是一个潜在的通信通道或入侵通道。通过对目标主机进行端口扫描,可以获得很多有用信息。

端口扫描是向目标主机的服务端口发送探测数据包,并记录目标主机的响应。通过分析响应的数据包来判断服务端口是否处于打开状态,从而得知端口提供的服务或信息。端口扫描也可以通过捕获本地主机或服务器的流入流出数据包来监视本地 IP 主机的运行情况,它能对接收到的数据进行分析,帮助人们发现目标主机的某些内在的弱点。端口扫描本身不会提供进入一个系统的详细方法,它只是一项自动探测本地或远程系统端口开放情况的技术。用户通过端口扫描可以了解本系统向外界提供了哪些服务,或者探测目标主机系统端口目前正在向外提供哪种服务。

端口扫描一般通过 TCP 连接的建立机制而实施。如图 1-1 所示,TCP 是 TCP/IP 体系结构传输层提供的一个面向连接的通信协议,它通过"三次握手"过程建立可靠的连接。在网络攻击中,端口扫描的目的不是建立连接,而是利用 TCP 连接的建立机制在非正常状态下获得目标主机的相关信息。在端口扫描过程中,目标主机端口可能出现下列 4 种状态,每一种状态下的应答数据包情况如下。

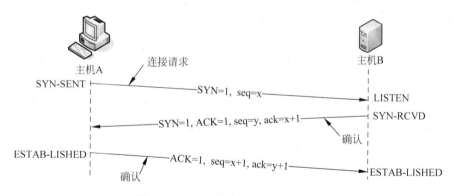

图 1-1 TCP 连接建立时的三次握手

(1) CLOSED 状态:表示目标主机的端口处于关闭状态。这时,如果目标主机收到 RST(复位)数据包便直接丢弃;如果收到其他类型的数据包,则返回一个 RST 数据包。

(2) LISTEN 状态:表示目标主机的端口处于监听状态。这时,如果目标主机收到一个 SYN(同步)数据包,则返回一个 SYN 或 ACK(应答)数据包,并进入 SYN-RCVD(同步收到)状态;如果收到一个 ACK 数据包,则返回一个 RST 数据包;如果收到其他的数据包,则将其直接丢弃。

(3) SYN-RCVD 状态:表示目标主机的端口处于同步收到状态。如果目标主机收到一个 RST 数据包,则返回 LISTEN 状态;如果收到 ACK 数据包,则进入 ESTAB-LISHED (连接建立)状态,并建立 TCP 连接;如果收到其他类型的数据包,则将其直接丢弃。

（4）ESTAB-LISHED 状态：表示目标主机的端口处于连接已建立状态,即 TCP 连接已经建立。

TCP 连接扫描是一种最基本的端口扫描技术。TCP 连接扫描也称为“TCP 全连接扫描”,它利用 TCP 的三次握手过程,直接连接到目标端口并完成一个完整的三次握手过程 (SYN、SYN/ACK 和 ACK)。操作系统提供的 connect()函数完成系统调用,用来与目标计算机的端口进行连接。如果端口处于监听状态,那么 connect()函数就能成功完成连接;否则,这个端口是不能用的,即没有提供服务。TCP 连接扫描的优点是不需要任何权限,系统中的任何用户都有权利使用这个调用,而且扫描速度快。TCP 连接扫描的缺点是容易被目标系统发现并过滤。在目标计算机的日志文件中,会显示一连串的连接和连接出错的服务消息,目标计算机通过对本地系统日志的实时分析很容易发现这种扫描行为。

1.4.2　口令攻击

口令是使用最广泛的一种身份认证方式。目前,虽然基于图像、视觉和指纹等的认证方法已经开始大量应用于用户身份认证,但可记忆的文本口令认证方法以其便捷的应用和极低的成本仍被广泛应用于当前的各类系统中。早期,部分系统采用直接存储口令本身来进行比对认证,攻击者很容易通过攻击服务器上存储的口令文件来直接获取口令。2011 年, CSDN 和人人网等网站密码大量泄露的原因就是早期使用这种方式保存口令。

现在,大部分系统通过保存口令的 Hash 值来对用户认证信息进行管理。当用户登录时,系统通过一个单向函数来对输入的口令进行计算,将得到的 Hash 值与存储口令的 Hash 值进行比对,如果一致则通过认证,否则拒绝访问。这种认证方式是利用了单向函数的单向性(给定口令输入,计算 Hash 值是容易的;但给定 Hash 值,计算出口令输入值是困难的),保证口令的安全。这样即使攻击者获取到存储口令 Hash 值的文件,也很难得到口令。还有一些系统采用加权方法来进一步保证系统的安全性,系统以口令和权值作为输入参数来计算 Hash 值,这里的权值通常是一个随机值。

攻击者通过猜测口令,并且将计算出的 Hash 值进行比对的过程称为口令攻击。因此, 口令攻击的核心是猜测出可能的候选口令。在互联网环境中,一般可以通过以下几种方式进行口令攻击。

1. 在线窃听

在线窃听是指攻击者利用一些网络协议传输信息时未进行加密处理这一机制,通过在线截获数据包并经协议分析便可获得用户名和密码等账户信息。目前,互联网上的 Telnet、 FTP、HTTP、SMTP 等协议都采用明文方式来传输用户名和密码等账户信息,通过网络嗅探器(如 Sniffer)在不影响正常通信的前提下就可以截获数据包并进行协议分析。

2. 获取口令文件

在 Linux 操作系统中,用户的账号(用户名)信息存放在“/etc/passwd”文件中,而对应的口令则经加密处理后存放在“/etc/shadow”文件中;在 Windows 操作系统中,用户名和密码经 Hash 处理后保存在"Winnt/System32/Config"目录下的 SAM(Security Account Manager,安全账号管理)文件中。攻击者在窃取了这些文件后,通过破解便可以获取系统的账户信息。例如,Windows 中的 SAM 文件一般是经 LM-Hash 或 NTLM-Hash 加密处理后的文件,该类型的文件很容易通过专门的工具进行破译。

3. 字典攻击

拿着一串钥匙鬼鬼祟祟地逐个试着去打开某一把锁属于小偷行为,而对照一个密码本中提供的密码一个个尝试着去登录某一系统则属于字典攻击。任何一个资源受限系统都需要对用户身份的合法性进行验证。当攻击者试图入侵一个受保护的目标系统时,像正常的用户登录一样,需要输入正确的用户名和密码。此时,攻击者会使用事先生成的口令字典库,依次向目标系统发起身份认证请求,直到某一个口令满足条件(攻击成功)或所有口令遍历后仍然无效(攻击失败)为止。一个字典攻击过程必须具备的两个条件如下。

(1) 攻击者必须事先掌握目标系统的身份认证方式。就像小偷开锁之前需要知道锁的类型,然后才能准备钥匙一样,攻击者在入侵目标系统之前,也必须事先掌握该系统的身份认证方式(如虹膜认证、指纹认证、口令认证等)后,才能确定其认证协议、目标地址和端口等信息。

(2) 字典库的准备。对于攻击者来说,字典库越大,成功入侵的可能性也就越大,但攻击过程的耗时也越长,攻击行为被检测和阻止的可能性也越大。攻击者在对一个目标系统实施攻击之前,一般会对其口令的可能组成进行一个评估(如系统的重要性、系统的注册用户数量、系统曾经是否出现过用户信息的泄露等),再根据评估结果生成相应的字典库。目前,针对不同系统的不同认证方式,存在专门的字典库生成工具。

1.4.3　彩虹表

彩虹表(rainbow table)是一种破解 Hash 函数的技术。例如,对于 Windows 操作系统中经过 LM-Hash 或 NTLM-Hash 加密处理后的 SAM 文件,即使是系统管理员(Administrator)也无法读取,但是通过相应的彩虹表工具都可以进行破解。彩虹表技术可以针对不同的 Hash 函数,利用其漏洞进行暴力破解。

视频讲解

1. Hash 函数

Hash 函数(Hash function,杂凑函数)是将任意长的数字串 M 映射成一个较短的定长输出数字串 H 的函数。一般以 h 表示,$h(M)$ 易于计算,称 $H=h(M)$ 为 M 的杂凑值,杂凑值也称为 Hash 值,H 也称为 M 的数字指纹(digital finger print)。

在 Hash 函数中,h 是多对一的映射,即任意一个 M 经 $h(M)$ 计算得到的 H 是唯一的,而一个 H 可能对应多个不同的 M。因此,不能从 H 计算得出原来的 M,但可以验证任意一个给定的序列 M' 是否与 M 有相同的杂凑值。Hash 函数具有以下性质。

(1) 混合变换(mixing transformation)。对于任意的输入 x,输出的杂凑值 $h(x)$ 应当与区间 $[0,2^{|h|}]$ 中均匀的二进制串在计算上是不可区分的。

(2) 抗碰撞攻击(collision resistance)。存在两个输入 x 和 y,且 $x\neq y$,使得 $h(x)=h(y)$,这在计算上应当是不可行的。为了使这个假设成立,要求 h 的输出空间应当足够大。

$|h|$ 最小为 128，典型的值为 160。

（3）抗原像攻击（pre image resistance）。已知一个杂凑值 h，找一个输入串 x，使得 $h = h(x)$，这在计算上是不可行的。这个假设同样也要求 h 的输出空间足够大。

（4）实用有效性（practical efficiency）。给定一个输入串 x，$h(x)$ 的计算可以在关于 x 的长度规模的低阶多项式（理想情况是线性的）时间内完成。

需要说明的是，由于 Hash 函数输出值是固定长度的，这必然会存在多个不同输入产生相同输出的情况。如果两个输入串的 Hash 函数的值一样，则称这两个串是一个碰撞（Collision）。在理论范围内，存在一个输出串（Hash 函数值）对应无穷多个输入串，所以碰撞具有必然性。如果找到碰撞，就意味着破坏了信息的一致性，搜寻指定输入的 Hash 碰撞值的过程被称为"Hash 破解"。按照 Hash 函数的性质约定，Hash 函数必须是不可逆的，所以不存在从杂凑值到原始输入串的破解。但是，如果使用彩虹表这种暴力破解方式，可以打破 Hash 函数的性质约定，不过仍然无法保证破解到的数据是原始数据。

2. 彩虹表的工作原理

由于 Hash 函数具有的特殊性质，目前 Hash 函数多用于密码的保存，防止明文密码的泄露，同时又可以验证输入的密码的正确性。常用的 Hash 算法有 MD5、SHA-1、SHA-2 等。

（1）彩虹表的建立。彩虹表技术的设计目的是对 Hash 函数进行暴力破解。在 Hash 函数中存在某个较大集合 $M(m_0, m_1, m_2, \cdots, m_n)$ 和一个较小集合 $Q(q_1, q_2, q_3, \cdots, q_p)$，其中用于两个集合映射的 Hash 函数为 H，即 $Q = H(M)$。对于 M 中的任何一个值 $m_i(i = 0, 1, 2, \cdots, n)$ 都有唯一确定的 $q_j(j = 1, 2, 3, \cdots, p)$ 与之对应，但是一个 q_j 可以对应多个 m_i。

对于 Hash 函数的破解，是给定一个具体的杂凑值 q，求得其输入值 m 的过程。具体有两种方法：一种是暴力破解，把 M 中的每个 m_i 都计算一次 $H(m_i)$，直到结果等于 q；另一种是查表法，预先设计一个给定结构的数据库，把每个 m_i 和对应的 q_j 都记录在数据库中，只要在该数据库依次查询 q 即可，直到找到对应的 m 为止。这两种方法虽然在理论上具有可行性，但在实际应用中却是不可取的，因为前一种所需要的时间是不能接受的[例如，一个由 14 位的大小写英文字母加数字组成的密码集合大小为 $(26 \times 2 + 10)^{14} = 1.24 \times 10^{25}$]，而后一种产生的存储空间是海量的（如果杂凑值采用为 128 位，那么仅存储杂凑值就需要 10^{11} PB，还没有考虑保存明文 M 所需要的存储空间）。彩虹表是对以上两种做法的合理组合，既结合了暴力破解和查表法的特点，又使处理时间和存储空间都能够在人们的可接受范围内。

彩虹表的具体做法是，对于 $Q = H(M)$，建立另一个可以将 Hash 值映射回明文密码 m_i 的换算函数 R，使得 $M = R(Q)$，然后对于一个给定的 m，进行如下计算。

$$m \xrightarrow{H} q'_1 \xrightarrow{R} m'_1 \xrightarrow{H} q'_2 \xrightarrow{R} m'_2 \xrightarrow{H} q'_3 \xrightarrow{R} m'_3 \cdots q'_{k-1} \xrightarrow{R} m'_{k-1} \xrightarrow{H} q'_k \xrightarrow{R} m'$$

以上算法的基本思想是，把 m 用 H 和 R 依次迭代运算，最后得到 m'，将 m 和 m' 保存下来，其他的中间结果全部丢弃。从 m 到 m' 之间的运算称为哈希链，其中 m 和 m'_k 分别为该链中的起始点和终结点。为了能够生成查询表，从 M 中随机选择一组 m_i 分别作为起始值，对每个起始点值采用相同的哈希链生成算法计算终结点值，将起始点值和终结点值保存下来（即 $m_i \leftrightarrow m'_i$ 对），中间过程产生的值全部丢弃。通过以上运算，一个仅保存起始点值和终结点值的数据库便形成，该数据库即生成的彩虹表。

（2）利用彩虹表破解 Hash 函数值。彩虹表的作用是破解 Hash 函数值，即通过杂凑值找到明文输入数字串。下面具体介绍给定一个杂凑值 q，求其输入值 m 的过程。具体方法是，先把 q 进行一次 R 运算，得到一个值 c_1，然后把 c_1 与彩虹表中每一条记录（$m_i \leftrightarrow m_i'$ 对）中的 m_i' 进行比对，如果有一条对应的记录，则该记录的（$m_1', \cdots, m_{k-1}'$）可能存在要找的 m。此时，为了验证（$m_1', \cdots, m_{k-1}'$）存在 m，将该记录再进行一次从 m 到 m' 的链式运算，看运算结果中的 q_j 是否与 q 相同。如果相同，说明 m_{j-1}' 就是 m，因为 $m_{j-1}' \xrightarrow{H} q_j$；如果不相同，继续查询下一条记录，直至遍历整个彩虹表中的 $m \leftrightarrow m'$ 对为止。

如果通过 c_1 没有得到对应的 m_n，再进行 $q \xrightarrow{R} c_1 \xrightarrow{H} q_1' \xrightarrow{R} c_2$ 运算，并把 c_2 与彩虹表中每一条记录中的 m' 进行比对，如果成功，根据其对应的起始点重新进行链式运算，若运算过程中存在 q_j 与 q 相同，则 m_{j-1}' 即为要找的 m；否则，再运算得到 c_3、c_4，直到 c_{k-1}。

通过以上分析可知，如果给定一个杂凑值 q，只要找到相对应的输入明文密码 m，就可以通过换算函数 R 和 Hash 函数 H 运算哈希链，当其中任何一点与彩虹表中的终结点相同时，就能通过相应的起始点重建此哈希链。通过重建的完整哈希链，就有机会找到相应的密码值 m。

3. 彩虹表应用举例

图 1-2 是由 3 条完整哈希链组成的表，表中的每一条记录（哈希链）都经过了 3 次换算，3 次换算的换算函数分别为 R_1、R_2 和 R_3。其中，密码全部用 6 位小写字母表示，Hash 值为 32 位。

以图 1-2 中的哈希链表构成如图 1-3 所示的彩虹表。利用该彩虹表来破解 Hash 函数值为"00BB33DF"，破解的主要运算过程如下。

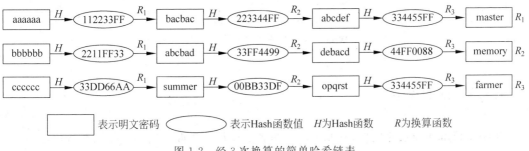

图 1-2　经 3 次换算的简单哈希链表

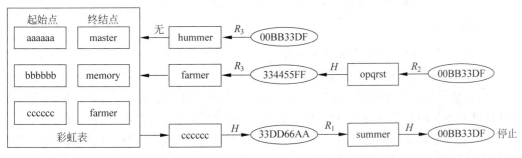

图 1-3　对 Hash 值"00BB33DF"的破解过程

（1）将 Hash 函数值"00BB33DF"通过换算函数 R_3 得到一个终结点的明文密码"hummer"，在彩虹表的终结点一列中未找到对应内容，转到（2）。

（2）通过换算函数 R_2、Hash 函数 H、换算函数 R_3 得到终结点的明文密码"farmer"。

（3）在彩虹表中找到相对应的终结点明文密码"farmer"。

（4）利用对应的起始点"cccccc"重新构建哈希链，直至运算得到 Hash 值"00BB33DF"。这时，就获得了 Hash 值"00BB33DF"相对应的明文密码"summer"，破解成功。

对于 Windows 操作系统来说，只要得到 SAM 文件，就可以轻松地获取所有用户的明文密码。Windows 操作系统的早期版本使用 LM-Hash 加密保存 SAM 文件，从 Windows Vista 开始系统默认禁用了 LM-Hash（图 1-4 所示为 Windows 8 操作系统中系统默认的设置），而改用安全性高的 NTLM-Hash。然而，对于采用 LM-Hash 和 NTLM-Hash 加密处理的 SAM 文件，使用彩虹表都可以轻易破解。

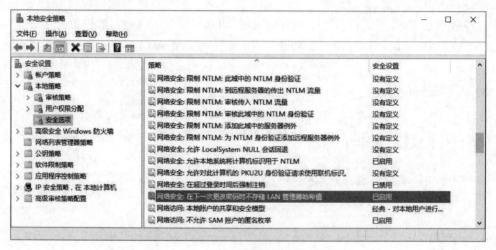

图 1-4　Windows 8 操作系统默认禁用 LM-Hash

1.4.4　漏洞攻击

互联网技术如今飞速发展，其原始驱动是各类应用的不断丰富和完善。在这一过程中，软件是核心。然而，任何一款软件都不同程度地存在着漏洞，漏洞一旦被利用就会产生攻击。重大网络安全事件不断发生，多是由黑客利用漏洞进行攻击所导致的。

1. 漏洞的概念

在计算机安全领域中，漏洞被认为是存在于一个系统内的弱点或缺陷，该弱点或缺陷会导致系统对一个特定的威胁攻击或危险事件具有敏感性，或导致对系统进行威胁攻击的可能性。漏洞通常是由软件错误（如未经检查的缓冲区或者竞争条件）引起的。在网络安全中，计算机系统是由若干描述实体配置的当前状态组成的，这些状态可分为授权状态、非授权状态、易受攻击状态和不易受攻击状态。易受攻击状态是指通过授权的状态转变成从非授权状态可以到达的授权状态。

受损状态是指已完成这种转变的状态，攻击是非受损状态到受损状态的状态转变过程。

漏洞就是指区别于所有非受损状态的容易受攻击的状态特征。漏洞具有以下特点。

（1）软件编写过程中出现的逻辑错误，除专门设置的"后门"外，这些错误绝大多数都是由于疏忽造成的。

（2）漏洞和具体的系统环境密切相关。在不同种类的软、硬件设备中，同种设备的不同版本之间、由不同设备构成的不同系统之间，以及同种系统在不同的设置条件下，都会存在各自不同的安全漏洞问题。

（3）漏洞问题与时间紧密相关。随着时间的推移，旧的漏洞会不断得到修补或纠正，新的漏洞会不断出现，因而漏洞问题会长期存在。

漏洞的上述特点决定了在对漏洞进行研究时，除了需要掌握漏洞本身的特征属性，还要了解与漏洞密切相关的其他对象的特点。漏洞的基本属性有漏洞类型、造成后果、严重程度、利用需求、环境特征等。与漏洞相关的对象包括存在漏洞的软（硬）件、操作系统、相应的补丁程序和修补漏洞的方法等。图 1-5 是一个典型的漏洞库所包含的漏洞信息。

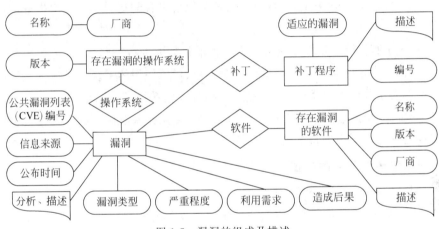

图 1-5　漏洞的组成及描述

安全漏洞是信息技术、信息产品和信息系统在需求、设计、实现、配置、运行等过程中，有意或无意产生的脆弱性，这些脆弱性以不同形式存在于信息系统各个层次和环节之中，能够被恶意主体所利用，从而影响信息系统及其服务的正常运行。近几年来，由漏洞导致的网络安全事件层出不穷，典型案例包括 2010 年 6 月发现的"震网"（Stuxnet）蠕虫，同时利用了 7 个最新漏洞进行攻击，导致伊朗布什尔核电站推迟发电；2011 年 7 月发生的韩国门户网站 Nate 和社交网站 Cyworld 被黑事件，成为当时发生的规模最大的网民信息被盗案件，约 3500 万用户的名字、电话号码、地址、身份证号码等信息被公布；2011 年 12 月，黑客通过漏洞攻击导致 CSDN 等站点数亿账户信息被泄露，严重扰乱了互联网正常秩序。安全漏洞的大量出现和加速增长是目前网络安全问题趋于严峻的重要原因之一。

0day 漏洞是一种特殊的安全漏洞。0day 通常是指还没有公开过的尚未有补丁的漏洞，也称为"未公开漏洞"。而 0day 攻击则是指利用这种漏洞进行的攻击，即在安全补丁发布之前攻击者已经掌握了漏洞的存在，并对存在该漏洞的系统进行攻击。在安全补丁发布之前，所有的漏洞都可以称为 0day 漏洞。从实际情况来看，漏洞的存在是普遍的，只是有些漏洞尚未发现或发现后没有公开而已。因此，利用 0day 漏洞的网络攻击在互联网环境中产生的危害是崩塌式的。

2. 漏洞的分类

根据产生原因,可以将漏洞分为以下几类。

(1) 设计方面的原因。主要是在系统设计时受某种先决条件的限制,或者考虑不够全面,从而导致设计上存在缺陷。一般来说,这类漏洞很难进行修补,特别是对于广泛应用的系统来说更是如此。例如,在最初 TCP/IP 的设计时,因当时只在小范围内使用,对于身份的确认、交互信息的确认都没有进行专门的考虑,从而导致假冒 IP 地址、利用 TCP 通信中三次握手等攻击行为很难防范。

(2) 实现方面的原因。一般来说,主要体现在编码阶段,如忽略或缺乏编码安全方面的考虑、编程习惯不良和测试工作的不充分等,导致在一些特殊的条件下,程序无法按照预定的步骤执行,从而给攻击者以可乘之机。目前很多攻击都是针对编码漏洞来发起的,最为典型的是缓冲区溢出攻击,如 CodeRed、SQL Slammer、冲击波蠕虫、震荡波蠕虫等都是利用了缓冲区溢出的漏洞。一般来说,这种攻击通常会使攻击者的权限得到非法提升,对系统的安全性威胁很大。

(3) 配置方面的原因。很多系统在正常工作前都需要进行一些配置,越是复杂的系统,其配置就越复杂。由于管理者缺乏相应的安全知识、对所使用的系统不了解、配置方法不专业等原因,经常为系统留下严重的安全隐患。例如,采用系统的默认配置,导致系统运行了本来不需要的服务,由此埋下了安全隐患。这个问题在操作系统服务的配置、应用服务的权限配置、口令配置等方面表现得更为突出。

3. 针对网络协议漏洞的攻击

网络漏洞是指存在于计算机网络系统中的,可能对系统中的组成和数据造成损害的一切因素。网络漏洞是在硬件、软件、协议的具体实现或系统安全策略上存在的缺陷,从而可以使攻击者能够在未授权的情况下访问或破坏系统。由于网络漏洞涉及的内容较广,下面主要介绍网络协议漏洞。

TCP/IP 是 Internet 中使用的一组通信协议的总称,最初由美国国防部高级研究计划署(DARPA)资助开发,于 1983 年在 ARPANET(阿帕网)上使用。以 TCP/IP 为基础的Internet 设计的初衷主要是考虑军事应用及提高抗干扰能力,这是以牺牲网络带宽为代价的,其网络结构及协议也存在一系列问题,提供的是一种面向非连接的尽力而为的不可靠服务,根本没有考虑到类似于今天移动互联网等新应用的需要。TCP/IP 设计之前是由具有相同爱好的一些工程技术人员和研究者设计开发的,他们彼此信任、协同工作,网络中源地址、目的地址彼此信任,网络中传输的内容未考虑保密性,整个体系结构是一种开放、松散的架构。然而,当 Internet 进入大规模商用后,协议设计之初存在的局限性很快暴露出来,尤其是安全问题引起普遍关注,但一时又无法找到一种更好的可进行大规模改进的方案。因此,现实的做法则是集思广益,吸收各种新概念、新思路和新技术来对已有协议渐进性地进行完善,使之尽可能满足人们的应用要求。严格地讲,在目前的 Internet 应用环境中,TCP/IP 中的主流协议(如 TCP、UDP、ARP/RARP、SMTP、DNS 等)都不同程度地存在着安全漏洞,这些安全漏洞都可能会被攻击者利用,作为入侵的窗口或跳板。

1.4.5　缓冲区溢出

缓冲区是指计算机中连续的一段存储空间。攻击者针对缓冲区工作过程中存在的漏洞，通过编写攻击程序，导致缓冲区出现溢出，进而实现对目标的攻击。

1. 缓冲区溢出的概念

缓冲区溢出是一种系统攻击手段，它通过向程序的缓冲区写入超出其长度要求的内容，造成缓冲区空间的溢出，溢出的数据将改写相邻存储单元上的数据，从而破坏程序的堆栈，使程序转去执行其他指令。如果这些指令是放在有系统管理员权限（如 UNIX/Linux 的 Root、Windows NT 的 Administrator 等）的内存里，那么一旦这些指令得到了运行，入侵者就以管理员权限实现了对系统的控制。

缓冲区溢出是一种典型的 U2R(User to Root)攻击方式。造成缓冲区溢出攻击的主要原因是代码在操作缓冲区时，没有有效地对缓冲区边界进行检查。缓冲区溢出可以成为攻击者实现攻击目的的手段，但是单纯的缓冲区溢出并不能达到攻击的目的。在绝大多数情况下，一旦程序中发生缓冲区溢出，系统会立即中止程序运行，并报告"段错误"。只有对缓冲区溢出进行适当利用，攻击者才能实现攻击目的。

利用缓冲区溢出这一漏洞，攻击者可以使程序运行失败、系统崩溃或重新启动。更为严重的是，可以利用缓冲区溢出执行非授权指令，甚至取得系统特权，进而进行各种非法操作。如何防止和检测出利用缓冲区溢出漏洞进行的攻击，就成为网络入侵防御及入侵检测的重点之一。

2. 缓冲区溢出的原理

简单地讲，缓冲区溢出的原因是由于字符串在处理函数(gets、strcpy 等)时没有对数组的越界操作加以检测和有效限制，结果覆盖了原有的堆栈数据。图 1-6 所示为程序在内存中的存储方式。从图中可以看出，输入的形参等数据存放在堆栈中，程序是从内存低端向内存高端按顺序执行的，由于堆栈的生长方向与内存的生长方向相反，所以在堆栈中压入的数据超过预先分配给堆栈的容量时，就会出现堆栈溢出，从而使得程序运行失败。

图 1-6　程序在内存中的存储方式

下面是一段用 C 语言编写的对缓存区进行操作的简单程序：

```
#include<stdio.h>
int main()
char name[16];
gets(name);
for(int i = 0;i < 16&&name[i];i++)
print(,name[i]);
```

编译上述代码，当输入"network attack"时，输出也为"network attack"。在此操作过程中，对堆栈的操作是先在栈底压入程序返回地址，接着将栈指针 EBP 入栈，此时 EBP 等于现在的 ESP。然后，ESP 减 16，即向上增长 16 字节，用来存放 name[]数组，此时堆栈的结构如图 1-7(a)所示。在执行完 gets(name)命令后，堆栈中的内容如图 1-7(b)所示。最后，从 main 返回，弹出 ret 里的返回地址并赋值给 EIP，CPU 继续执行 EIP 所指向的命令。如果此时的输入字符串长度超过 16 字节，则当执行完 gets(name)命令后，堆栈的效果如图 1-7(c)所示。此时，由于输入的字符串长度超过了 16 字节，在 name 数组中无法容纳，只好向堆栈的底部方向继续写入，覆盖堆栈中原有的内容。由图 1-7(c)可以看出，EBP 和 ret 已经被输入的字符"D"覆盖。这时，从 main 返回时，就必然会把"DDDD"的 ASCII 码看作是返回地址，CPU 会试图执行该地址处的指令，出现难以预料的结果，便产生了一次堆栈溢出。

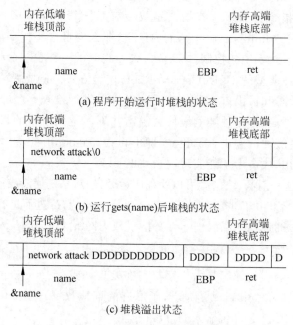

图 1-7　缓冲区溢出操作示例

3. 缓冲区溢出攻击

根据实现目标的不同，缓冲区溢出攻击主要分为改变程序逻辑攻击和破坏敏感数据攻击两种类型。其中，破坏敏感数据攻击主要是对缓冲区中的数据进行篡改操作；而改变程序逻辑攻击不仅仅针对某个或某些数据，更是针对整个被攻击系统。改变程序逻辑攻击虽然破坏的不是敏感数据，但是攻击者可以通过改变这些数据来改变原有的程序逻辑，以此获取对本地或远程被攻击系统的控制权。

图 1-8 所示为实施缓冲区溢出攻击的一种方法，它属于改变程序逻辑攻击方式。如果是破坏敏感数据攻击，则只需要前面的两步操作。

(1) 注入恶意数据。恶意数据是指用于实现攻击的数据，它的内容将影响攻击模式中的后续活动能否顺利进行。恶意数据可以通过命令行参数、环境变量、输入文件或网络数据注入被攻击系统。

(2) 缓冲区溢出。实现缓冲区溢出的前提条件是发现系统中存在的可以被利用的缓冲区溢出漏洞。只有在发现了可被利用的漏洞后，才可以在特定外部输入条件的作用下，迫使缓冲区溢出的发生。

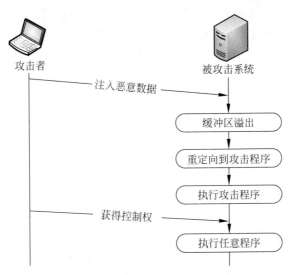

图 1-8　一种缓冲区溢出攻击过程

（3）控制流重定向。控制流重定向是将系统从正常的控制流程转向非正常流程的过程,传统做法是通过改写位于堆栈上的函数返回地址来改变指令流程,并借助指令(如 NOP 指令)提高重定向的成功率。除此之外,还可以通过改写被调用函数栈上保存的调用函数栈的栈地址、改写指针、改写跳转地址等方式实现。

（4）执行攻击程序。当控制流被成功地重定向到攻击程序的位置时,攻击程序得以运行。攻击程序专指真正实现攻击的代码部分,称为有效载荷(payload)。在攻击中,有效载荷可能以可执行的二进制代码形式放置在恶意数据中,这种有效载荷用于产生命令解释器(shellcode)。这是因为,攻击者为达到控制被攻击系统的目的,通常会利用缓冲区漏洞来获得被攻击系统的 cmd shell,而能为攻击者提供 cmd shell 的代码被称为 shellcode。此外,有效载荷也可能是已经存在于内存中的代码,相应的攻击技术称为注入攻击。

1.4.6　电子邮件攻击

电子邮件攻击是一种专门针对电子邮件系统的 DoS 攻击方式。由于电子邮件在互联网中的应用非常普遍,同时与电子邮件相关的 SNMP、POP3 和 IMAP 等协议在设计上都存在一定的安全漏洞,为攻击的实施提供了可被利用的资源。

1. 电子邮件攻击的概念

电子邮件攻击是利用电子邮件系统协议和工作系统机制存在的安全漏洞,通过利用或编写特殊的电子邮件软件,在短时间内向指定的电子邮箱(被攻击对象)连续发送大容量的邮件,使电子邮件系统因带宽、CPU、存储空间等资源被耗尽而无法提供正常服务。为实现攻击而编写的特殊程序称为邮件炸弹(E-mail bomber),电子邮件攻击也称为电子邮件炸弹。

电子邮件攻击存在多种形式,主要有:通过监听网络中传输的电子邮件数据包或截获正在传输的电子邮件,窃取和篡改邮件数据;通过伪造的发送人电子邮件地址对指定的目标邮箱进行欺骗性攻击；通过发送大量的垃圾邮件产生拒绝服务攻击等。

目前，电子邮件已经成为互联网上信息交换的主要方式，邮件收发过程的安全性和可靠性直接影响着邮件使用者之间的信息交流，尤其是 Internet 上的一些商务邮件更是如此。正是因为邮件的重要性，攻击者会收集一些重要的邮箱地址，出于种种目的向指定的邮箱发起攻击，轻则扰乱邮件的正常收发，重则导致邮件系统瘫痪。以攻击者频繁向指定的邮箱发送大容量邮件（一般为携带大附件的邮件）为例，因为每一个邮箱都有容量限制，如果短期内接收到的邮件大小超过了该邮箱的最大容量，该邮箱就会因没有存储空间而拒收正常的邮件。另外，即使是在邮箱的功能中设置了"当容量超过某一预设值时系统将自动删除前面的邮件"，但持续攻击行为在邮件服务器上产生的日志文件可能会迅速耗尽硬盘分配的存储空间，如果对日志文件的管理不当，则可能导致邮件服务器的崩溃。

2. 目录收割攻击

目录收割攻击（Directory Harvest Attack，DHA）是指攻击者通过编写脚本程序，对特定域名下所有可能存在的电子邮箱地址进行猜测，以获得该域名下所有邮箱地址的攻击方式。如图 1-9 所示，根据 SMTP 的工作原理，当邮件服务器接收到一个无效的邮件地址时，该邮件服务器会向邮件发送者（发送者的邮箱地址）返回一个标准的错误信息；否则，邮件服务器会返回一个表示邮件已成功接收的应答。基于这一工作原理，攻击者就能够根据回复的内容判断某一邮件地址是否有效，从而收割有效邮箱地址，加入垃圾邮件制造者数据库或提供给地下黑色产业链进行牟利。

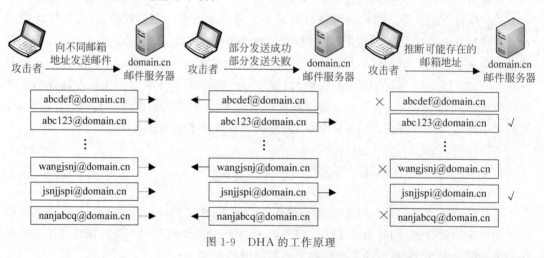

图 1-9　DHA 的工作原理

DHA 猜测特定域名下邮箱地址的方式主要有两种：一种直接通过暴力方式穷尽所有的字母和数字组合；另一种是采用字典攻击，攻击者在根据人们的习惯构造了邮箱地址字典库后进行字典攻击。

在互联网快速发展的今天，用户的电子邮箱地址属于个人隐私，一般仅会在固定范围内使用，应该避免接收垃圾邮件或遭受攻击。为此，保护用户电子邮箱地址是互联网环境中保护个人隐私的一个方面。

需要说明的是，电子邮件攻击与垃圾邮件（spam）之间是有区别的，其中垃圾邮件被定义为不请自来的"大量"邮件，其特征是发送者在同一时间内将同一份电子邮件发给大量不同的用户,主要是一些公司用于对其产品的宣传或发送一些虚假广告信息,一般不会对收件人造成伤害;而电子邮件攻击是一种利用邮件协议漏洞的网络攻击行为。

1.4.7 高级持续威胁

近年来,网络攻击手段在实践中不断翻新,对安全防御提出了更高要求,同时也带来了新的挑战。原来单一的网络攻击方式已经无法适应当前复杂环境下的要求,所以综合技术和非技术因素的复合型攻击方式出现了。

1. 高级持续威胁(APT)的概念

高级持续威胁(Advanced Persistent Threat,APT)也称为针对特定目标的攻击,最初指某些组织和团体以挖掘安全数据为目的,长时间内访问某一网络的网络间谍活动,现在被定义为了获取某个组织甚至是国家的重要信息,有针对性地进行的复杂且多方位的攻击方法。APT并非一种新的网络攻击方法和单一类型的网络威胁,而是一种持续、复杂的网络攻击活动。目前,APT不仅仅是国家和组织对抗过程中经常使用的攻击手段,民间专业黑客组织也会利用APT攻击手段发起危害较大的攻击,APT经常成为经济犯罪团伙(尤其是地下黑色产业链)使用的犯罪手段。

在信息安全领域中,APT曾一度以国家重要信息基础设施(如政府、金融、电信、电力、能源、军事等网络)和信息系统为目标,在全球大数据背景下,旨在破坏工业基础设施、窃取关于国家安全和国计民生的重要情报。例如,2011年曝光的美国信息安全厂商RSA令牌种子破解事件,众多用户个人信息被窃取;2013年曝光的国际黑客针对美国几大银行发起的APT攻击,篡改用户信用卡数据库的取款上限,在全球利用复制的卡同步信用卡取款套现,短期内就窃取了4500万美金;2013年3月美国曾利用"震网"蠕虫病毒攻击伊朗的铀浓缩设备,造成伊朗核电站推迟发电。除此之外,2013年曝光的美国棱镜事件、2015年曝光的乌克兰多家电厂遭攻击停电事件等,充分说明了APT对全球信息安全领域产生威胁的严重性。目前,随着移动互联网、物联网等技术的快速应用,APT已经成为黑客攻击的重要手段。

2. APT的特点

APT是一种复杂的网络攻击活动,它在受害者完全不知情或即使知道攻击已经发生,但不清楚原因而无法采取行动的状态下进行。传统安全检测技术采用的是基于已知知识的签名检测技术,假设前提是威胁已知并分析出特征(签名),针对已知的威胁进行检测。然而APT攻击大量使用多种高技术手段组合各类未知威胁来发起攻击,攻击者先收集攻击目标的环境和防御手段的信息,了解信息后再有针对性地发起攻击(如利用0day漏洞),可以绕过传统入侵检测系统(IDS)的检测,利用木马或已知木马的变形,可以绕过传统杀毒软件的检测,利用加密可以绕过审计检测,利用搜索引擎反射可以绕过可信链路检测,等等。隐蔽性和持续性是APT的两大特点。

(1)隐蔽性。隐蔽性也称为潜伏性,是指APT威胁可能在用户环境中存在较长的时间,而很难被传统的安全防御攻击检测到。在潜伏期间,攻击者通常利用目标主机上已有的工具或安装安全系统无法检测到的工具,通过常用网络端口和系统漏洞,不断收集各种信息，直到收集到重要情报。发动 APT 攻击的黑客，其目的往往不是为了在短时间内获利，而是将"被控主机"当成跳板，持续搜索，直到能彻底掌握所针对的目标人、事、物。这种攻击方式通常是隐蔽的，攻击者通常会通过各种措施来掩盖攻击行为，避免在日志中留下入侵证据。

（2）持续性。持续性体现在 APT 不是为了在短期内获利，攻击者经常会有针对性地进行为期数月甚至是数年的精心准备。从熟悉用户网络环境开始，先收集大量关于用户业务流程和目标系统使用情况的精确信息，搜集应用程序与业务流程中的安全隐患，定位关键信息的存储位置与通信方式。如果一个攻击手段无法达到目的，攻击者会不断尝试其他的攻击手段，以及渗透到网络内部后长期潜伏，不断收集各类信息，通过精心构造的命令，控制网络定期回送目标文件进行分析，直到收集到重要情报。

3. APT 主要环节

APT 攻击是一个复杂的活动，主要包括侦察、准备、锁定、进一步渗透、数据收集、维持等多个过程。APT 攻击主要包括攻击准备、入侵实施和后续攻击 3 个环节，如图 1-10 所示。在具体的 APT 攻击过程中，这 3 个环节相互交织、相互影响，并没有严格的界线。为了从技术环节做更好的分析，下面分别具体介绍。

（1）攻击准备。在攻击准备环节，攻击者主要为实施入侵做前期的准备工作，主要包括以下几个方面。

① 信息收集。通过收集被攻击目标的网络环境、安全保护体系、人际关系及可能的重要资产等信息，为制订入侵方案做前期的准备（如开发特定的攻击工具）。信息收集是贯穿全攻击生命过程的，攻击者在攻击计划中每获得一个新的控制点，就能掌握更多的信息来指导后续的攻击。

② 技术准备。技术准备环节是指根据获取的信息，攻击者做出相应的技术性规划，常用的技术手段包括设计入侵路径并选定初始目标、发现可利用的漏洞并编写利用代码、木马准备、控制服务器和跳板等。

③ 周边渗透。攻击者会入侵一些外围目标，这些受害者本身不是攻击者攻击的目标，但因为可以被攻击者当成跳板、作为 DDoS 服务器、获取相关信息等而被入侵。

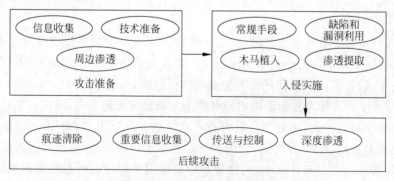

图 1-10　APT 攻击的 3 个环节

（2）入侵实施。在入侵实施环节，攻击者针对实际的攻击目标逐步展开攻击，主要包括以下几个方面。

① 常规手段。常规手段是指攻击者利用常规的网络攻击手段,将恶意代码植入系统中。常见的方法有通过病毒传播感染目标、通过薄弱的安全意识和安全管理控制目标、通过社会工程学进行诱导、通过供应链植入等。

② 缺陷和漏洞利用。缺陷是指信息系统中广泛存在且事实上已知的欠缺或不够完善的地方。系统中的缺陷主要包括默认密码、弱密码、默认配置和错误配置、计算机和网络的脆弱性等。这些缺陷在成本、时间和可替代等方面有时是无法按需修复的,在未修复之前就可能会被利用。利用漏洞入侵是专业黑客入侵重点目标常用的方式。当重点目标的安全防范意识和管理制度都比较健全时,单靠缺陷利用是不容易实现入侵的,这时攻击者会利用系统中存在的安全漏洞,特别是攻击者自己通过研究发现而其他人尚未知道的安全漏洞(0day漏洞)发起攻击。这类攻击从表面上看是对系统的合法操作,所以受害者很难会发现。主要的漏洞包括桌面文件处理类漏洞、浏览器类漏洞、桌面网络应用漏洞、网络服务类漏洞、系统逻辑类漏洞、对抗类漏洞、本地提权漏洞等。

③ 木马植入。在被攻击主机上植入事先准备的木马是 ATP 攻击过程中最为重要的一个环节。木马植入方式主要包括远程下载植入、绑定文档植入、绑定程序植入等。木马植入后,攻击者根据需要将会对木马进行激活和控制。

④ 渗透提取。当攻击者获得了对内网中一台主机的控制权后,为了实现对攻击目标的进一步控制,还需要在内网中进行渗透和提取,主要包括确定立足点、渗透和特权获取 3 项。其中,攻击者在获得了内网中某一台主机的控制权后,相当于获得了一个内网的立足点,而一旦进入内网则突破了网络已有的安全边界。之后,针对内网的安全防御就失去了作用,攻击者可以组合如社会工程学、文件共享服务器篡改程序、本地嗅探、漏洞等手段,通过借助立足点,对内网中的其他主机进行渗透,以获得更多主机的控制权。攻击者通过对更多主机的控制,逐步渗透到目标主机上并获得对该主机的特权。至此,攻击者成功完成了入侵。

(3) 后续攻击。在后续攻击环节,攻击者将窃取所需要的信息或进行破坏,同时还会在内部进行深度渗透,以保证攻击行为被发现后还能够继续潜伏下来,不会前功尽弃。本环节主要包括以下几个方面。

① 重要信息收集。攻击者利用获取到的权限和资源,分析和收集对攻击者有价值的信息。

② 传送与控制。对于获取到的信息,攻击者需要将其传回到由自己控制的外部服务器上。为了逃避检测和审计,在信息传回时一般会模拟网络上一些常见的公开协议,并将数据进行加密。一些木马还会继续保存下来并被长期控制,实现与外部服务器之间的通信。另外,针对一些物理隔离的网络,攻击者一般使用移动介质摆渡的方式进行数据的传送。不过,一些破坏性木马不需要传送和控制就可以进行长期潜伏和等待,并按照事先确定的逻辑条件,触发破坏流程。例如,2013 年美国针对伊朗核电站的"震网"蠕虫病毒,它在检测到所处的网络环境可能是伊朗核电站时,就修改离心机转速进行破坏。

③ 深度渗透。为了实现对已攻击目标的长期控制,确保在被受害者发现后还能复活,攻击者会渗透周边的一些机器,然后植入木马。该木马可能处于非激活状态,此时需要检测和判断网络上是否有存活的木马,如果有则继续潜伏以避免被检测到,如果没有则启动工作。

④ 痕迹清除。为了避免攻击行为被发现,攻击者还需要做一些痕迹清除工作,主要清

除一些日志信息,以躲避一些常规的检测手段。

1.4.8　社会工程学

近年来,随着移动互联网的广泛应用,各种移动智能终端在给人们的生活带来便捷的同时,也伴随着各类安全问题和隐患。攻击者利用人的弱点来实施网络攻击的现象越来越明显,并呈现上升趋势,目前近乎泛滥的电信诈骗就充分说明了这一点。

1. 社会工程学的概念

社会工程学(Social Engineering)是一种针对受害者心理弱点、本能反应、好奇心、信任、贪婪等心理陷阱的攻击方法,它采取欺骗、伤害等危害手段来取得自身利益。准确地说,社会工程学不是一门科学,而是一门与人们日常活动相关的艺术。有人认为社会工程学不应该称为一门科学,因为它不是总能重复和成功,而且在信息容量足够大的情况下,会自动失效。社会工程学的窍门也蕴含了各式各样灵活的构思与变化因素。

社会工程学利用了人们的心理特征,通过骗取用户的信任,获取机密信息、系统设置等不公开资料,为网络攻击和病毒传播创造有利条件。社会工程学是入侵手段的最大化体现,不仅能够利用系统漏洞进行入侵,还能够通过人性的弱点进行入侵。当攻击者将恶意钓鱼网络攻击、网页挂马攻击、软件漏洞利用攻击等技术攻击手段与社会工程学融为一体时,传统的网络安全体系将会土崩瓦解。网络安全技术发展到一定程度后,起决定因素的不再是技术问题,而是人和管理。面对部署了防火墙、入侵检测系统、入侵防御系统等众多安全设备的内部网络,在利用技术一时无法奏效的情况下,攻击者可以借助社会工程学方法,从目标内部入手,对内部用户运用心理战术,通过搜集大量的目标外围信息甚至内部系统管理员的个人隐私,同时配合技术手段对目标展开攻击。

2. 社会工程学网络攻击方式

随着网络安全防护技术和安全防御产品应用的日益普及,很多常规的网络入侵手段实施起来越来越难。在这种情况下,更多的黑客将攻击手法转向了社会工程学,在不断应用过程中,社会工程学攻击手段不断成熟。黑客在实施社会工程学攻击之前必须掌握一定的心理学、人际关系、行为学等知识和技能,以便搜集和掌握实施社会工程学攻击行为所需要的信息。目前网络环境中,常见的社会工程学攻击方式主要有以下几种类型。

(1) 网络钓鱼式攻击。网络钓鱼作为一种网络诈骗手段,主要利用人们的心理活动来实现诈骗。例如,攻击者利用欺骗性的电子邮件或伪造的 Web 站点来实施诈骗活动,受骗者往往会泄露个人的隐私信息,如在对方的诱导下泄露自己的信用卡号、账户和口令等。近几年,伪装成各大银行主页,通过恶意网站进行诈骗的事件频繁发生。网络钓鱼是基于人性贪婪和容易取信于人的心理因素来进行攻击的。常见的网络钓鱼攻击手段有利用虚假邮件进行攻击、利用虚假网站进行攻击、利用 QQ 和微信等即时通信工具进行攻击、利用黑客木马进行攻击、利用系统漏洞进行攻击、利用移动通信设备进行攻击等。

(2) 密码心理学攻击。密码心理学是从人们心理入手,分析对方心理现状和变化,从而更快地得到所需要的密码。密码心理学采用的是心理战术,而非技术破解方法。常见的密码心理学攻击方式有针对被攻击者生日或出生年月日的密码破解、针对用户移动电话号码或当地区号进行密码破解、针对用户身份证号码进行密码破解、针对用户姓名或其亲友及朋友姓名进行密码破解、针对一些网站服务器默认使用的密码进行破解、针对类似于"1234567""abc123"等常用密码进行破解等。

（3）收集敏感信息攻击。攻击者可通过在 QQ、微信、博客等通信平台上收集被攻击者的相关信息，经整理分析后作为实施攻击的参考和依据。常见的收集敏感信息攻击手段有根据搜索引擎收集目标信息和资料、根据踩点和调查收集目标信息和资料、根据网络钓鱼收集目标信息和资料、根据企业人员管理中存在的缺陷收集目标信息和资料等。

（4）恐吓被攻击者攻击。攻击者在实施社会工程学攻击过程中，常常会利用被攻击目标管理人员对安全、漏洞、病毒等内容的敏感性，以权威机构的身份出现，散布安全警告、系统风险之类的消息，使用危言耸听的伎俩恐吓、欺骗被攻击者，并声称不按照他们的方式去处理问题就会造成非常严重的危害和损失，进而借此方式实现对被攻击者敏感信息的获取。

（5）反向社会工程学攻击。反向社会工程学是指攻击者通过技术或非技术手段给网络或计算机制造故障，使被攻击者深信问题的存在，诱使工作人员或网络管理人员透漏或泄露攻击者需要获取的信息。社会工程学陷阱就是通过交谈、欺骗、假冒等方式，从合法用户中套取相关的信息。这种攻击方式比较隐蔽，危害性较大，而且不容易防范。

3. 社会工程学攻击步骤

与技术性网络攻击方式不同，社会工程学攻击在实施前都要完成前期准备工作，收集和分析所需要的信息，再确定下一步的控制对象和范围。社会工程学攻击的主要步骤如下。

（1）信息收集。在社会工程学攻击的前期，需要针对具体攻击目标和攻击要求，收集被攻击者的相关信息。一方面，社会工程学攻击是一个较为复杂的过程，在攻击之前需要制订详尽的计划，在攻击过程中需要综合运用各方面的技巧，一些熟练的攻击者经常只需要通过简单的方法就可以达到既定目标；另一方面，一些人们平常不太在意的信息（如电话号码、生日、单位的工号等），对于攻击者来说都可能蕴含着一些可能被利用的有效攻击信息。在进行信息收集之前，需要做一些前期的准备工作，如当攻击者锁定的攻击目标是一个网络安全设备的管理人员时，攻击者在实施攻击之前至少需要学习和掌握有关网络安全的基础知识；否则无法与对方在同一语言体系内对话。

（2）心理学应用。对于收集到的信息，进行分类汇总和模拟测试，同时构造陷阱，以达到进一步获取信息并逐步实施攻击的目的。诱导、伪装和信任是社会工程学中心理学应用的重要手段。

（3）痕迹清除。痕迹清除是网络攻击过程中的一个重要环节。与实施技术攻击一样，社会工程学攻击过程中也需要采取相应的方式，以避免将攻击痕迹呈现给被攻击者。

在社会工程学攻击中，人是整个安全体系中最为重要也是最可能出现问题的一个环节。

1.5　网络攻击的实施过程

一次完整的网络攻击行为根据其生命周期可以分为攻击发起阶段、攻击作用阶段和攻击结果阶段 3 个过程。

1.5.1 攻击发起阶段

在攻击发起阶段中，攻击者进行攻击前的准备，如确定攻击所针对的操作系统类型、应用平台的类型，以及这些系统和应用程序存在哪些可以利用的漏洞等。对于众多的网络攻击，在绝大多数攻击发起阶段中，攻击者考虑最多的是选择哪类平台、利用哪种漏洞发起攻击，并以此作为对攻击行为进行有效分析、评估、防范的基础。

1. 平台依赖性

很多攻击都是针对一定范围内的平台发起的，这个平台可能是操作系统平台，也可能是应用平台。例如，2017 年 5 月 12 日晚在全球爆发的"永恒之蓝"勒索蠕虫就是通过Windows 操作平台存在的安全漏洞而传播的，而分别于 2003 年 8 月 12 日在全球爆发的冲击波（Worm. Blaster）蠕虫和 2004 年 5 月 1 日爆发的振荡波（Worm. Sasser）蠕虫可以对Windows 2000 和 Windows XP 两种操作系统平台进行攻击。也有一些攻击是针对特定的操作系统平台而发起的，一般来说是针对某个版本的漏洞而进行的攻击。

还有一些攻击是针对 TCP/IP 网络体系中的底层协议平台而发起的。例如，针对 TCP的同步包风暴（SYN Flooding）攻击、针对 ICMP、UDP 的攻击等。只要连接到互联网上的计算机，就需要运行 TCP/IP 等协议软件，就可能受到这类攻击。

攻击行为对平台的依赖性反映出了攻击可能影响的范围。攻击对平台的依赖性越强，表明该攻击所能够影响的范围越小，反之越大。因此，在攻击的其他条件（如作用点、攻击强度、传播速度等）不变的情况下，能够对多个平台（平台依赖性较弱）发起的攻击，其破坏力要高于那些只对特定平台发起的攻击。根据一个攻击可能影响的范围，可以将平台依赖性分为以下几种类型。

（1）平台依赖性强。针对特定版本（如 Windows Server 2012 或 Windows 10 等）或特定内核（在 Linux 终端输入 uname-a 命令即可查看 Linux 的内核版本号）的操作系统平台、应用平台起作用的攻击，称为对平台依赖性强。一般来说，平台依赖性强的攻击只能影响到个别类型的操作系统或应用系统，涉及的范围一般很小。

（2）平台依赖性中。针对某一品牌或某一品牌中的一个或几个系列的操作系统平台、应用平台起作用的攻击，称为对平台依赖性中（如对 Windows 系列操作系统、Linux 系列操作系统发起的攻击都属于此类）。例如，2003 年爆发的冲击波蠕虫就只针对 Windows 2000和 Windows XP 两种版本。这类攻击影响的是一种或一种中几个系列的平台，这些平台应用得越广泛，这类攻击所涉及的范围就越大。

（3）平台依赖性弱。同时针对两种或两种以上的操作系统平台、应用平台起作用的攻击，称为对平台依赖性弱。例如，"永恒之蓝"蠕虫仅仅对 Windows 操作系统发起攻击，rpc-automounted 缓冲区溢出攻击可以对 Solaris、HP-UX、SGI IRIX 平台发起攻击。这类攻击影响的范围很广。

（4）无平台依赖性。针对任何连接到互联网上的计算机都能够起作用的攻击，称为对平台无依赖性。例如，针对 TCP、UDP、DHCP 等标准的 TCP/IP 发起的攻击和各类 DDoS 攻击等，只针对具体的协议，利用协议自身存在的漏洞进行攻击，而与平台无关。这类攻击针对的目标最为广泛，涉及面最广，理论上任何连接到互联网上的计算机都可能成为被攻击目标。

2．漏洞相关性

大部分网络攻击都是利用系统的特定安全漏洞发起的，也有少部分攻击不需要利用漏洞。根据产生原因，将漏洞分为设计方面的原因、实现方面的原因和配置方面的原因3类。此外，还有一些攻击并不是利用漏洞而发起的，如分布式的流量攻击(如DDoS攻击)，只要足够多的主机同时不停地向固定的被攻击目标或网络重复发送大量无用的数据包，就可以严重占用网络带宽，导致被攻击系统网络堵塞而无法正常对外提供服务，即产生了拒绝服务的攻击效果。

从对攻击与漏洞相关性的分析可以看出，利用系统设计漏洞或不利用漏洞发起的攻击基本上不受条件约束或受条件的约束性非常弱，那么其表现出来的破坏力和影响力就比较大，而且防御起来一般都非常困难。而对于利用实现漏洞而发起的攻击来说，只要安装相应的补丁，就可以防范相应的攻击。对于利用配置漏洞而发起的攻击，则需要认真分析业务需求和配置之间的关系，正确地配置系统，从而降低系统被攻击的可能性。

从上述的分析可以看出，很多攻击都利用了漏洞，而且利用不同形式漏洞发起攻击的机制也很不相同。因此，正确地了解每一种攻击和漏洞的相关程度，采用有针对性的应对措施，对于有效地防范攻击具有重要的意义。漏洞相关性的判定原则如下。

(1) 设计漏洞。在系统设计阶段出现的问题，是系统天生具有的漏洞。

(2) 实现漏洞。在编码过程中，因为没有遵循严格的安全编码方法或测试不严格而造成的漏洞。

(3) 配置漏洞。在使用阶段，因用户配置不当而产生的漏洞。

(4) 无。所发起的攻击与漏洞之间没有直接的关系，即使漏洞不存在也照样能够实现攻击目的。

1.5.2 攻击作用阶段

在攻击发起阶段确定了攻击的平台和利用的漏洞后，攻击就进入了作用阶段。在此阶段中，攻击者要选择被攻击系统的某些资源作为攻击对象，以达到获得某些"利益"的目标，本书将这些资源称为"作用点"。

人们平常所讲的缓冲区溢出攻击、ARP欺骗、木马、DoS/DDoS、病毒、蠕虫、信息窃取、信息伪造、会话劫持、口令猜测等攻击方式，只是说明了攻击的主要特点，而没有指出攻击的真正作用点。从攻击的角度来看，一般情况下攻击者进入系统后，可以根据攻击策略进一步采取以下攻击方式：在现有作用点的基础上，寻找其他薄弱的点进行攻击，进一步体现攻击的有效性；在攻击有效的前提下，寻找其他关键的点进行攻击，体现攻击后果的严重性；寻找其他可以入侵的作用点，实现攻击作用点的多样性。

攻击的作用点在很大程度上体现了攻击者的目的，且一次攻击可以有多个作用点，即可同时攻击系统的多个"目标"。因此，作用点的选择对攻击有直接的影响，为此，本书将作用点作为攻击作用阶段的主要影响因素。作用点的判定原则如下。

(1) 账户：包括系统账户、用户账户等。一般指攻击者对账户的猜测和字典攻击及强力破解等，以便达到其非法进入的目的。另外，还包括安装木马后所创建的后门账户等。

(2) 文件系统：指被攻击系统的文件系统。它涉及的攻击主要是修改、删除、增加、获取文件等操作。

（3）进程：指被攻击系统内存空间中运行的进程。它包括操作系统进程和应用进程，涉及的攻击有杀死特定进程、探测进程活动、利用该进程对其他部分进行攻击等。

（4）系统资源与信息：指被攻击系统的硬件资源（如 CPU、内存、硬盘等）、固定信息或相对固定的信息，如涉及系统的硬件资源的参数（CPU 数量、内存类型及大小、Cache 容量、硬盘类型等）、系统的配置参数（分区类型、注册表信息、硬盘及文件访问的参数等）和软件信息（如系统安装的软件列表、运行要求等）等。需要说明的是，这里所指的系统信息与前面介绍的进程、文件系统的信息是有区别的，具体为：系统信息一般是固定不变或相对固定不变的，在每次系统初始化时是基本固定的，而文件系统与进程中的信息在其生命周期中是动态变化的。系统信息一般都是通过系统进程来访问固定的区域，如特定的环境变量区、内存和硬盘的固定区域等，而进程和文件系统的实际物理位置随着加载时间的不同是动态变化的。

（5）网络及网络服务：针对网络及网络服务的攻击。它主要包括占用或利用网络资源与服务、影响网络性能和网络服务质量、增加网络流量、探测网络及相关服务的信息、利用网络提供的功能完成其他非法操作等，即对网络本身及服务的正常运行产生不利影响。

1.5.3　攻击结果阶段

攻击结果是攻击对目标系统所造成的后果，也是被攻击者所能感受到的攻击带来的影响。

1. 攻击结果的具体表现

一般来说，只要了解了以下 3 个方面的情况，人们对于一种攻击所能带来的后果就可以有比较清晰的认识。

（1）攻击对目标系统的正常运行造成了哪些方面的影响。也就是说，攻击者对目标系统的软件资源、硬件资源、其中的信息和所提供的服务造成了哪些影响，如非法收集、破坏、恶意占用、非法使用等。

（2）攻击是否具备传播性。攻击是否会利用当前系统作为跳板继续对其他目标发起新的攻击。

（3）攻击对目标系统各部分的影响程度。攻击对系统各部分可能造成的损害大概在什么水平。

为此，本书将上述 3 个方面作为攻击结果阶段的 3 个影响因素，分别称为攻击结果、传播性和破坏强度。

2. 攻击结果

一个应用系统自身的价值主要体现在其所拥有的硬件资源、信息资源（含软件）和对外提供的服务上，那么网络攻击的实质也就表现在对目标系统的硬件资源、信息和服务的非法访问、使用、破坏等。因此，互联网上存在的各类攻击，虽然其实现方式和表现形式可能各不相同，但是最终反映出的结果却是有限的几种。

（1）攻击结果类型。下面从网络攻击对硬件资源、信息资源和服务产生的非法操作等方面来划分不同的攻击结果。

① 对硬件资源的攻击。对目标系统硬件资源的攻击可以表现为对硬件资源的非法操作,如消耗网络带宽、占用存储资源、破坏系统的关键部件(如 CMOS)等。但是硬件资源只是信息和服务的载体,如果没有承载对象,硬件资源也就没有相应的价值。网络用户关心的是提供的信息和服务,而不关心这些信息和服务是通过什么硬件来实现的,但硬件是支撑信息和服务的基础,所以从网络攻击的角度来说,对硬件系统的攻击等同于对硬件上承载的信息和服务的攻击。例如,从用户的角度来看,一个攻击对网络带宽的恶意利用可以反映在服务的正常使用受到限制,对硬盘的占用可以看作是篡改信息,CIH 病毒对 CMOS 的修改可以等同于服务的中断等。

② 对信息资源的攻击。对目标系统信息资源发起的攻击可以表现为非法获取和破坏两个方面。其中,获取信息就是收集、读取目标系统中攻击者感兴趣的资料;破坏信息就是恶意篡改、删除目标系统中的各种资料,以达到攻击的目的。

③ 对服务的攻击。对目标系统上运行的服务发起的攻击可以表现为对系统中运行的各种服务进行非法的使用和破坏。

(2) 网络攻击的判定原则。下面从攻击对资源导致的结果出发,避开各类攻击技术的实现细节,将网络攻击结果的判定原则分为如下几类。

① 泄露信息。攻击造成被攻击者的操作系统、应用系统和用户的相关信息的泄露。例如,攻击发起之前对目标的扫描(很多安全防范系统都将扫描也作为一种攻击)会造成信息的泄露,攻击进入后将用户信息对外进行发送,监听网络上的流量等都属于此类。

② 篡改信息。攻击者对目标系统的内存、硬盘、其他部分的信息进行非法增、删、改的操作。例如,植入木马的操作会导致系统配置信息的更改和硬盘文件的增加,文件类病毒的侵入会导致相应文件的修改等。

③ 非法利用服务。利用系统的正常功能来实现攻击者的其他目的的行为。例如,利用被攻击者的正常网络连接对其他系统进行攻击,通过正常的系统服务利用其他漏洞实现攻击者目的等。

④ 拒绝服务。使目标系统正常的服务受到影响或系统功能的部分或全部丧失。例如,典型的 DoS/DDoS 攻击;杀死系统进程使其对外的服务中断;耗尽系统资源中内存使系统崩溃等。

⑤ 非法提升权限。攻击者利用某种手段或者利用系统的漏洞,获得本不应具有的权限。最为典型的非法提升权限攻击为缓冲区溢出攻击。另外,通过猜测口令、植入木马、预留后门等,也可以使攻击者获得本不应具有的权限。一般来说,权限提升仅是一种手段,后续往往伴随着对目标系统信息资源和服务的非法操作。

3. 传播性

Internet 的出现导致了网络攻击的产生,移动互联网的应用催生了大量新的攻击方式,目前的网络攻击在传播方面呈现出越来越明显的主动性、快速性、智能化等特点。毫无疑问,传播性越强的攻击,其攻击面越广、影响力越强、破坏力越大。而且随着连接到 Internet 上的主机越来越多,尤其是物联网技术的应用、工业控制系统的接入等,这类攻击的影响力已经从局部扩大到国家,甚至到整个互联网。这类攻击不仅对被攻击目标造成了严重的灾难,而且因为其具有传播性强的特点,对网络本身的运行也造成了严重的影响。先后出现的 CodeRed、Nimda、SQL Slammer、"永恒之蓝"等蠕虫对全球互联网造成了严重的灾难。

因此，从分析、判断、防御攻击的角度上讲，传播性是攻击的一个非常重要的特征。特别是从国家角度来讲，正确地了解一个攻击的传播性特点对于及时采取措施，防范可能出现的大规模网络攻击来说是一个必要的前提。对于局域网用户而言，及时了解到攻击的传播性特点对于判断攻击在局域网内的扩散趋势，进而决定采取何种防范措施也是很有帮助的。因此，本书将攻击的传播性作为一个重要影响因素。

通过对大量实例进行分析可以看出，众多网络攻击的传播性有着鲜明的特点。一般来说，早期出现的攻击基本上都不具备传播能力，或者具备较弱的传播能力，且受一些条件限制。而后期出现的攻击则在传播性方面得到了很大的加强，其传播是主动发起行为而不是被动的激活行为。传播性的判定原则如下。

（1）传播性弱。特点是"有条件激活，有条件传播"式，即需要其他条件进行激活，同时传播也不能在现有条件下立刻完成，需要借助其他手段进行。例如，传统的病毒是最为典型的代表。另外，还有一种称为"无传播性"的攻击，它是一对一发起的攻击，传播不是其攻击的目的，不会借被攻击者对其他第三方发起新的攻击。

（2）传播性中。特点是"有条件激活，无条件传播"式，即需要其他条件进行激活，一旦激活后即可在现有条件上立刻完成传播，不再需要其他辅助条件。例如，通过电子邮件系统进行传播的蠕虫，一般来说，需要由用户打开相应的邮件后，才能主动地通过搜索电子邮件地址表进行传播。这类攻击一般都是通过网络实施的。

（3）传播性强。能够不依赖于其他条件自主对外搜索攻击目标并进行有效攻击，同时该传播性可以自主地继续进行下去，无限传播。其特点是"无条件激活，无条件传播"，其典型代表为网络蠕虫。例如，CodeRed Ⅱ蠕虫就是利用计算机的漏洞主动地对外寻找下一个受害者进行攻击，从而使得攻击在用户毫不知情的情况下进行大规模扩散。

4. 破坏强度

无论从分析、评估、防范哪个角度来看，正确了解网络攻击所造成的破坏程度都是非常有意义的。特别是对于最终用户来说，迫切需要知道如果一种攻击成功实施，会对系统造成什么样的伤害。

如果要较为准确、全面地描述一种攻击所可能造成的破坏，必须满足以下条件：破坏强度的等级（强、中、弱）定义必须明确，根据定义，不同人对相同的攻击能够得出相同或相似的判断结果；定位性强，通过描述，人们可以自行判断一种攻击实际上是针对哪些位置进行的；能够适应复杂攻击情况，新型的攻击往往包含多种攻击手法，其攻击目标也不止一个，因此对攻击强度的描述需要同时反映出对多个目标的攻击情况；可扩展性强，该方案可以通过简单扩充来满足新出现攻击的特点，而不会造成结构上的重大调整。

基于以上分析给出对攻击强度的描述方法，即在攻击作用阶段所给出的作用点的基础上，分析攻击对每个作用点可能的破坏程度（本书所指的攻击结果，是指攻击成功实施后的结果）。具体的划分准则描述如下。

（1）账户。账户主要指系统账户或用户账户，一旦某种攻击取得了某个账户的使用权，则意味着从此以后，攻击者就相当于系统的合法用户，其行为仅受所取得用户权限的约束而且很难被发现，其破坏力和对系统的影响程度都是非常大的。同样对于木马植入后留下的秘密账户，也相当于系统的合法用户身份。为此，将所有针对账户发起的攻击的破坏强度都定义为"强"。

（2）文件系统。对于文件系统的攻击一般有修改、删除、增加、获取文件的操作,也可以将其归纳为"读"和"写"两类操作。对文件系统进行"写"操作,如修改、删除、增加文件等,或者对需要保密的信息进行解密操作,都有可能造成不可恢复性的破坏,将这些攻击行为的破坏强度都定义为"强"。另外,对文件系统进行"读"操作,如查询、访问文件等,一般来说会造成系统信息的外泄,虽然也很严重,但与写操作相比,其影响尚没有达到不可恢复的程度,因此将其破坏强度定义为"中"。

（3）进程。针对进程的攻击也分为两种类型:一类是以破坏进程运行为目的的操作,如杀死进程、修改进程资料、修改进程执行顺序(如执行攻击者代码)等,其造成的损失往往是不可恢复性的,因此属于一种破坏性"强"的攻击;另一类是以侦察、获取进程信息为目的的操作,或者执行系统自身所有的特定代码,所造成的损失尚没有达到不可恢复的程度,因此属于"中"等破坏强度的攻击行为。

（4）系统资源与信息。对于系统资源与信息的攻击主要是通过固定的系统进程对特定区域的信息进行的读、写操作,对系统资源的攻击主要是对系统资源的消耗、占有等操作。针对系统资源与信息的攻击,其破坏强度也分为"强"和"中"两类。其中,凡是对系统信息进行写操作的攻击及对系统资源进行占有、消耗为目的的攻击,其破坏性都比较"强";凡是对系统信息进行读操作的攻击,其破坏性属于"中"等强度。需要说明的是,考虑到系统资源与信息对于信息系统非常重要,对其进行的非法授权操作即使是读操作都可能引起较为严重的问题,因此对系统信息的破坏强度目前没有"弱"这一等级。

（5）网络及网络服务。针对网络及网络服务的攻击,根据其破坏强度可以分为3类:对于自动的、不间断的(指无干预情况下)、攻击范围不针对某一固定区域的、通过网络传播而实施的攻击,一般利用网络对其他节点发起大量的攻击,造成网络资源的大量占用甚至耗尽,使得网络无法正常提供服务,属于一种"强"等破坏性的攻击;另外,虽然不通过网络进行攻击传播,但可能使网络的正常服务中断,也属于一种"强"等破坏性的攻击。对于非自动的、有条件的、攻击范围局限于某一区域(如一个局域网)的、通过网络传播而实施的攻击,一般会造成局部网络的功能部分或全部失效,属于"中"等破坏性的攻击;此外,有些攻击会影响到正常的网络服务或关键的网络节点,但还没有使网络服务完全无法进行,其攻击也属于"中"等破坏性的攻击。对于影响范围只局限于被攻击者本身,或者对被攻击者的网络服务影响轻微的(如扫描)攻击,属于破坏性较"弱"的攻击行为。

1.6 网络攻防的发展趋势

在互联网环境中,网络攻防是一个长期存在且不断发展变化的正义与邪恶、矛与盾之间的较量。结合互联网技术的发展,尤其是各类新技术的应用,本节对网络攻防发展趋势进行必要的分析。

1.6.1 新应用产生新攻击

应用需要建立在硬件资源、信息资源和服务上,而这些资源和服务都存在被攻击的可能。在网络空间中,一个新时代的到来需要一批新技术的推动,而新技术的应用必然导致新攻击的产生。应用与攻击之间互为条件，相伴而生。

1. 云计算面临的攻击威胁

在网络应用越来越普及的情况下，人们希望实现像用水、用电一样使用网络资源，于是就产生了云计算（Cloud Computing）这一技术和运营模式。公有云、私有云和混合云在全球各地广泛应用，向用户提供 IaaS（Infrastructure as a Service，基础设施即服务）、PaaS（Platform as a Service，平台即服务）和 SaaS（Software as a Service，软件即服务）。普通用户不再需要自己构建信息基础设施和应用平台，只需要向云服务提供者租用就可以获得计算、存储等资源。

虚拟化技术是云计算的基础。虚拟化应用主要包括服务器虚拟化、存储虚拟化和网络虚拟化。虚拟化技术大大增加了资源调度的弹性，使得计算、存储和网络资源能够得到更合理的分配和更高效率的使用，并减少空置率和电能消耗。虚拟化技术在云计算领域已经得到了广泛应用。

然而，在云计算的推广应用中，存在的一个重要障碍就是对安全问题的担心。当数据从硬盘、光盘、移动存储这些可以看得见的介质转移到看不见的云空间时，人们担心数据放在云里不安全，普遍认为数据在云端被泄密的风险要比本地存储大得多。同时，还担心数据的安全性和服务的可用性得不到保障。

2. 移动互联网面临的攻击威胁

从个人计算机诞生到计算机网络的应用，从传统以固定接入为主的互联网到现在以固定和移动智能终端接入方式并存的移动互联网应用，从早期的人机对话到今天的以机器对机器（Machine to Machine）、人对机器（Man to Machine）、机器对人（Machine to Man）、移动网络对机器（Mobile to Machine）为代表的 M2M 通信，通过互联网实现了人、机器、系统之间的互联。

近年来，移动技术得到了快速发展，3G/4G/5G 技术快速演进，有线、无线网络覆盖越来越广，WiFi 应用随着智慧城市、智慧校园的建设得到广泛部署，智能手机应用得到普及。有了无处不在的移动网络和功能类似于传统计算机的智能手机，使得移动通信应用不再受传统固网通信的约束，各种移动应用层出不穷。

从个人计算机时代到网络时代，再到移动互联网时代，人们经历了技术的快速跨越和应用的不断更迭，人们获取和交换信息的速度、广度和便捷性都得到了质的提升。然而，伴随着各类新应用的快速发展，针对移动智能终端的安全攻击也越来越多，这类攻击已经突破了时间和空间的限制，在任何时间、任何地点和任何应用上都有可能发生。例如，当智能手机用于存放数据时安全问题如何解决，当通过智能手机进行 GPS（Global Positioning System，全球定位系统）导航时个人隐私如何得到保护。诸如此类的问题，在移动互联网环境中需要提出解决的方法。

3. 大数据应用面临的攻击威胁

移动互联网、物联网、云计算等技术的广泛应用催生了大数据时代的到来。在今天的信息环境中，每个人都成为了信息的制造者和发布者，网络上存储和实时传输着文本、图像、视频、音频等不同格式的数据。大数据成为近几年讨论的热点话题，如何从海量的数据里挖掘出有价值的信息，也是人们在不断研究的新技术。在大数据应用过程中出现了"数据大集中"现象,即为了便于数据管理,将原来相互隔离、不同应用、不同格式的数据整合在一起,再通过构建应用模型进行大数据分析。

然而,大数据及其相关的数据挖掘技术也带来了安全问题。例如,在大数据分析中挖掘到更多的关联信息是否会导致隐私泄露? 另外,数据集中了,风险同样也集中了。大数据系统一旦被攻击,安全问题将更加严重。

4. 网络空间面临的攻击威胁

网络空间已经成为继陆、海、空、天之后的第五大空间,网络空间安全已经上升到国家安全的层面。与传统的空间概念相比,网络空间超越了国界,其边界更加模糊。网络空间是一个虚拟的世界,人的身份更加难以确定,人的位置更加难以定位。黑客、网络使用者、信息发布者、信息阅读者、网络警察等不同的人群都在这个虚拟的网络空间里从事各自的活动,这里有道德、信任和友善,也有虚假、造谣和攻击。

近年来频繁发生的各类网络攻击事件告诉人们,网络空间的安全不可小觑。在这一虚拟的世界中,主导权掌握在谁的手中,自主、可信、可控能做到哪一步,如何有效地对网络空间进行划界,对于出现的相关攻击如何进行溯源。诸如此类的问题,需要从理论和实践上同时找到答案,只有这样才能更好地保护网络空间的安全。

1.6.2　网络攻击的演进

图 1-11 显示了网络攻击的演进过程和趋势,整个攻击的实施可以分为查找系统漏洞、确定攻击手法、展开攻击行动和达到攻击目的 4 个主要过程。

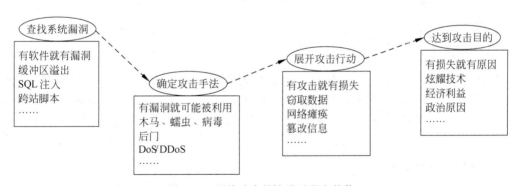

图 1-11　网络攻击的演进过程和趋势

为了使攻击行为更加有效,网络攻击总是在技术上不断变化。网络攻击者在不同时期、不同环境下有着不同的目的,早期的一些攻击者多以炫耀技术为主,后来发展到以谋取经济利益为主,而现在的有些攻击(如震网、火焰等病毒)已经上升到了政治或国家政权的层面。

如图 1-12 所示,早期攻击的目的主要是技术炫耀和恶作剧,通常是个人行为。而现在攻击的主要目的则是获取经济利益或政治利益。因此,今天的攻击行为更加有组织、有预谋、有目的,攻击手法越来越复杂,而攻击的实施却越来越简单。

从技术上来说,原来的攻击行为主要是利用软件漏洞进行的自我复制和传播,主要是破坏计算机软硬件和数据；现在病毒技术虽无太大突破，但 0day 漏洞不断增多，制作病毒的难度有所降低。

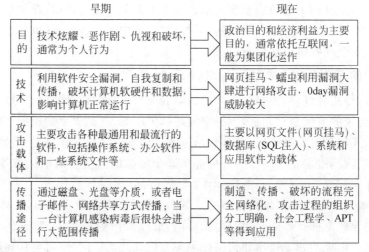

图 1-12　网络攻击的早期和现在比较

从攻击载体上看，以前主要是攻击各种最通用和最流行的软件，包括操作系统、办公软件和一些系统文件等。而现在除了以上攻击内容外，各种网页文件、数据库、应用软件等也成为被攻击的载体。

从传播途径上看，原来主要是通过磁盘、光盘、电子邮件、网络共享等方式传播。现在生产、传播、破坏的流程完全网络化，形成了黑色产业链，甚至利用社会工程学的手段来传播。

1.6.3　网络攻击新特点

网络攻击的基础是对安全漏洞的利用，漏洞的发现需要一个过程，尤其对使用广泛且使用时间较长的系统来说发现的漏洞数量会逐渐减少，而一个新系统和新应用的出现，漏洞被发现和利用的可能性则会增大。从整体上看，网络攻击的发展趋势和特点主要体现在以下几个方面。

1. 形成黑色产业链

受经济利益的驱使，目前实施网络攻击行为的各个环节已经连接成一个链条，形成了一个完整的产业链，即黑色产业链。例如，针对个人网上银行的攻击，其中有制作木马软件的，有负责植入木马的，有负责转账和异地取现的，等等。这就使得攻击行为由一种个人行为上升到"组织"行为。网络犯罪组织化、规模化、公开化，形成了一个非常完善的流水线作业程序，攻击能力大大加强。

2. 针对移动终端的攻击大大增加

随着移动互联网的应用，各类移动智能终端（智能手机、笔记本电脑、PAD 等）成为互联网接入的重要组成部分。从本质上来说，一个移动终端就是一台计算机。以前在计算机上能够进行的操作，现在在智能手机等终端上基本都能实现。

近年来，移动智能终端得到快速普及，已经形成了一个巨大的用户群体。为了满足移动用户的需求,在各类移动智能终端功能不断丰富的同时,为用户提供软件下载的各类应用平台也应运而生。由于管理上存在的问题,这些应用平台已经成为攻击者的另一个目标。

3．APT 攻击越来越多

APT(高级持续威胁)是近年来出现的一种新型攻击。APT 是黑客以窃取核心资料为目的,针对客户所发动的网络攻击和侵袭行为,是一种蓄谋已久的"恶意商业间谍威胁"。不同于以往传统的病毒,APT 攻击者掌握高级漏洞和超强的网络攻击技术。APT 攻击的原理相对于其他攻击形式更为复杂和先进,这主要体现在 APT 在发动攻击之前需要对攻击对象的业务流程和目标系统进行精确的信息收集,并挖掘被攻击对象和应用程序的漏洞,在这些漏洞的基础上形成攻击者所需的工具。APT 的这种攻击没有采取任何可能触发警报或者引起怀疑的行动,因此更易于融入被攻击者的系统或程序。

4．攻击工具越来越复杂

攻击工具开发者正在利用更先进的技术来开发攻击工具。与以前的攻击工具相比,现在攻击者使用的攻击工具的特征更难发现,攻击手法更加隐蔽,更难利用特征进行检测。

为防止被攻击者发现,攻击者会采用一定的技术隐藏攻击工具,这为防御攻击及分析攻击工具的特征提高了难度。与早期的攻击工具不同,现在的攻击工具更加成熟,攻击工具可以通过自动升级或自我复制等方式产生新的工具,并迅速发动新的攻击。有时,在一次攻击中会出现多种不同形态的攻击工具。此外,攻击工具越来越普遍地被开发为可在多种操作系统平台上执行。

5．对基础设施的威胁增大

基础设施攻击会导致 Internet 上的关键服务出现大面积破坏直至瘫痪。目前,Internet已经成为人们生活中依赖的信息交换载体,基础设施一旦被攻击,轻则引起人们的担心,重则引起能源、交通、公共服务等瘫痪。目前,基础设施面临的攻击主要有 DoS/DDoS 攻击、蠕虫、域名系统(DNS)攻击、对路由器攻击或利用路由器的攻击等。

其中,拒绝服务攻击利用多个系统攻击一个或多个受害系统,使受攻击系统拒绝向其合法用户提供服务。由于 Internet 是由有限而可消耗的资源组成的,并且 Internet 的安全性是高度相互依赖的,因此拒绝服务攻击在 Internet 中非常有效。蠕虫是一种自我繁殖的恶意代码,蠕虫可以利用大量安全漏洞,使大量的系统在很短时间内受到攻击。另外,由于蠕虫传播时生成大量的扫描传输流,其传播实际上是对 Internet 进行拒绝服务攻击。

另外,网络攻击还呈现出了安全漏洞的发现速度越来越快,防火墙渗透率越来越高,自动化和攻击速度越来越快等特点。

习题

1. 联系近阶段发生的网络安全事件,简述黑客与红客之间的不同。
2. 简述网络攻击的主要类型,对比它们之间的不同。
3. 什么是网络攻击的属性?简述权限、转换方法和动作 3 种攻击类型的特点。
4. 结合互联网应用,简述网络攻击的主要方法。
5. 什么是彩虹表?简述其实现原理和过程。

6. 什么是漏洞？分析常见漏洞的特点及危害。

7. 什么是缓冲区溢出？简述其实现原理和攻击过程。

8. 什么是电子邮件攻击？简述其实现原理和攻击过程。

9. 简述 APT 的概念及特点，对其主要环节进行分析。

10. 什么是社会工程学？简述其网络攻击的实现方式和主要步骤。

11. 结合具体事例，简述网络攻击的实施过程。

12. 结合当前互联网安全，简述网络攻防的发展趋势。

第2章

Windows操作系统的攻防

Windows 在桌面操作系统中占有绝对的市场份额,在服务器操作系统中也拥有一席之地。然而,微软公司长期以来在强调易操作性和界面友好性的同时,其安全性一直被业界诟病。针对 Windows 操作系统安全漏洞的网络攻击频繁发生,且有愈演愈烈的趋势。由于 Windows 操作系统在网络攻防中具有重要地位,所以针对 Windows 操作系统各类安全漏洞的渗透攻防技术研究已成为当前信息安全领域关注的重点之一。本章从 Windows 操作系统基本结构入手,在分析其安全体系和机制的基础上,对相关的安全攻防技术进行介绍。

2.1 Windows 操作系统的安全机制

Windows 操作系统自 1985 年问世以来,其版本随着计算机硬件和软件的发展不断升级,架构从 16 位、32 位到 64 位,桌面操作系统版本从最初的 Windows 1.0 到大家熟知的 Windows 95、Windows 98 直至现在的 Windows 11,服务器操作系统版本从 Windows NT 3.1、Windows NT 4.0 直至现在的 Windows Server 2022,操作系统内核版本从 1. x、2. x 直至 Windows 11 和 Windows Server 2022 的 21H2,其功能在持续更新过程中不断完善。

需要说明的是,考虑到 Windows 操作系统的版本众多,且不同版本之间的功能和操作方式的差异较大。为突出重点,并便于读者理解和开展实验操作,本节主要针对 Windows 内核进行介绍,所涉及的操作均在 Windows 7 和 Windows Server 2012 环境下进行。

2.1.1 Windows 操作系统的层次结构

微软在开发 Windows 服务器操作系统(Windows NT 3.1)之初,便将其定义为能够在用户级实现自主访问控制、提供审计访问对象机制的 C2 级操作系统。

1. 操作系统的设计类型

早期的一些小型系统（如 MS-DOS）主要由可以相互调用的一系列过程组成。这种操作系统的特点是功能简单，实现容易。但其缺点是当修改一个过程时可能导致系统其他部分发生错误。

为解决过程调用中存在的问题，提出了层次系统模型，即将系统划分为模块和层，每个模块为其他模块（更高层）提供一系列函数和调用。该模型的设计特点是将一个大型复杂的系统分解成若干单向依赖的层次（最内部的一层为系统核），即每一层都提供一组功能且这些功能只依赖该层内的各层，比较容易修改和测试，同时可以根据需要替换掉一层，但其缺点是限制过于严格。

随着计算机联网技术的发展和需求越来越突出，客户机/服务器（Client/Server）结构成为许多操作系统设计时选择的基础模型。在该结构中，操作系统被划分为一个或多个进程，每个进程称为一个服务器，它提供服务，如内存管理、配置管理、对象管理等。可以执行的应用称为客户机，一个客户机通过向指定的服务器发送消息来请求服务。系统中所有的消息都是通过微内核（micro kernel）发送的，如果有多个服务器存在，则这些服务器共享一个微内核。客户机和服务器都在用户模式（user mode）下执行。客户机/服务器结构的特点是当一个服务器出现错误或重新启动时，不会影响系统的其他部分。

2. Windows 服务器操作系统的结构

Windows 服务器操作系统是层次结构和客户机/服务器结构的混合体，其系统结构如图 2-1 所示。

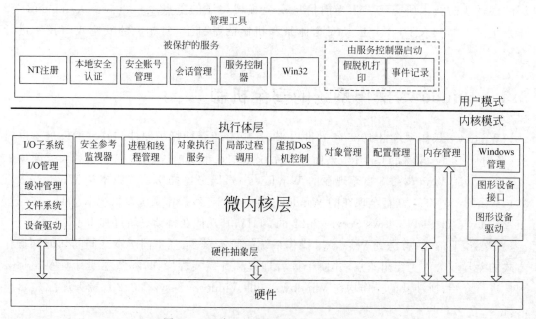

图 2-1　Windows 服务器操作系统的结构

（1）内核模式。内核模式（kernel mode）中的主要部分由 3 层组成。其中，最底层是硬件抽象层，它为上层提供硬件结构的接口，可以使系统运行在不同的硬件上，方便系统的移植；微内核层位于硬件抽象层之上，它为底层提供执行、中断、异常处理和同步的支持；最高层是执行体层,它由一系列实现基本系统服务的模块组成,这些模块包括内存管理、对象管理、进程和线程管理、I/O管理和安全参考监视器等,它们之间的通信是通过定义在每个模块中的函数实现的。

(2) 用户模式。用户模式主要由管理工具和被保护的服务两部分组成。被保护的服务也称为被保护的子系统或服务器,它提供了应用程序编程接口(Application Programming Interface,API),以具有一定特权的进程形式在用户模式下执行。当一个应用调用API时,调用者通过局部过程调用(Local Procedure Call,LPC)发送请求信息给对应的服务器,服务器在接收到该请求信息后发送消息应答给调用者。下面介绍一些标准的服务。

① 会话管理。会话管理是系统启动时加载的第一个服务,它负责启动DOS设备驱动,将子系统在注册表中进行注册,并且初始化动态链接库(Dynamic Link Library,DLL),然后启动NT注册(WinLogon)服务。

② NT注册。NT注册负责为交互式注册和注销提供接口服务,它是一个注册进程,在系统初始化时以logon进程通过Win32注册。同时,它还管理操作系统的桌面。

③ Win32。Win32为应用程序提供有效的32位API,同时提供图形用户接口并且控制所有用户的输入和输出。该服务只输出两种对象:Windows Station(如用户的鼠标、键盘和显示器的输入/输出等)和桌面对象。

④ 本地安全认证。本地安全认证主要提供安全认证服务,它在用户注册进程、安全事件日志进程等本地系统安全策略中提供重要的安全服务功能。安全策略是由本地安全策略库实现的,库中主要保存着可信域、用户和用户组的特权、访问权限和安全事件。这个数据库由本地安全认证来管理,并且只有通过本地安全认证后才能访问。

⑤ 安全账户管理。安全账户管理主要用于管理用户和用户组的账户,根据它的权限决定其作用是在本地域还是其他域范围内。另外,它还为认证服务器提供支持。安全账户作为子对象存储在注册表中的数据库中,这个数据库只有通过安全账户才能访问和管理。

(3) 微内核对象和执行体对象。在Windows服务器操作系统中,所有的软件和硬件资源都是用对象表示的,如文件、信号量、计时器、线程、进程、内存等。具体可以分为微内核对象和执行体对象两种类型。

① 微内核对象。微内核对象也称为内核对象,它是由微内核产生的、对用户不可见的最基本的对象。它输出给执行体相关的应用,提供只有内核最底层才能完成的基本功能。内核对象分为派遣对象和控制对象两种类型。其中,派遣对象(dispatcher object)用于控制调试和同步,它有一个信号状态,可以允许线程挂起对象的执行,直到信号状态发生改变。派遣对象主要有事件(event)、互斥体(mutant)、事件对(eventpair)、信号量(semaphore)、计时器(timer)、线程(thread)、进程(process)等;控制对象(control object)是由执行体和设备驱动控制的不可等待的、没有信号状态的对象,主要有中断、设备队列、配置文件(profiles)、异步过程调用(APC)、延迟过程调用(DPC)等。

② 执行体对象。大多数执行体对象用于封装一个或多个微内核对象,它在用户模式下是可见的。执行体为Win32等服务提供一系列的对象,通常情况下,服务直接为客户机程序提供执行体对象。另外,服务可以为客户机提供基于一个或多个简单对象构造的一个新的对象。

2.1.2　Windows 服务器的安全模型

安全是操作系统的核心，Windows 操作系统将安全作为系统设计和功能实现的基础，安全模型是实现各类安全功能的基本框架。图 2-2 所示为 Windows 服务器操作系统的安全模型。其中，用户是安全的关键，在操作系统和网络环境中针对用户这一特定对象的是用户账户，因为任何一个用户只要访问系统就必须拥有一个账户，所以针对用户账户的管理是实现系统安全的第一道屏障。同时，在一个资源访问受限的系统中，并不是每一个账户所拥有的权限都是相同的，而是根据访问角色的不同分别分配不同的权限。例如，系统管理员或拥有同等权限的用户账户可以实现对整个系统的操作，如添加设备、更改系统设置、关闭系统中运行的程序等。而普通的访问者则可能只具有对特定资源的操作权限，如对某个文件或文件夹的读、写、删除、修改属性等。在 Windows 服务器操作系统中有一个安全账户管理数据库，其中存放的内容有用户账户和该账户所具有的权限等信息。

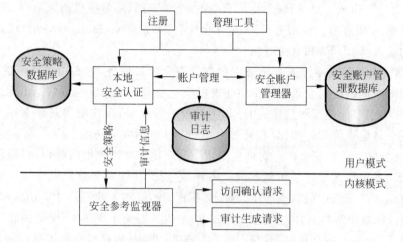

图 2-2　Windows 服务器操作系统的安全模型

在 Windows 服务器中，安全模型由本地安全认证、安全账户管理器、安全参考监视器、注册、访问控制、对象安全服务等功能模块构成，这些功能模块之间相互作用，共同实现系统的安全功能。

在多任务环境中，CPU 以用户模式和内核模式运行。其中，当 CPU 运行于内核模式时，所有程序都可运行，任务可以执行特权级指令，对任何 I/O 设备有全部的访问权，还能够访问任何虚拟地址和控制虚拟内存硬件。内核模式是操作系统的核心部分，设备驱动程序都运行在该模式。在用户模式中，可以防止硬件特权指令的执行，并对内存和 I/O 空间的访问操作进行检查，操作系统的用户接口和所有的用户应用程序都运行在该模式下。

2.2　针对 Windows 数据的攻防

针对 Windows 操作系统的数据安全，主要包括数据本身的安全、数据存储安全和数据处理安全三部分，主要面对的安全威胁包括电源故障、存储器故障、人为误操作、网络入侵、病毒、信息窃取和自然灾害等方面。

2.2.1　数据本身的安全

数据本身的安全主要通过数据加密技术来实现,包括可靠的加密算法和安全体系。常用的加密算法主要有对称加密算法和非对称加密算法(公开密钥密码体系)两种。本节重点介绍 Windows 提供的 EFS 加密方法和 BitLocker 加密方法。

1. EFS 加密方法

EFS(Encrypting File System,加密文件系统)是 Windows 操作系统中基于 NTFS (New Technology File System,新技术文件系统)实现对文件进行加密与解密服务的一项技术。EFS 采用核心文件加密技术,当文件或文件夹被加密之后,对于合法 Windows 用户来说不会改变其使用习惯。当操作经 EFS 加密后的文件时与操作普通文件没有任何区别,所有的用户身份认证和解密操作由系统在后台自动完成。而对于非法 Windows 用户来说,则无法打开经 EFS 加密的文件或文件夹。在多用户 Windows 操作系统中,不同的用户可分别通过 EFS 加密自己的文件或文件夹,实现对重要数据的安全保护。

(1) EFS 的加密过程。在 Windows 操作系统中,选取位于 NTFS 分区中的待加密的文件夹后,依次选择"属性"→"常规"→"高级"选项,在打开如图 2-3 所示的对话框中选中"加密内容以便保护数据"复选框后,就可以对指定的文件夹或文件进行 EFS 加密操作。下面主要介绍 EFS 加密的实现原理。

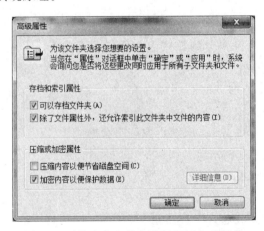

图 2-3　对指定的文件夹进行 EFS 加密操作

① 当一个文件或文件夹被加密时,EFS 调用 Windows Crypto API,使用基于口令的密钥派生功能,采用 Microsoft Base Cryptographic Provider 随机生成一个用于加密和解密文件的对称密钥 FEK(File Encryption Key,文件加密密钥)。

② 在第一次使用 EFS 时,如果用户还没有非对称密钥(公钥和私钥对),系统会根据该用户(加密者)的 SID(Security Identifier,安全标识符)生成一个 1024 位的 RSA 非对称密钥,其中公钥保存在该账户的证书文件中。

需要说明的是,SID 是标识用户、组和计算机账户的唯一标识符,第一次创建该账户时,系统会给该账户生成一个唯一的 SID。当用户登录系统并通过验证后，Windows 的内部进程将调用该账户的 SID 而不是账户的用户名或组名。也就是说，创建了一个账户并将其删除后，如果再创建一个同名的账户，则新创建的账户与被删除的账户的 SID 是不一样的。

③ EFS 从用户证书中获取公钥，用来加密 FEK。具体会在文件头中创建一个 DDF（Data Decryption Field，数据解密域）字段，用来保存用公钥加密的 FEK。接着，EFS 使用每一个 DRA（Data Recovery Agent，数据恢复代理）证书中的公钥分别加密 FEK，然后将这些经 DRA 加密的 FEK 组合起来，共同保存在加密文件头部的 DRF（Data Recovery Field，数据恢复域）字段中。

需要说明的是，当利用 EFS 加密数据时，一旦密钥数据丢失就会为数据的恢复带来困难，可以通过创建数据恢复代理（DRA）来解决该问题。DRA 可以透明地访问其他用户加密的文件，并通过执行解密操作恢复经 EFS 加密的文件或文件夹，是 EFS 策略的一个重要部分。DRA 访问加密文件的过程和加密用户访问加密文件的过程类似，也是通过公钥/私钥对实现的。针对一个 EFS 加密用户，可以同时存在多个 DRA，所以可能存在多个经不同 DRA 公钥加密的 FEK。经 EFS 加密后的文件结构如图 2-4 所示。

图 2-4 经 EFS 加密后的文件结构

④ 系统并没有将密钥保存在 Windows 操作系统的 SAM 或其他的文件夹中，而是经重新加密后保存在受保护的密钥存储区域中。为了安全保存私钥，EFS 调用数据保护 API（Data Protection API）随机产生一个 256 位的被称为用户主密钥（Master Key）的对称密钥，用该密钥加密私钥。被加密的私钥保存在"％UserProfile％\ApplicationData\Microsoft\Crypto\RSA\SID"文件夹中。

⑤ 为了安全保存用户主密钥，EFS 再次调用数据保护 API，通过计算该 EFS 用户凭证（包括该 Windows 登录账户的用户名和口令）的 Hash 值生成一个对称密钥，再用该密钥加密用户主密钥。被加密的用户主密钥保存在"％UserProfile％\ApplicationData\Microsoft\Protect\SID"文件夹中。

（2）EFS 的解密过程。EFS 的解密是其加密操作的逆过程，主要操作步骤如下。

① 当 Windows 合法用户需要打开经 EFS 加密的文件时，EFS 调用数据保护 API，根据该登录账户的用户名和口令的 Hash 值生成一个对称密钥，再利用该密钥得到用户主密钥（Master Key）。

② 通过用户主密钥，取回用户的私钥。

③ 通过用户的私钥，解密存放在文件头 DDF（数据加密域）字段中的 FEK。

④ 用 FEK 解密被加密文件，得到明文数据。

除以上的 EFS 加密用户外，其他被指派的数据恢复代理也可以通过类似的操作来解密被 EFS 加密的文件。

（3）EFS 的特点。在谈到 EFS 的特点前，首先有两个基本的概念需要强调：一是传统的加密技术可分为对称加密和非对称加密(公钥密钥)两类,其中对称加密的效率要比非对称加密高,但对称加密的密钥管理较为困难,而 EFS 综合运用了对称加密和非对称加密两种技术,充分利用了对称加密的高效和非对称加密的安全性优势;二是身份认证技术是资源受保护系统对访问者身份的合法性进行验证的基础,而身份认证的关键技术是数据加密,即对数据访问者身份进行审核,只有符合条件的访问者才能对数据进行读取、写入、修改等操作。

EFS 技术的特点主要体现在以下几方面。

① 对于用户来说,EFS 技术采用了透明加密操作方式,即所有的加密和解密过程对用户来说是感觉不到的。这是因为 EFS 运行在操作系统的内核模式下,通过操作文件系统,向整个系统提供实时、透明、动态的数据加密和解密服务。当合法用户操作经 EFS 加密的数据时,系统将自动进行解密操作。

② 由于 FEK 和用户主密钥的生成都与登录账户的用户名和口令相关,所以用户登录操作系统的同时已经完成了身份验证。在用户访问经 EFS 技术加密的文件时,用户身份的合法性已经得到验证,无须再次输入其认证信息。

③ EFS 允许文件的原加密者指派其他的合法用户以数据恢复代理的身份来解密经 EFS 加密的数据,同一个加密文件可以根据需要由多个合法用户访问。

④ EFS 技术可以与 Windows 操作系统的权限管理机制结合,实现对数据的安全管理。

当然,EFS 技术也存在一些设计上的缺陷和应用中的不足,主要表现为以下几方面。

① EFS 技术中密钥的生成基于登录账户的用户名和口令,但并不完全依赖于登录账户的用户名和口令,如 FEK 由用户的 SID 生成。当重新安装了操作系统后,虽然创建了与之前完全相同的用户名和口令,但此账户非彼账户,导致原来加密的文件无法访问。为解决此问题,EFS 提供了密钥导出或备份功能,但此操作仅取决于用户的安全意识。

② 由于 EFS 将所有的密钥都保存在 Windows 分区中,攻击者可以通过破解登录账户进一步获取所需要的密钥,以解密并得到加密文件。

③ EFS 技术可以防止非法用户访问受保护的数据,但是具有删除权限的用户可以删除经 EFS 加密的文件或文件夹,其安全性依然会受到威胁。

2. BitLocker 加密方法

BitLocker 全称为 BitLocker Driver Encryption(BitLocker 驱动器加密),是从 Windows Vista 开始新增的一种数据保护功能,以防止计算机中存储的数据因硬盘等硬件设备丢失而造成的数据失窃或重要信息泄露等安全问题。

(1) Windows 不同版本对 BitLocker 功能的支持。Windows Vista 中的 BitLocker 程序只能实现对操作系统驱动器的加密,从 Windows Vista SP1 和 Windows Server 2008 开始增加了对固定数据驱动器的加密,从 Windows Server 2008 和 Windows 7 开始增加了 BitLocker to Go 功能,可以对外部硬盘驱动器和 USB 闪存驱动器(U 盘)等可移动数据驱动器进行加密。从 Windows Server 2012 和 Windows 8 开始,BitLocker 程序引入了网络解锁功能,在域环境下通过自动解锁可以在重新启动系统时加入域环境中,同时还提供了仅加密已用磁盘空间的加密方式,以加速加密过程。从 Windows Server 2012 R2 和 Windows 8.1 开始,BitLocker 程序开始支持 TPM(Trusted Platform Module,可信平台模块),可以对安装有 TPM 芯片的基于 x86 和 x64 的计算机上的数据实现从操作系统启动开始到应用程序运行全过程的安全保护。同时，恢复密码保护程序使用符合 FIPS(Federal Information Processing Standards，美国联邦信息处理标准)的算法。

（2）BitLocker 的加密原理。BitLocker 采用 128～256 位的 AES(Advanced Encryption Standard，高级加密标准算法)对指定的每个扇区单独进行加密，加密密钥的一部分源自于扇区编号。为此，两个存储状态完全相同的扇区也会产生不同的加密密钥。使用 AES 加密数据前，BitLocker 还会使用一种称为扩散器(diffuser)的算法，确保即使是对明文的细微改变都会导致整个扇区的加密密文发生变化，这使得攻击者发现密钥或数据的难度大大增加。

BitLocker 使用 FVEK(Full Volume Encrypt Key，全卷加密密钥)对整个系统卷进行加密，FVEK 又被 VMK(Volume Master Key，主卷密钥)加密。因此，如果 VMK 被攻击者破解，那么系统可以通过更换新的 VMK 来重新加密 FVEK，而不需要对磁盘数据解密后再重新进行加密。

使用 BitLocker 加密系统磁盘时，系统生成一个启动密钥和一个恢复密钥(recovery key)。恢复密钥是一个以文件方式存在的密码文件，为 48 位明文密码，该 48 位的密码分为 8 组，每组由 6 个数字组成，可以查看和打印保存。BitLocker 保存的是恢复密钥，与之对应的是启动密钥。需要的时候，可以使用恢复密钥解密出被加密的磁盘副本。如果将 BitLocker 保护的磁盘转移到其他计算机上，可以使用恢复密钥打开被加密的文件。系统启动密钥和恢复密钥都可以备份保存。

（3）BitLocker 支持的两种工作模式。根据独立设备的不同，BitLocker 主要包含 TPM (Trusted Platform Module，可信平台模块)和 U 盘两种工作模式。如果要使 BitLocker 工作在 TPM 模式下，计算机最低需要支持 TPM v1.2。TPM 芯片一般集成在计算机主板上，BitLocker 会将其密钥保存在 TPM 指定的存储区域中。经 BitLocker 加密的系统引导磁盘启动时，先由 TPM 解密 SRK(Storage Root Key，存储根密钥)，再由 SRK 解密 VMK，然后由 VMK 解密 FVEK，最后由 FVEK 解密磁盘数据完成系统启动，启动过程如图 2-5 所示。如果计算机没有 TPM 芯片，可以使用 U 盘等 USB 设备来保存加密密钥和解密密钥，这时 BitLocker 需要工作在 U 盘模式下，此时用户必须输入正确的 PIN(Personal Identification Number，个人识别码)或插入 USB 密钥并输入正确的启动口令(startup password)；否则系统无法正常启动。

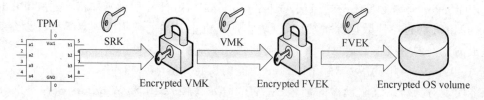

图 2-5　支持 TPM 的 BitLocker 加密系统的启动过程

TPM 是可信计算(Trusted Computing，TC)实现的基础，它为可信计算平台中实现数据的真实性、数据的机密性、数据保护，以及代码的真实性、代码的机密性和代码的保护提供密钥生成与管理、证书管理等安全保障。基于 TPM 的可信计算技术用于保护指定的数据存储区，防止攻击者实施特定类型的物理访问，同时赋予所有在计算平台上执行的代码以证明它在一个未被篡改环境中运行的能力。BitLocker 便是可信计算技术在 Windows 环境下的具体应用。

（4）BitLocker 的启用。对于存有重要数据的磁盘分区，可以利用 BitLocker 程序对其直接进行加密，这样只有合法用户才能访问加密的数据内容，其他用户在尝试访问被加密的数据分区时，系统会弹出类似"拒绝访问"的提示。在对某一数据分区执行"启用 BitLocker"项目后，在弹出的如图 2-6 所示的对话框中选中"使用密码解锁驱动器"或"使用智能卡解锁驱动器"复选框，如果本地计算机没有集成 TPM 芯片，就只能选择"使用密码解锁驱动器"方式。

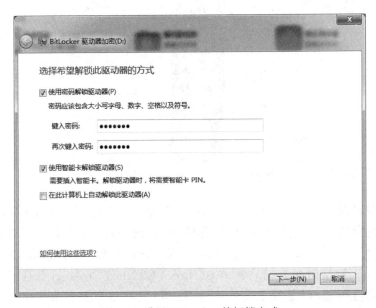

图 2-6   设置 BitLocker 的解锁方式

之后，在访问加密分区中的文件时，需要输入事先设置的密码。如果在本地计算机中同时安装了两个操作系统，当切换到另一个系统后试图访问加密磁盘分区中的文件时，系统会弹出类似"驱动器不可用"的提示。如果用户将加密分区所在的硬盘移动到其他计算机上，该加密分区中的内容也不能被直接访问。若要访问，必须要使用加密该分区时创建的备份密钥，从而大大提升了硬盘数据的安全性。不过，当加密数据从 NTFS 加密驱动器复制到其他文件系统上时会自动解密。

2.2.2 数据存储安全

视频讲解

数据存储的对象是指数据在加工前需要查找的信息或数据流在加工过程中产生的临时文件。不管是哪类数据，都以某种格式记录在计算机内部或外部的存储介质上。数据存储安全主要针对的是存储在介质上的数据的安全管理，防止攻击者窃取数据或因管理不当造成数据的丢失或损坏。

1. 独立冗余磁盘阵列（RAID）技术

独立冗余磁盘阵列（Redundant Array of Independent Disks，RAID）始于 20 世纪 80 年代美国加州大学伯克利分校的一个研究项目，当时 RAID 被称为廉价冗余磁盘阵列

（Redundant Array of Inexpensive Disks），简称磁盘阵列。后来 RAID 中的字母 I 被改为了
Independent，RAID 就成了"独立冗余磁盘阵列"，但这只是名称的变化，实质性的内容并没
有改变。在系统和数据安全方面，RAID 技术具有明显的优势。

（1）RAID 的系统结构。简单地说，RAID 是由多个独立的高性能磁盘驱动器组成的磁
盘子系统，图 2-7 是 RAID 的组成结构示意图。

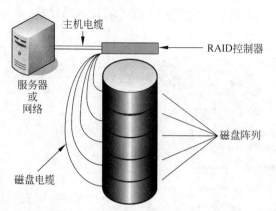

图 2-7　RAID 的组成结构示意图

RAID 系统由两个主要部件组成：RAID 控制器和磁盘阵列。RAID 控制器是 RAID
系统的核心，负责数据的交换和缓冲，并管理主机（或网络）与磁盘阵列之间的数据流。
RAID 控制器可以连接 SAN（Storage Area Network，存储局域网络）、NAS（Network
Attached Storage，网络附属存储）或 DAS（Direct-Attached Storage，直连式存储）。虽然
RAID 由多个磁盘组成，但是对于主机来说，RAID 就像单个大容量的虚拟磁盘驱动器。
RAID 控制器通常以高速接口技术（如光纤通道、SCSI 等）与主机或网络相连接。

（2）RAID 的工作方式。根据系统所提供的磁盘 I/O 性能和数据存储安全性的不同，
目前普遍使用的 RAID 可分为 RAID0、RAID1、RAID0＋1、RAID3 和 RAID5 等级别。

① RAID0。RAID0 也称为带区集，是一种无冗余、无校验的磁盘阵列。如图 2-8 所示，
当写入数据时，数据先被分割成大小为 64KB 的数据块，然后并行存储到带区集的每个磁盘
中。系统读取磁盘数据时，将同时从各个磁盘并发读取数据块，经自动整合后形成一个完整
的数据。RAID0 的最大优势是通过快速读取，提高了磁盘 I/O 系统的性能。但当带区集中
的任何一个硬盘或分区损坏时，将造成所有数据的丢失。

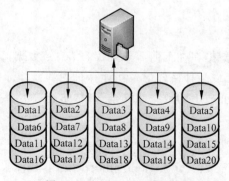

图 2-8　RAID0 的工作原理

② RAID1。RAID1 即通常所讲的磁盘镜像，所以也称为镜像磁盘阵列，它是在一个硬盘控制卡上安装两块硬盘。如图 2-9 所示，其中一个设置为主盘(master)，另一个设置为镜像盘或从盘(slaver)。

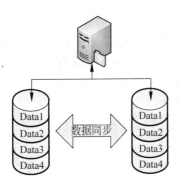

图 2-9　RAID1 的工作原理

当系统写入数据时，会分别存入两个硬盘中，两个硬盘中保存有完全相同的数据。即使一个硬盘损坏，另一个硬盘也会继续工作。RAID1 具有很好的容错能力，但是当硬盘控制卡受损时，数据将无法读取。RAID1 具有最高的安全性，但只有一半的磁盘空间被用来存储数据。

③ RAID5。RAID5 是一种带奇偶校验的带区集，它在 RAID0 的基础上增加了对写入数据的安全恢复功能。如图 2-10 所示，数据块分散存放在带区集的所有硬盘中，同时每个硬盘都有一个固定区域(约占所使用硬盘分区的 1/3)来存放一个奇偶校验数据 ECC(Error Correcting Code，差错校验码)。当任何一个硬盘失效时，可利用此奇偶校验数据推算出故障盘中的数据来，并且这个恢复操作在不停机的状态下由系统自动完成。RAID5 在使整个硬盘的 I/O 性能得到明显改善的同时，还具有非常好的容错能力，但硬盘空间无法全部用来保存正常数据。

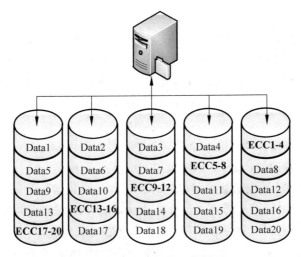

图 2-10　RAID5 的工作原理

前面分别介绍了多种 RAID 方案,在这些方案中(除 RAID0),不论何时有磁盘损坏,都可以随时拔出损坏的磁盘再插入好的磁盘,数据不会受到损坏,失效磁盘上的内容可以很快被重建和恢复,而且整个过程都由相关的硬件或软件来完成。

2. 双机热备

对于一些重要的系统来说,为了提高系统的可靠性和可用性,在一些关键部分可采用双机热备技术。双机热备系统的要求为:一台设备发生故障后,另一台设备能够立即接替工作,而且对相关的设备没有影响。在双机热备系统中,由一台设备接替另一台设备的工作过程对用户来说是透明的,即无感知的。

双机热备技术的实现方式如图 2-11 所示。双机(活动主机和备用主机)位于同一个网络中,并共享同一个存储,它们之间通过心跳线实时传输彼此存在的信号。用户数据一般存放在磁盘阵列上,当活动主机出现故障无法提供正常服务后,备用主机继续从磁盘阵列上取得原有数据。

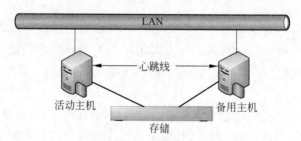

图 2-11　双机热备技术的实现方式

双机热备系统是基于共同文件系统建立的,即活动主机和备用主机上的内容完全一致。心跳线的作用是让两台主机之间相互检测对方是否存在和服务是否健全,一旦任何一方心跳消失,则另一台主机立即接替,继续提供服务。目前,双机热备软件的主要功能是处理心跳信号,在双机之间交换信息,并确保心跳和所有服务正常。

3. 数据迁移

数据迁移又称为数据的分级存储管理,是指将系统中很少使用或一段时间不用的数据,从本地存储设备迁移到辅助设备的过程。一般情况下,会将访问频率高的数据存放在性能较高的本地存储设备中,而访问频率低的数据则存放在相对廉价的辅助设备中。由本地设备与辅助设备构成一个协调工作的存储系统,通过制定策略对指定数据进行动态迁移。

数据迁移策略的制定和执行是一个相对复杂的过程,一般分为数据迁移前的准备、数据迁移的实施和数据迁移后的校验 3 个阶段。其中,准备工作是实施迁移的基础,需要对待迁移的数据源进行详细分析,包括数据的存储方式、数据量、数据的时间跨度等;实施工作是数据迁移中最为重要的一个环节,需要结合具体的环境要求,制定详细的实施步骤,并对涉及的技术进行测试,最后再实施迁移工作;校验是指在迁移实施工作结束后,对数据迁移质量的检查,包括对数据完整性、一致性、记录条数等内容的检查,它是判断被迁移后的系统能否正式启用的重要依据。

回迁是迁移的逆过程,一般可以通过将存档文件的名称列表保留在本地存储设备上实现。当用户需要存档的文件时,会在存档目录中查找该文件,找到后便像访问本地文件一样来调用它。在调用过程中,文件从辅助设备(如离线存储、光盘等)回迁到本地设备(磁盘)。回迁过程在后台进行,文件从辅助设备回迁到本地设备的过程对用户是透明的,被回迁的文件在用户处理结束后又迁回到辅助设备中。

4. 异地容灾

异地容灾是指在相隔较远的不同地点,分别建立两套或多套功能相同的信息系统,系统之间可以进行健康状态监视和功能切换。当其中一处系统因意外(如火灾、地震等)停止工作时,整个应用系统可以自动切换到另一套系统,使得应用系统可以继续提供服务,保证了业务的连续。

(1)异地容灾的指标。衡量异地容灾技术时,用到了两个指标 RPO 和 RTO。其中,RPO(Recovery Point Object,恢复点目标)主要是指业务系统所能容忍的数据丢失量;RTO(Recovery Time Object,恢复时间目标)主要是指业务系统所能容忍的业务停止服务的最长时间,即从灾难发生到业务系统恢复服务功能所需要的最短时间。RPO 针对的是数据丢失,而 RTO 针对的是服务丢失,二者没有必然的关联性。RPO 和 RTO 的确定必须在进行风险分析和业务影响分析后根据不同的业务需求确定。

(2)容灾恢复关键技术。异地容灾系统所涉及的恢复技术一般包括数据恢复技术、应用恢复技术和网络恢复技术 3 种。

① 数据恢复技术。数据恢复技术是指通过建立一个异地的数据备份系统,将其作为本地关键应用或重要数据的一个备份,以备本地数据或整个应用系统出现灾难时使用。与本地生产的数据相比,异地备份的数据既可以是完全实时的,也可以在确保可用的前提下存在一定时间上的滞后。对于数据备份和数据复制技术,根据实现方式的不同,可以分为同步传输方式和异步传输方式。同步方式是指数据在本地和异地都保存成功后,才会将数据成功存储的信息反馈给应用系统;异步方式是指数据只要在本地存储成功,就将成功存储的信息反馈给应用系统,而数据存储到异地是在后台异步完成的。

② 应用恢复技术。应用恢复技术是在数据容灾的基础上,在异地建立一套完整的与本地生产系统功能相同的备份应用系统,以实现本地系统与异地系统之间的相互备份。这是一个相对复杂的工作,它不是单纯地在异地重建一套系统,而是需要包括网络、主机、应用、安全等各种资源之间的协调。其中,涉及的主要技术包括负载均衡、远程镜像、快照、虚拟化等。数据容灾是应用容灾的基础,应用容灾是数据容灾的目标。

③ 网络恢复技术。异地容灾的实质是在不同地方建立不同的数据中心。其中,本地生产系统所在的数据中心称为主数据中心,而异地数据中心称为备援数据中心。早期的主数据中心和备援数据中心之间的数据备份主要是基于 SAN(Storage Area Network,存储区域网络)的远程复制(镜像)方式来实现,即通过光纤通道(Fiber Channel,FC)把不同地理位置的 SAN 连接起来,进行远程复制。当灾难发生时,由备援数据中心替代主数据中心的工作,以保证系统服务的持续性。随着 IP 技术的发展和广泛应用,可利用基于 IP 的 SAN 互联协议(如 FCIP、iFCP、Infiniband、iSCSI 等),通过已有的 IP 网络将主数据中心 SAN 中的信息远程复制到备援数据中心 SAN 中。这种远程容灾备份方式基于 IP SAN,不但使存储空间得到更加充分的利用,而且使部署和管理更加有效。

2.2.3 数据处理安全

数据处理安全主要指在数据处理过程的各个环节中，对数据的安全性进行管理，以防止攻击者窃取数据或造成数据的泄露。

1. 数据备份

数据备份是最传统也是最为可靠的一种安全防范技术。数据备份就是在其他介质上复制并保存数据的副本。例如，在日常的工作中，经常将重要数据备份到光盘、U盘、网盘等介质中，以备本地数据损坏后进行恢复。

常用的备份策略有两种：完整备份和增量备份。其中，完整备份是指把所选择的数据完整地复制到其他介质上；而增量备份仅备份从上次备份以来添加或变更的数据。对于完整备份，由于所有的数据都被复制到存储介质中的连续区域，恢复时也就比较简单，但在备份时要占用大量的网络和存储资源。而对于增量备份，每次都只将被修改的数据进行复制，这对于大文件和大数据库来说，在备份时是很方便、实用的。但在恢复数据时，数据分散在存储介质的不同区域甚至是不同存储介质上，导致恢复过程很复杂。为了在备份和恢复性能之间取得平衡，一般的解决方式是在一次完整备份后可以连续进行几次增量备份，但增量备份的连续次数被限制在很小的数目以内，超过这个数目就必须进行完整备份。

在数据备份中，往往有一份完整数据或数据块的多个复制存放在多个介质上。为了比较两个数据的一致性，现在可以通过 Hash 数据或数据块的内容来建立索引，同时也可以确保备份数据的真实性，防止备份数据的篡改。

2. 权限管理

权限是指为了保证职责的有效履行，任职者必须具备的对某事项进行决策的范围和程度。权限管理是指根据系统设置的安全规则或安全策略，用户可以访问而且只能访问自己被授权的资源，权限管理的原则是够用就行，即最低权限原则。

科学合理的权限管理策略可以有效保护数据，防止数据的破坏。在具体实施中，可以根据不同用户在组织内的角色和职责为其分配相应级别的权限。权限的赋予并不是越高越好，尤其是要慎重给用户赋予"管理员"权限。例如，对于共享服务资源的权限赋予，一般仅分配给用户访问特定资源或使用特定程序的权限。

3. 数据加密

数据加密是针对数据的可逆转换，即借助加密软件对数据进行可逆加密转换，并将验证口令以不可逆算法加密后写入文件中，通过加密实现介质中存储的数据或网络节点之间传输的数据的机密性和完整性。加密是对访问控制方法的一种补充，对笔记本电脑、智能手机等易丢失设备上的数据或网络中的共享文件，可以通过加密进行有效的保护。前面介绍的针对 Windows 相应版本的 EFS 和 BitLocker 技术都是通过加密技术来实现的。

2.3 针对账户的攻防

利用操作系统的漏洞，攻击者可以对目标计算机进行远程控制，让其执行各种操作和命令。但出于安全考虑，对任何一个操作系统访问账户的权限都进行了严格管理。例如，攻击者利用权限提升漏洞可以提升入侵账号的权限(直至系统管理员权限),进而对计算机进行控制或恶意操作。账户管理尤其是账户权限的管理,对防范网络攻击具有重要的意义。

2.3.1　账户和组

账户是用户登录系统时的凭证,一般由用户名和对应的口令组成,账户也称为用户账户。组是对用户进行分类管理的基本单位,同一组中的用户具有相同的权限。

1. 安全主体

在 Windows 操作系统中,可以将用户、组、计算机和服务都看作是一个安全主体。根据系统架构的不同,账户的管理方式也有所不同,其中本地账户由本地安全账户管理器(Security Account Manager,SAM)文件来管理,而域账户由活动目录(Active Directory,AD)管理。

用户是登录计算机的一个独立安全主体。Windows 中存在本地用户和域用户两种类型,其中本地用户是在计算机的本地 SAM 数据库中定义的,每台 Windows 计算机都有一个本地 SAM,用于管理该计算机上的所有用户。本地 SAM 至少包含 Administrator 和 Guest 两个账户。

需要说明的是,对于活动目录域控制器来说仍然存在本地的 SAM,只不过该 SAM 中的账户只能在目录服务还原模式下使用。

在操作系统发展早期,设计者已经意识到将每个对象的权限分配给需要它的每个用户,但这在管理上是非常困难的。为此,设计者提出了组的概念,即将拥有相同权限的用户置于同一个组进行管理。组也是一种安全主体,在 Windows 中用户可以是多个组的成员,并且对象可将权限分配给多个组。组可以嵌套。

2. 常用账户

Windows 操作系统中有两个常用账户:Administrator 和 Guest。这两个账户是网络攻击者经常关注和获取的目标,加强对这两个账户的安全管理是实现防范的有效方法。

(1) Administrator。Administrator 是 Windows 操作系统内置的具有最高管理权限的系统管理员账户,也称为超级用户。Administrator 对系统拥有全部的控制权,可以管理计算机内置账户,通过该账户可以对计算机进行全部的操作,包括安装程序、读取或删除计算机上所有的文件等。

只有拥有 Administrator 账户的用户才拥有对计算机上其他用户账户的完全控制权,包括创建和删除计算机上的用户账户、为其他用户账户设置密码、更改其他用户的账户类型等。需要说明的是,Administrator 无法将自己更改为受限制的账户类型,除非在该计算机上有多个拥有 Administrator 权限的用户账户。

(2) Guest。Guest(来宾)没有预设的密码,它是供那些在系统中暂时没有个人账户的用户在访问计算机时使用的临时账户。出于安全起见,系统默认 Guest 处于禁用状态。Guest 可以更名和禁用,但不能被删除。

当用户通过 Guest 登录系统时,可以访问已经安装在计算机上的程序,但无法更改用户账户类型。

3. 常用组

Windows 操作系统中常见的组有 Administrators、Users 和 Guests。其中,位于 Administrators 组中的用户拥有修改、控制系统的权限,主要包括安装操作系统和组件、升级操作系统和安装补丁程序、修复操作系统、配置操作系统的主要参数、管理安全和审计日志、备份和还原系统等。位于 Users 组中的成员不允许修改操作系统的设置或其他用户的参数,仅可以进行一些有限的操作,主要包括创建和管理本地组、运行经认证的程序(这些程序由管理员安装或部署)等。Guests 组是微软公司为了提升系统的安全性,为特殊情况下的应用设计的,如局域网中的文件共享就是利用 Guests 组来实现的。

需要说明的是,在 Windows 活动目录域控制器中,出于对不同用户的细精度(权限管理等级)管理,提供了大量的组,有些组的功能随着操作系统版本的升级而变化。由于目前 Windows 操作系统的版本较多,所以在此不再一一赘述,需要时可查阅对应版本的操作说明。

视频讲解

2.3.2　用户的登录认证

Windows 提供了 NTLM(NT LAN Manager)和 Kerberos,前者主要用于 Windows Server 的工作组(workgroup)环境,后者主要用于 Windows Server 的域(domain)环境。

1. NTLM

NTLM 使用了基于挑战/应答(challenge/response)机制的鉴别方法。在该机制中,客户端能够在不发送自己用户密码给服务器的情况下实现用户的身份鉴别。NTLM 通常由协商(negotiation)、挑战(challenge)和鉴别(authentication)三类消息组成。NTLM 身份鉴别机制的基本原理如图 2-12 所示,主要认证过程如下。

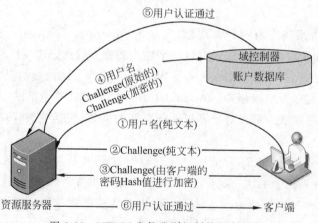

图 2-12　NTLM 身份鉴别机制的基本原理

① 用户通过输入 Windows 账户的用户名和密码登录客户端主机。在登录之前,客户端计算输入密码的 Hash 值,并保存在本地缓存中,同时将原始密码丢弃。客户端用户在成功登录 Windows 后,如果要访问服务器资源,需要向对方发送一个请求报文。其中,用户在登录客户端时使用的用户名以明文形式包含在该请求报文中。

② 服务器在接收到请求报文后,生成一个 16 位的随机数,这个随机数被称为 Challenge 或者 Nonce。服务器在将该 Challenge 发送给客户端之前先将其保存起来。Challenge 也是以明文的形式发送的。

③ 客户端在接收到服务器返回的 Challenge 后,用在步骤①中保存的密码 Hash 值对其加密,然后再将加密后的 Challenge 发送给服务器。

④ 服务器接收到客户端发送回来的加密后的 Challenge 后,会向域控制器(Domain Controller,DC)发送针对客户端的验证请求报文。该请求报文主要包含三方面的内容:客户端用户名、原始的 Challenge 和经客户端密码 Hash 值加密的 Challenge。

⑤ 和⑥ DC 根据用户名获取该账户的密码 Hash 值,对原始的 Challenge 进行加密。如果加密后的 Challenge 和服务器发送的一致,则意味着用户拥有正确的密码,验证通过;否则验证失败。DC 将验证结果发给服务器,并最终反馈给客户端。

2. Kerberos

Kerberos 协议是 MIT(麻省理工学院)开发的基于 TCP/IP 网络设计的可信第三方认证协议,它是目前分布式网络计算环境中应用最为广泛的认证协议。Kerberos 工作在 Client/Server 模式下,利用可信赖的第三方 KDC(Key Distribution Center,密钥分配中心)实现用户身份认证。在认证过程中,Kerberos 使用对称密钥加密算法,提供了计算机网络中通信双方之间的身份认证。

设计 Kerberos 的目的是解决分布式网络环境中用户访问网络资源时的安全问题。Kerberos 的安全性不依赖于用户端计算机或要访问的主机(如服务器),而是依赖于 KDC。Kerberos 协议中每次通信过程都有 3 个通信参与方:需要验证身份的通信双方和一个双方都信任的第三方 KDC。将发起认证服务的一方称为客户端,客户端需要访问的对象称为服务器端。在 Kerberos 中,客户端是通过向服务器端提交自己的"凭据"(ticket)来证明自己身份的,该凭据是由 KDC 专门为客户端和服务器端在某一阶段内通信而生成的。Kerberos 保存一个它的客户端及密钥的数据库,这些密钥是 KDC 与客户端之间共享的,是不能被第三方知道的。

由于 Kerberos 是基于对称加密算法来实现认证的,这就涉及加密密钥对的产生和管理问题。在 Kerberos 中会对每一个用户分配一个密钥对,如果网络中存在 N 个用户,则 Kerberos 系统会保存和维护 N 个密钥对。同时,在 Kerberos 系统中只要求使用对称密码,而没有对具体算法和标准做限定,这样便于 Kerberos 协议的推广和应用。

Kerberos 系统认证过程示意图如图 2-13 所示,下面介绍 Kerberos 的基本认证过程。

① 客户端在需要访问某一资源服务器时,首先需要向票据分配服务器(Ticket Granting Server,TGS)申请本次访问所需要的票据。该访问请求以明文方式发给认证服务器(Authentication Server,AS),请求的主要内容包含客户端名称(登录操作系统时使用的用户账号名称)和资源服务器名称等认证信息。在 KDC 中,由 AS 为用户提供身份认证,AS 将用户密钥保存在 KDC 的数据库中。

② AS 验证客户端的真实性访问权限后,以证书(credential)作为应答,证书中包含访问 TGS 的票据和用户与 TGS 之间的会话密钥。其中,会话密钥通过用户的密钥加密后传输。

③ 客户端解密得到访问 TGS 的票据和用户与 TGS 之间通信的会话密钥,然后利用访问 TGS 的票据向 TGS 申请访问资源服务器所需要的票据。该申请包括 TGS 的票据

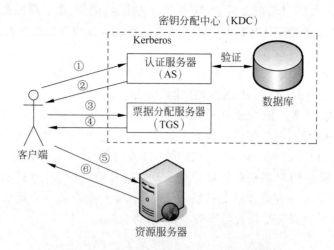

图 2-13　Kerberos 系统认证过程示意图

和一个带有时间戳的认证符（authenticator）。认证符通过用户与 TGS 之间的会话密钥加密。

④ TGS 从票据中取出会话密钥，解密得到认证符，并验证认证符中时间戳的有效性，从而确定用户的请求是否合法。TGS 确认用户的合法性后，生成所要求的资源服务器的访问票据，票据中包含新产生的用户与资源服务器之间的会话密钥。TGS 将资源服务器的票据和会话密钥传回给客户端。

⑤ 客户端向资源服务器提交资源服务器的访问票据和用户新产生的带有时间戳的认证符。认证符通过用户与资源服务器之间的会话密钥进行加密。

⑥ 资源服务器从票据中取出会话密钥，解密得到认证符，取出时间戳并检验有效性。然后向客户端返回一个带有时间戳的认证符，该认证符通过用户与资源服务器之间的会话密钥进行加密。据此，客户端可以验证资源服务器的合法性。

至此，双方完成了身份认证，并拥有了会话密钥。在此后的操作过程中，数据传输将以此会话密钥进行加密。因为从 TGS 获得的票据是有时间标记的，所以客户端可以用这个票据在一段时间内请求访问相应的资源，而不要求再次认证。

Kerberos 将用户身份认证集中到了 AS 上，在开放网络中提供客户端与资源服务器之间的相互认证，并通过会话密钥对通信进行加密。

需要说明的是，从 Windows Server 2000 开始默认的认证协议为 Kerberos，NTLM 逐步被 Kerberos 所替代。

2.3.3　账户密码的安全

在 Windows 操作系统中，用户账户的安全管理使用了 SAM 的机制，实现对 SAM 文件的管理是确保 Windows 系统账户安全的基础。

1. SAM 文件的存放位置

SAM 是 Windows 的用户账户数据库，所有系统用户的账户名称和对应的密码等相关

信息都保存在这个文件中。其中,用户名和口令经过 Hash 变换后以 Hash 列表形式保存在
"%SystemRoot%\system32\config"文件夹下的 SAM 文件中。在注册表中,SAM 文件的
数据保存在 HKEY_LOCAL_MACHINE\SAM\SAM 和 HKEY_LOCAL_MACHINE\
Security\SAM 分支下,默认情况下被隐藏。

由于 SAM 文件的重要性,系统默认会对 SAM 文件进行备份。对于 Windows Vista 之
前的系统,SAM 备份文件存放在"%SystemRoot%\repair"文件夹下；对于 Windows Vista
及其之后的系统,SAM 备份文件存放在"%SystemRoot%\system32\config\RegBack"文件
夹下。

2. 获取 SAM 文件的内容

在 Windows 操作系统启动后,因 SAM 文件开始被系统调用而无法直接复制,但可以
复制其备份文件,或者使用 reg save hklm\sam sam. hive 命令将 SAM 文件备份出来。然
后再利用一些工具软件来破解 SAM 文件的内容,常用的工具软件有 LC5、10phtCrack、
WMICrack、SMBCrack 等。

当用户忘记了 Windows 的登录密码时,可以先进入 Windows 安全模式或借助
Windows PE 工具进入系统,然后删除系统盘目录下的 SAM 文件,最后重新启动系统即可
重置 Windows 的登录密码。也可以使用第三方工具直接恢复密码,如 PasswareKit 5.0、深
山红叶工具箱自带的密码恢复工具等。

2.3.4　权限管理

一般来说,权限管理过程实际上就是为某个资源指定安全主体(用户或组)可以拥有怎
样的操作的过程。权限管理可以理解为：谁(用户)能够对什么(资源)进行哪些(权限)操
作。出于安全要求,针对不同的应用,需要为相应的用户分配不同的权限。权限逻辑配合业
务逻辑,即权限管理以为业务逻辑提供服务为目标。

1. 安全标识符

安全标识符(Security Identifiers,SID)是标识用户、组和计算机账户的唯一的号码。在
第一次创建用户账户时,系统会给每一个账户分配一个唯一的 SID,Windows 内部进程将
引用账户的 SID 而不是账户的用户或组名。如果创建了一个账户后将其删除,然后再创建
一个同名账户,则新账户将不具有授权给前一个同名账户的权力或权限,原因是该后建的账
户与前一个账户具有不同的 SID 号。

(1) SID 的作用。用户通过身份验证后,登录进程会给其分配一个访问令牌,该令牌相
当于用户访问系统资源的票据。当用户试图访问系统资源时,将访问令牌提供给操作系统,
然后操作系统检查用户要访问对象上的访问控制列表。如果用户被允许访问该对象,操作
系统将会分配给该用户适当的访问权限。

访问令牌在用户通过验证的时候由登录进程提供,所以改变用户的权限需要注销后重
新登录,以便重新获取访问令牌。

(2) SID 的组成。SID 用于鉴别用户账户的唯一性,一个完整的 SID 包括以下几方面。

① 用户和组的安全描述。

② 48 位的颁发机构(ID authority)。

③ 修订版本。

④ 可变的子验证值(variable sub-authority values)。

下面以 Windows 中一个重要的 SID 即 S-1-5-21-310440588-250036847-580389505-500 为例进行介绍。其中，第一项 S 表示该字符串是 SID；第二项是 SID 的版本号，1 表示是 Windows 2000 操作系统；第三项是标识符的颁发机构(identifier authority)，对于 Windows 2000 内的账户，该值为 5；第四项至第七项表示一系列的子颁发机构，第四项至第六项是标识域的，第七项标识域内的账户和组；最后一项为 500，说明是系统自建的内置管理员账户 Administrator(Guest 账户的值为 501 等)。

在注册表的 HKEY_LOCAL_MACHINE\SAM\SAM\Domains\Builtin\Aliases\Members 中保存着本地账户的所有 SID 列表。

2. 访问控制列表(ACL)

访问控制列表(Access Control Lists,ACL)几乎应用于所有的授权访问系统中，用于判断某一账户是否对指定的资源具有访问权限。在 ACL 中，每一个用户或组都对应一组访问控制项(Access Control Entry,ACE)。在授权访问系统中，可以将节点分为资源节点和用户节点两大类，其中资源节点提供服务或数据，用户节点则访问资源节点所提供的服务与数据。ACL 的主要功能为：一方面保护资源节点，阻止非法用户对资源节点的访问；另一方面限制特定的用户节点对资源节点的访问权限。

ACL 的访问规则是：当某一用户要访问某一资源或调用某一服务时，将从 ACL 的开始语句中逐条进行匹配，如果有一条匹配成功，将结束匹配操作，并转向相应的资源访问或服务调用过程；如果所有语句都没有成功匹配，则访问请求将被拒绝。

3. 权限管理设置原则

在 Windows 中，针对权限的管理有 4 项基本原则：拒绝优于允许原则、权限最小化原则、权限累加原则和权限继承性原则。

(1) 拒绝优于允许原则。拒绝优于允许原则是指当同一用户分属于不同组时，如果在不同组中为该用户设置了不同的权限，则拒绝权限优先于允许权限。例如，用户 wangqun 同时属于 jspi 和 njust 两个不同的组。针对某一资源，在 jspi 组中为用户 wangqun 分配了"写入"权限，而在 njust 组为用户 wangqun 分配了"拒绝写入"权限。根据拒绝优于允许原则，用户 wangqun 对该资源实际拥有的权限是"拒绝写入"。

(2) 权限最小化原则。出于安全考虑，尽量让用户不能访问或不必要访问与自己无关的资源，或者不能对指定的资源进行越权操作。

(3) 权限累加原则。针对某一资源，假设用户 wangqun 在 jspi 组中拥有"读取"权限，在 njust 中拥有"写入"权限。根据"权限累加原则"，用户 wangqun 实际对该资源拥有的权限是"读取＋写入"。

(4) 权限继承性原则。假设在 Data 目录下同时存在 Data1、Data2、Data3……多个子目录,现在需要对 Data 目录及其下的子目录均设置 wangqun 用户拥有"写入"权限。根据权限继承性原则,只需要对 Data 目录设置即可,其下所有子目录自动继承了这个权限的设置。

4. 账户安全防范措施

针对不同的用户和组账户,在权限设置的基础上,还可以利用 Windows 操作系统提供的一些策略对其安全性进一步设置,以防范利用用户和组账户的攻击。下面介绍几个典型的应用。

(1) 更改密码复杂度。首先要启动"密码必须符合复杂性要求"设置,同时在设置密码时遵循一些规则:密码长度至少为 8 位,并由数字、大小写字母与特殊字符组成;密码中不允许使用 admin、root、password 等;密码中键盘顺序连接字符不超过 3 个(横、竖排)(如 ASD、ZXC、QAZ 等)等。

(2) 登录失败次数限制。合理设置账户锁定策略中的"账户锁定阈值"和"账户锁定时间",可有效防止对操作系统的尝试性登录攻击。

(3) 重要操作的权限设置。打开如图 2-14 所示的"本地组策略编辑器"管理界面,在"用户权限分配"列表中可以对一些重要操作的权限进行设置,如从远程系统强制关机、更改系统时间、拒绝本地登录、从网络访问此计算机等。

图 2-14　用户权限分配操作界面

2.4　针对进程与服务的攻防

本节结合 Windows 操作系统的工作特点,对一些平时容易混淆的基本概念进行介绍,同时结合其安全性进行必要的分析。

2.4.1　进程、线程、程序和服务的概念

1. 基本概念

（1）进程。进程（process）是正在运行的程序的实例，是计算机中的程序关于某数据集合上的一次运行活动，是系统进行资源分配和调度的基本单位。例如，在计算机上打开了QQ就启动了一个进程。

（2）线程。线程（threads）是进程的一部分，有时也称为轻量级进程（Light Weight Process，LWP），是程序执行流的最小单元。例如，在QQ这个进程中，传输文字启动了一个线程，传输语音启动了一个线程，弹出对话框又启动了一个线程。

（3）程序。程序（program）是一组可执行指令的集合，是指为了得到某种结果而可以由计算机等具有信息处理能力的装置执行的代码化指令序列。

（4）服务。服务（service）是执行指定系统功能的程序、例程（例程是某个系统对外提供的功能接口或服务的集合，如操作系统的API，例程的作用类似于函数）或进程。

2. 概念之间的区别

（1）进程与线程的区别。线程是比进程更小的处理模块。进程和线程都是由操作系统所包含的程序运行的基本单元，系统利用该基本单元实现应用的并发性。进程和线程的区别在于：一个程序至少有一个进程，一个进程至少有一个线程；进程是系统所有资源分配时的一个基本单位，拥有一个完整的虚拟空间地址，并不依赖线程而独立存在；系统在运行时会为每一个进程分配不同的内存区域，但不会为线程分配，线程只能共享资源。

（2）进程与程序的区别。程序是一组指令的集合，是静态的实体，没有执行的含义；而进程是一个动态的实体，有自己的生命周期。一般来讲，一个进程肯定与一个程序相对应，并且只有一个对应程序。但是，一个程序既可以有多个进程，也可能一个进程都没有。简单来讲，进程是程序的运行实体，只有程序在运行时才会产生进程。

（3）服务与进程。在Windows操作系统中，当通过网络提供服务时，服务可以在活动目录中发布。Windows中的服务支持自动、手动和禁用3种方式，可以设置服务是否与操作系统一起启动、一起关闭。服务和进程并不是一一对应的，进程是系统在当前使用中调用程序，包括一些dll动态链接库文件的实体，而系统服务是系统当前使用的一些规则，服务的打开与否关系到系统能否执行某些特定的功能。

2.4.2　重要系统进程

由于进程的重要性，进程也成为网络攻防者的主要攻击目标。在网络攻防中，不仅要了解用于攻击的"矛"，也要掌握用于防范的"盾"。下面从攻防的角度来介绍几个重要的Windows进程。

1. Smss.exe

Smss.exe（Session Manager Subsystem）是Windows会话管理器，属于Windows操作系统的一部分。该进程调用会话管理子系统并负责操作系统的会话，决定着系统能否正常

地运行。正常的 Smss.exe 进程文件存放在 Windows\System32 文件夹中。

如果系统中出现了多个 Smss.exe 进程，而且占用的 CPU 资源较大时，该 Smss.exe 可能是木马程序(如 Win32.ladex.a 木马)，可通过手工方式清除。首先在"Windows 资源管理器"中确定 Smss.exe 进程，然后通过"打开文件位置"找到所在的文件夹后将其删除，并消除它在注册表和 WIN.ini 文件中的相关项。

2. Csrss.exe

Csrss.exe 所在的进程文件是 csrss 或 csrss.exe，通常是 Windows 系统的正常进程。它管理 Windows 图形相关任务，是 Windows 的核心进程之一，对系统的正常运行起着关键作用。

在正常情况下，Csrss.exe 位于 Windows\System32 文件夹中，如果系统中出现了多个 Csrss.exe 文件(其中一个位于 Windows 文件夹中)，则很有可能是感染了 Trojan.Gutta 或 W32.Netsky.AB@mm 病毒。非正常的 Csrss.exe 是一种蠕虫病毒，它会以 Csrss.exe 为文件名复制自己的副本文件到 Windows 目录下，并添加下面的注册表键值：HKEL_LOCAL_MACHINE\Software\Microsoft\Windows\CurrentVersion\Run\SystemSARS32，with value "C:WINNTcsrss.EXE"以便每次 Windows 启动时蠕虫会自动运行。

手工删除 Csrss.exe 蠕虫时，可先结束 Windows 根目录下的 Csrss.exe 进程，删除病毒生成的.com 或.exe 文件，并删除注册表中病毒的启动项。

3. Services.exe

Services.exe(Windows service controller)是 Windows 操作系统的一部分，用于管理启动和停止服务，也会处理在计算机启动和关机时运行的服务。该程序对 Windows 系统的正常运行起着关键作用，结束该进程后系统会重新启动。

正常的 Services.exe 应位于 Windows\System32 文件夹中，不过也可能是 W32.Randex.R(储存在 Windows\System32 文件夹中)和 Sober.P(储存在 Windows\Connection Wizard\Status 文件夹中)木马。该木马允许攻击者访问用户的计算机，窃取密码和个人数据。

需要说明的是，当使用计算机的时间较长时也可能导致 Services.exe 占用内存较大，主要原因是事件日志(event log)过多，而 Services.exe 启动时会加载事件日志，因而使得进程占用了大量内存，可在 Windows 的"事件查看器"中查看并清除日志记录。

4. Svchost.exe

Svchost.exe 是 Windows 系统中一类通用的进程名称，它是与运行动态链接库 dlls 的 Windows 系统服务相关的。在计算机启动时，Svchost.exe 检查注册表中的服务并将其载入、运行。Svchost.exe 程序对系统的正常运行是非常重要，而且不能被结束运行。

在"Windows 任务管理器"中经常会出现多个 Svchost.exe 同时运行的情况，正常情况下，每一个 Svchost.exe 都表示该计算机上运行的一类基本服务。例如，在 Windows XP 操作系统中，一般有 4 个以上的 Svchost.exe 服务进程，而从 Windows 7 操作系统开始则更多。

在正常情况下，不管系统中运行有多少个 Svchost.exe 进程，对应的程序都会位于 Windows\System32 文件夹中。如果在其他文件夹中发现了 Svchost.exe 文件，很可能是感染了病毒。

2.4.3 常见的服务与端口

在网络渗透过程中，服务是主要的攻击目标，任何一次有目的的攻击都必须事先确定具体的服务。而端口是实现攻击行为的主要途径，即攻击数据流到达服务之前需要经过的入口。一般情况下，互联网中常用的服务与端口之间存在一一对应关系。

1. 常见的服务

Windows 系统提供的服务较多，表 2-1 列出了网络安全相关的常见服务及其功能说明。

表 2-1 网络安全相关的常见服务及其功能说明

服 务 名 称	功 能 说 明
Alerter	通知所选用户和计算机有关系统的管理级报警。如果停止该服务，使用管理报警的程序将不会收到报警信息
Application Management	提供软件安装服务，如软件的分派、发行、删除等
Automatic Updates	通过 Windows Update 下载和安装 Windows 更新程序
Computer Browser	维护网络上计算机的更新列表，并将列表提供给指定计算机浏览
Event Log	启用在事件查看器查看基于 Windows 的程序和组件产生的事件日志消息。无法终止该服务
ICF/ICS	ICF(Internet Connection Firewall，Internet 连接防火墙)是一段"代码墙"，用于将计算机和 Internet 分隔开，时刻检查出入防火墙的所有数据包，决定拦截或放行；ICS(Internet Connection Sharing，Internet 连接共享)为家庭或小型办公网络提供网络地址转换(NAT)，以保护内部地址和名称解析，防止受到外部攻击
Messenger	传输客户端和服务器之间的 NET SEND 和 Alerter 服务消息。此服务与 Windows Messenger 无关
Plug and Play	使计算机在极少或没有用户输入的情况下能够识别并适应硬件的更改。终止或禁用该服务会造成系统的不稳定
RPC	Remote Procedure Call(RPC)提供终节点映射程序(endpoint mapper)和其他 RPC 服务
RPC Locator	Remote Procedure Call(RPC) Locator 用于管理 RPC 名称服务数据库
Remote Registry	使远程用户能够修改该计算机上的注册表设置。如果该服务被终止，只有该计算机上的用户才能修改注册表
Server	支持该计算机通过网络的文件、打印和命名管理共享。如果停止该服务，这些功能将不可用；如果服务被禁止，任何直接依赖于该服务的服务将无法启动
Telnet	允许远程用户登录到该计算机并运行程序，并支持多种 TCP/IP Telnet 客户，包括基于 UNIX 和 Windows 的计算机
Terminal Services	允许多位用户连接并控制一台计算机(一般为服务器)，并且在远程计算机上显示桌面和应用程序。这是远程桌面(包括管理员的远程桌面)、快速用户转换、远程协助和终端服务器的基础结构
Wireless Zero Configuration	为用户的 IEEE 802.11 无线网络适配器提供自动配置服务
Workstation	创建和维护到远程服务的客户端网络连接

2. 常见的危险端口

端口(port)是指设备与外界进行通信的出口。端口可分为虚拟端口和物理端口。其中,虚拟端口指设备(如计算机、交换机、路由器等)内部的端口,对外是不可见的,如计算机中的80端口、21端口、23端口等;物理端口又称为接口,对外是可见的,如计算机上用于以太网连接的RJ45网口、交换机或路由器上的光纤接口等。本节关注的是计算机内部的端口,即虚拟端口。

端口可以分为公认端口(熟知端口)、注册端口和动态(私有)端口3种类型。

(1)公认端口。公认端口(Well Known Ports,WKP)从0到1023,用于一对一地绑定一些常用的服务。通常这些端口的通信明确表明了某种服务的协议,如80端口明确的是HTTP通信协议。

(2)注册端口。注册端口(Registered Ports,RP)从1024到49151,用于绑定一些服务。但与公认端口不同的是,这种绑定不是固定的。一些系统处理动态端口使用的就是注册端口。

(3)动态端口。动态端口(Dynamic and/or Private Ports,DPP)从49152到65535,由于这类端口号仅在客户进程运行时才动态选择,因此又称为客户端使用的端口号或短暂端口号。这类端口号留给客户进程选择暂时使用。当服务器进程收到客户进程的报文时,就知道了客户进程所使用的端口号,因而可以把数据发送给客户进程。通信结束后,刚才已使用过的客户端口号就不复存在了,这个端口号就可以供其他客户进程使用。

需要说明的是,从1024开始到65535都是应用程序开启的端口,木马和病毒也会启用这些端口。

常见的危险端口有21端口、80端口、135端口、139端口、445端口、3389端口、4489端口等,表2-2对Windows中常见的危险端口及其危害性进行了说明。

表2-2　Windows中常见的危险端口及其功能说明

端口号	功 能 说 明
21	用于RTCS远程开启Telnet服务,不依赖于IPC＄是否开放,可直接访问目标的Windows管理规范服务(WMI)。WMI为系统重要服务,系统默认是开启的
123	是UDP端口,用于Windows Time服务。关闭UDP 123端口可以防范某些蠕虫病毒
135	主要用于使用RPC(Remote Procedure Call,远程过程调用)协议并提供DCOM(分布式组件对象模型)服务,通过RPC保证一台计算机上运行的程序可以顺利地执行远程计算机上的代码
137/138	是UDP端口,当通过网上邻居传输文件时使用的端口。因为是UDP端口,所以对于攻击者来说,通过发送请求很容易就获取到目标计算机上的相关信息,有些信息是直接可以被利用并分析漏洞的,如IIS服务。另外,通过捕获正在利用137端口进行通信的数据包,还可以得到目标计算机的启动和关闭时间,这样就可以利用专门的工具来进行攻击。当取消对"Microsoft网络文件和打印共享"及"Microsoft网络客户端"的选取时,就自动关闭了这两个端口
139	是为NetBIOS Session Service提供的端口,主要用于提供Windows文件和打印机共享,以及UNIX中的SAMba服务。Windows系统在局域网中进行文件共享时,必须启用该服务。139端口经常被攻击者用来获取远程计算机的用户名和密码。当"禁用TCP/IP上的NetBIOS"时,可自动关闭139端口

续表

端口号	功 能 说 明
445	一般为数据流通端口，黑客或木马多通过这个端口对计算机进行控制，Windows 2000 以后的版本都会自动打开这个端口。一些常见病毒（如 WannaCry 勒索病毒、冲击波、震荡波、灾飞等）都是从这个端口对计算机进行攻击的
1900	UDP 端口，源于 SSDP Discovery Service 服务。关闭该端口可以防范 DDoS 攻击
3389	又称为 Terminal Service(终端服务)，是 Windows 的远程桌面服务端口。攻击者可以通过该端口直接对远程计算机进行控制
4489	是一个远程控制软件(Remote Control Software,RCS)服务端监听的端口。该端口对应的服务不能算是一个木马程序，但是具有远程控制功能。通常杀毒软件是无法查出该服务程序的，所以当启用该端口时，请先确定该服务是不是自己开发并且是必需的；否则将其关闭

从防范攻击的角度出发，对于具体的 Windows 服务器，在确定了提供的服务后，可以将系统默认开放的其他服务和端口关闭，关闭默认的共享空链接，给磁盘设置操作权限，安全配置 IIS 服务，并启用相应的安全策略。

2.5 针对日志的攻防

系统日志记录了系统中硬件、软件和系统运行状态的信息，同时还可以记录和监视系统中发生的事件。计算机系统日志主要提供系统和网络状态的信息报告。入侵者通过删除、篡改系统日志来销毁被攻击系统上的操作记录，最终躲避系统管理员和专业人员的追踪、审计和取证。因此，系统日志对于保护计算机系统软硬件资源具有不可替代的作用，系统日志的安全直接关系到计算机系统的安全。

2.5.1 Windows 日志概述

Windows 操作系统提供了应用程序日志、安全日志、系统日志、FTP 日志、WWW 日志、DNS 服务器日志等涉及系统各个环节的信息，这些信息都以文件形式存储在磁盘上，保存日志信息的文件称为日志文件。根据用户计算机上开启服务的不同，日志文件的内容及攻防者的关注点也不相同。

1. 日志的功能

操作系统的日志是一种非常关键的服务组件，因为系统日志通常会记录下一些操作内容，可以让用户充分了解自己的系统运行环境，这些信息不但对网络管理人员非常有用，而且对网络攻击者也很有应用价值。例如，当攻击者对系统进行了 IPC 探测后，系统就会将攻击者使用的 IP、时间、用户名等信息记录在安全日志中。又如，当攻击者尝试进行了 FTP 探测后，攻击者的 IP、时间、用户名等信息将记录在 FTP 日志中等。对于系统管理员来说，这些日志信息是了解安全隐患并进行系统安全加固的依据，而对于攻击者来说，日志中记录着完整的攻击行为的痕迹。

系统日志、应用程序日志和安全日志是 Windows 系统提供的 3 类重要日志，具体介绍如下。

（1）系统日志。跟踪各种系统事件并记录。

（2）应用程序日志。记录由应用程序或系统产生的事件，如应用程序产生的装载动态链接库(dll)失败的信息都将被记录在该日志中。

（3）安全日志。记录登录打开或关闭网络、改变访问权限、系统启动或关闭事件，以及与创建、打开或删除文件等资源使用相关联的事件。

Windows 系统有许多应用程序的活动都需要进行记录。对于大多数长时间不间断运行的服务而言，日志是管理员了解系统运行情况的最重要途径之一，一旦有问题出现，日志也是发现和定位故障的第一手资料。

需要说明的是，不仅 Windows 操作系统提供了日志功能，而且几乎所有的主流操作系统、数据库、应用系统都提供了日志服务。

2. Windows 日志的配置与查看

Windows 系统使用事件日志机制来存储、记录、浏览和维护日志。系统管理员可以使用"事件查看器"获得系统和应用程序的重要信息和警告信息。事件日志机制允许写入应用程序的信息。如果应用程序出现问题，应将错误信息写入事件日志，再用事件查看器读取这些信息。

可以选择"开始→设置→控制面板→管理工具→事件查看器"选项，在打开的如图 2-15 所示的对话框中选择并查看相关的日志信息。

在 Windows Vista 之前，系统日志文件存放在"％SystemRoot％\system32\config"文件夹下，文件名为 *.evt，默认大小为 512KB。其中，SecEvent.EVT 为安全日志文件，SysEvent.EVT 为系统日志文件，AppEvent.EVT 为应用程序日志文件。

Windows Vista 及之后的系统中，日志文件存放在"％SystemRoot％\system32\winevt\logs"文件夹下，文件名为 *.evtx，这些日志文件在注册表中的位置为 HKEY_LOCAL_

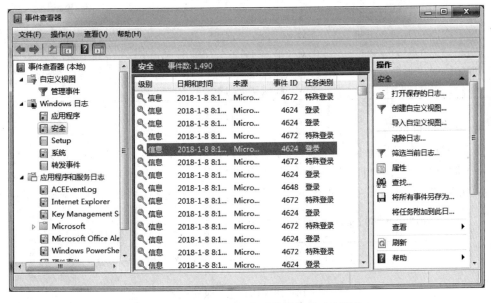

图 2-15 Windows 7 操作系统提供的日志服务

MACHINE\System\CurrentControlSet\Services\Eventlog。如果管理员将日志文件的存放位置进行了重定向，可以在 Eventlog 下面的子项中查看到日志的存放目录。默认的日志文件大小也是 512KB，如果超出会报错，并不再继续记录日志信息。如果要修改日志文件的大小，可在注册表 HKEY_LOCAL_MACHINE\System\CurrentControlSet\Services\Eventlog\Security 中对应的每个日志的 maxsize 子键下进行修改。

2.5.2　日志分析

Windows 系统日志记录了由系统管理员设置的需要进行审计的事件信息，系统管理员可以通过事件查看器工具来查看，也可以作为第三方审计日志分析工具的分析输入数据源。

1. 事件 ID

在 Windows 日志中记录了大量的操作事件，为了方便用户对事件的管理，每种类型的事件都赋予了一个唯一的编号：事件 ID。通过分析事件 ID 可以发现影响 Windows 系统安全的因素，还可以通过查询 ID 的方式快速找到需要关注的日志报警信息。

在 Windows 系统中，可以在"事件查看器"中通过查看系统日志的"事件 ID"来查看某一类型的事件。例如，如果在系统日志中发现某天的事件 ID 为 6005，则说明在这一天正常启动了 Windows 系统；如果发现在某天的事件日志中出现了 ID 为 6006，则说明在这一天出现过非正常关机行为。

需要说明的是，不同版本 Windows 系统的事件 ID 不尽一致，具体使用时可查阅版本的说明。表 2-3 所示是 Windows Server 2016 系统中几个事件 ID 的描述。

表 2-3　Windows Server 2016 系统中几个事件 ID 的描述

事件 ID	事　件　分　类	事　件　描　述
5136	审计目录服务访问	Active Directory 对象已修改
4634	审计登录事件	账户被注销
5031	审计对象访问	Windows 防火墙服务阻止一个应用程序接收网络中的入站连接
4715	审计政策变化	对象上的审计政策（SACL）已经更改
4672	审计特权使用	给新登录分配特权
5024	审计系统事件	Windows 防火墙服务已成功启动

2. 日志分析实例

下面以防火墙日志分析和 IIS 日志分析为例，介绍 Windows 系统中的日志分析方法。

（1）防火墙日志分析。Windows 系统自带的防火墙日志一般位于"C:\Windows\pfirewall. log"文件夹下，图 2-16 是一条防火墙日志记录的说明。

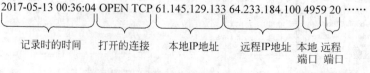

图 2-16　防火墙日志记录的说明

每一条显示 Open 的记录都对应一条显示 Close 的记录,比较两条记录就可计算出本次连接所持续的时间。通过对防火墙日志的分析,可以找出针对本地主机的潜在威胁,并对攻击者的 IP 进行溯源。例如,如果本地计算机是一台 Web 服务器,但接收到大量的来路不明的非 80 端口的连接尝试,就可能遭受到远程攻击。

需要说明的是,要在日志中使用 Windows 系统自带的防火墙功能,需要在 Windows 自带的防火墙的安全日志选项中选择"记录被丢弃的数据包"和"记录成功的连接"选项。

(2) IIS 日志分析。IIS(Internet Information Services,互联网信息服务)是由微软公司提供的一种 Web(网页)服务组件,其中包括 Web 服务器、FTP 服务器、NNTP 服务器和 SMTP 服务器,分别用于网页浏览、文件传输、新闻服务和邮件发送等服务。由于 IIS 的安全性相对较为脆弱,所以针对 IIS 日志的分析对于确保信息服务的安全显得非常重要。

IIS 的 WWW 日志系统默认存放在"％SystemRoot％system32\logfiles\w3svc1"文件夹下,默认每天一个日志。出于安全考虑,在具体部署 Web 服务时,IIS 日志一般不使用系统默认的存放路径,而是保存在存储空间较大的非系统分区中,同时只允许系统管理员和操作系统本身具有完全控制的权限。

从系统开发的角度而言,对于部署在 IIS 上的网站,IIS 日志提供了最有价值的信息,开发人员可以通过分析网站的响应情况来判断网站是否存在性能方面的问题,或者存在哪些需要改进的地方。

如图 2-17 所示,IIS 日志中记录了请求发生在什么时刻,哪个客户端 IP 访问了服务端 IP 的哪个端口,客户端工具是什么类型、什么版本,请求的 URL 及查询字符串参数是什么,请求的方式是 GET 还是 POST,请求的处理结果是什么样的(HTTP 状态码及操作系统底层的状态码,如 201 表示请求成功且服务器创建了新的资源,403 表示服务器拒绝请求,404 表示服务器找不到请求的网页等),请求过程中客户端上传了多少数据,服务端发送了多少数据,请求总共占用服务器多长时间,等等。

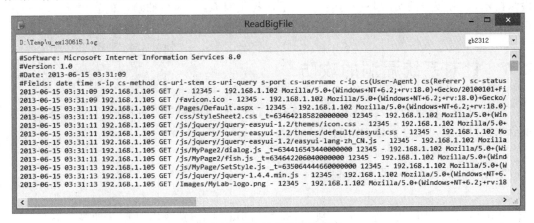

图 2-17　IIS 日志显示的内容

由于 IIS 日志提供的内容非常丰富且复杂,不利于日常的分析和管理,所以出现了一些针对 IIS 日志的分析工具,如利用 Log Parser 工具可以将日志以表格方式显示和操作。对于熟悉数据库操作的系统管理员,也可将 IIS 日志导入 SQL 数据库中进行查看和分析。

2.5.3　日志管理

对系统日志的安全管理是网络安全的一个重要方面。只有解决了系统日志的安全问题，才能够准确地利用系统日志的信息来分析系统中的安全问题。

1. 保护日志文件

出于安全考虑，在提供重要服务的系统中经常需要将日志单独保存并加强访问管理，具体可通过修改日志文件存放文件夹（必须在 NTFS 分区）的访问权限来实现。一般情况下，对 Everyone 账户可只分配日志文件所在文件夹的"读取"权限，对 System 账户取消"完全控制"和"修改"权限的分配。这样，当攻击者试图消除 Windows 日志时，就会被拒绝。

Windows 系统对于日志的安全保护是比较脆弱的。系统对于日志的默认管理是不严格的，任何有管理员权限的用户都可以轻易地对系统日志进行读写操作。同时，系统本身的安全漏洞直接威胁到系统日志的安全。"进入系统→提升权限→放置后门→清理日志"是网络入侵的基本步骤。在这一过程中，攻击者一旦完成了入侵的前两步，后面的入侵操作是很容易实现的，结果是系统无法恢复入侵过程的记录和审计，从而管理员难以发现和准确定位入侵的行为。因此，对于系统日志的安全保护，重点是假设一旦攻击行为已经成功完成了前两步操作的前提下，仍然能够保护系统日志的安全。为实现此安全目的，除加强对日志文件访问账户的安全管理外，还可以对日志文件进行安全备份。

2. 设置入侵检测系统

由于攻击者容易在日志文件中留下操作的痕迹，所以管理员可以通过设置入侵检测系统（Intrusion Detection Systems，IDS）规则，建立系统受到入侵时的特征库，通过将系统运行情况与该特征库进行比较，判定是否有入侵行为发生。入侵检测作为一种"主动防御"的检测技术，具有较强的实时防护功能，可以迅速提供对系统、网络的攻击的实时防护和对用户误操作的实时防护，在检测到入侵企图时进行拦截或提醒管理员做好预防。

2.6　针对系统漏洞的攻防

漏洞是系统设计和开发过程中存在的缺陷，补丁则是针对已发现漏洞的管理，漏洞在发现后未被修复就可能会被攻击者利用。

2.6.1　Windows 系统漏洞

Windows 系统漏洞也称为安全缺陷，即 Windows 操作系统本身存在的技术缺陷。漏洞的存在严重威胁着 Windows 系统的安全，因此漏洞的发现和利用成为网络攻防学习的重点。

1. 漏洞与漏洞利用

漏洞是指在一个信息系统的硬件、软件或固件的设计、实现、配置、运行等过程中有意留下或无意中产生的一个或若干个缺陷，它会导致该信息系统处于风险中。漏洞挖掘是指采用一定的技术手段去发现、分析和利用信息系统中漏洞的过程。

一些安全机构致力于软件漏洞的挖掘和分析研究,发现了 Windows 系统组件、网络服务及第三方软件中存在的大量漏洞。在漏洞发现后如何处置曾经成为软件厂商和安全机构争执的焦点。软件厂商认为,如果将发现的漏洞公布于众,将为攻击者开发基于漏洞的攻击工具和制作恶意代码提供帮助;而安全机构则认为,公开披露漏洞信息可以使企业和个人能够更好地保护自己的系统。目前,业界达成的共识是:在研究机构发现漏洞后将漏洞信息提交给厂商,在厂商提供了补丁程序后再进行公布。然而,现状是一些研究机构在发现了漏洞后没有直接或在第一时间提交给厂商,而是提供给了黑客组织,成为黑客组织从事网络攻击的利器。还有一种普遍现象是,厂商根据研究机构提交的漏洞信息发布了相关的补丁程序,但用户却没有及时安装补丁程序对漏洞进行修补,同样成为攻击者实施攻击的目标。

零日(0day)漏洞是指被发现后立即被恶意利用的安全漏洞。利用零日漏洞的攻击主要是基于某些厂商缺少防范意识,不能及时更新版本或没有及时提供修复的补丁程序,攻击者快速利用漏洞实施对存在漏洞系统的入侵。零日漏洞一般是由攻击者自己挖掘出来的,而存在零日漏洞的系统或应用程序的开发商并不一定知道这个新的漏洞,从而无法提供相应的漏洞补丁程序。还有一种现象是:就算软件厂商与攻击者同时发现了某个漏洞,但是软件厂商发布漏洞补丁程序必须经过"开发→测试→发布"这 3 个阶段,在这种基于速度的赛跑中,软件厂商一般不具有优势。

通过对漏洞的利用,攻击者可以实现本地权限的提升和远程代码的执行。利用远程执行代码的漏洞,攻击者可以通过网络发起远程攻击,直接获取目标主机的访问权限并进入系统。然后,攻击者再利用本地权限提升漏洞,将获得的受限用户权限提升到管理员权限,进而获得目标主机的完整控制权。

2. 通用漏洞披露库

20 世纪 90 年代,美国国家标准协会开展了操作系统安全研究项目。相关研究机构对大型系统漏洞进行收集,并根据漏洞发现时间、漏洞产生的原因和漏洞所处的位置进行了简单的分类。目前,主要有 CVE、NVD、SecurityFocus、OSVDB 等几种针对漏洞的分类管理方式。

下面主要介绍 CVE(Common Vulnerabilities Exposures,通用漏洞列表)。CVE 是由美国 MITRE 公司负责维护的全球公认的安全漏洞索引标准,该项目将已暴露并引起广泛认同的安全漏洞进行编号,定期对漏洞列表进行发布,方便漏洞信息的共享。

CVE 漏洞库为每个确认的公开披露的漏洞提供 CVE 编号,也会提供一段简单的漏洞描述信息,而这个 CVE 编号就作为安全领域标识该漏洞的标准索引号。例如,CVE-2012-0158 是 Microsoft Office 2003 SP3、2007 SP2 和 SP3,SQL Server 2000 SP4、2005 SP4 及 2008 SP2、SP3、R2 等程序中所暴露出来的漏洞,即 MSCOMCTL. OCX RCE 漏洞。该漏洞是由于程序通用控件中 MSCOMCTL. OCX 的 ListView、ListView2、TreeView 和 TreeView2 ActiveX 控件对于范围判断所产生的逻辑疏忽而形成的缓冲区溢出问题,其所造成的危害是破坏系统栈并使之溢出。

2.6.2　典型的利用漏洞的攻击过程

针对具体的目标主机，一个典型的利用漏洞的攻击过程包括漏洞扫描、攻击工具准备和发起攻击 3 个过程。

1. 漏洞扫描

当被攻击的目标主机确定后，漏洞扫描是实现攻击的第一步。漏洞扫描的目的就是探测并发现目标主机中针对具体操作系统、网络服务与应用程序中存在的安全漏洞。攻击者从漏洞扫描的报告中可以发现可被利用的漏洞，进而发起攻击，获得目标主机的访问控制权。

一般情况下，存在安全漏洞的操作系统、网络服务和应用程序，对某些网络请求报文的应答，与已经安装了补丁程序的安全系统之间存在一定的差别。漏洞扫描技术正是利用了这些差别来识别目标主机是否存在特定安全漏洞的。漏洞扫描器一般基于已经公布的系统漏洞信息库（如 CVE），采用模拟攻击的形式对网络上目标主机可能存在的已知安全漏洞进行逐项检查，扫描结果以分析报告形式提供。一个完整的漏洞扫描器通常由以下几部分组成。

（1）漏洞数据库。漏洞数据库包括漏洞的具体信息、漏洞扫描评估脚本、安全漏洞危害评分等信息，该漏洞数据库会在新的漏洞被公布后及时更新。漏洞数据库一般需要与 CVE 保持兼容。

（2）扫描引擎模块。扫描引擎模块是漏洞扫描器的核心部件。一般的扫描器同时提供了主机扫描、端口扫描、操作系统扫描和网络服务探测等功能。

（3）用户控制台。通过控制台，用户可以定义被扫描对象并设置相关参数。对被扫描对象发送扫描用探测数据包，并从接收到的被扫描对象返回的应答数据包中提取漏洞信息，然后与漏洞数据库中的漏洞特征进行比对，以判断目标对象是否存在漏洞。

（4）扫描进程控制模块。扫描进程控制模块用于监控扫描进程的任务进展情况，并将当前扫描的进度和结果信息通过用户控制台展示给用户。

（5）结果存储与报告生成模块。结果存储与报告生成模块利用漏洞扫描得到的结果自动生成扫描报告，并告知用户在哪些目标系统上发现了哪些安全漏洞。

2. 攻击工具准备

根据漏洞扫描结果，通过查找漏洞信息库，可以确定被攻击主机上存在的漏洞代码。对于具有高超计算机语言开发能力的用户，可以针对具体的漏洞来开发攻击工具。然而，目前大量的攻击者是根据已发现的漏洞直接到一些网上安全社区中寻找针对特定安全漏洞的攻击代码资源。典型的攻击代码有 Metasploit、Exploit-db、Securityfocus 等。例如，针对 MS05-039 服务漏洞，攻击者可以在 Security Focus 漏洞库中找到针对该漏洞的攻击代码。

需要说明的是，当用户通过扫描发现漏洞后，并不是所有的漏洞都可以找到对应的攻击代码。因为并不是所有的漏洞都具有可利用价值，只有那些使用广泛的软件中约束条件少、危害程度高的漏洞才有可利用价值。另外，并非针对所有的漏洞都可以编写出攻击代码，有些漏洞虽然可利用价值很高,但编写针对该漏洞的攻击代码的技术要求也很高。此外,并非所有的攻击代码都是公开的。最后,对于获取到的攻击代码,并不一定适合一些特定的环境,如被攻击对象的操作系统版本、语言类型及所采用的安全策略等,都可能使具体的攻击环境与攻击代码要求之间存在差异性,从而使攻击失败。

3. 发起攻击

在完成了漏洞扫描和攻击工具准备两个阶段后,就可以对目标对象发起基于特定漏洞的攻击。不过,是否能够达到预期的攻击目标,还取决于攻击工具和攻击对象的软件环境是否匹配。

攻击者需要充分掌握被攻击对象的操作系统版本、语言类型和已采用的安全策略(如是否安装了防火墙,进行了哪些针对账户的安全设置等)等信息,这些信息必须在攻击工具所支持的范围内。同时,即使被攻击对象的环境与攻击工具直接支持的环境相同,一般也需要有针对性地对攻击工具的参数进行配置,从而成功地获得目标主机的访问权并进行权限提升操作。对于攻击工具不直接支持的目标环境,需要攻击者具备二进制程序调试与分析的技能,在目标环境中不断对攻击工具进行调试,通过修改相关的变量和参数值来扩展工具所支持的环境类型。

2.6.3　补丁管理

软件补丁是指一种插入程序中能对运行中的软件错误进行修改的软件编码,它是漏洞被发现后由软件开发商开发和发布的。安装软件补丁是保障安全和迅速解决小范围软件错误的有效途径。根据补丁功能的不同,基本上可以分为安全补丁和非安全补丁两大类。其中,安全补丁主要针对系统软件或应用程序中存在的安全漏洞和缺陷,而非安全补丁主要针对与安全因素无关的功能,如程序运行错误等。

为每台计算机系统及时安装最新的补丁是网络管理中"预防为主,积极防御"的有效方法,能够更有效地降低病毒和蠕虫泛滥这一目前普遍存在的安全风险,并最大限度地预防系统遭受到攻击。一般情况下,对于单机或小型网络环境中的主机而言,可以通过 Windows Update 功能及时下载和安装补丁程序;对于大中型网络环境中的主机而言,可通过组建 WSUS(Windows Server Update Services,Windows 更新服务)来自动为客户端主机安装补丁。WSUS 是 Microsoft 公司推出的用于局域网内计算机操作系统和 Office 等应用软件升级的一种服务器软件,它可以快速、方便地为网络中每台运行 Windows 操作系统的计算机升级操作系统和应用软件的补丁。

2.7　针对注册表和组策略的攻防

注册表和组策略是 Windows 系统提供的两个用于对系统参数进行配置的应用服务。其中,修改组策略的本质是修改注册表的键值。由于注册表和组策略在系统安全中的重要性,所以在系统学习其功能和配置方法的基础上,发现其在攻击过程中的利用价值并掌握必要的管理方法,就显得十分重要。

2.7.1　针对注册表的攻防

注册表和组策略是 Windows 系统提供的两项管理功能,两者的操作方法不同,但实现功能有所重合。

1. 注册表的概念

从用户的角度来看,注册表系统由注册表数据库和注册表编辑器两部分组成。其中,注册表数据库包括 SYSTEM. DAT 和 USER. DAT 两个文件。SYSTEM. DAT 用来保存计算机的系统信息,如安装的硬件和设备驱动程序的有关信息等;USER. DAT 用来保存每个用户特有的信息,如桌面设置、墙纸或窗口的颜色设置等。注册表编辑器(Regedit. exe)是一个专门用来编辑注册表的程序,它可以用来进行注册表的基本的浏览、编辑和修改操作。注册表的架构采用如图 2-18 所示的树形结构,具体介绍如下。

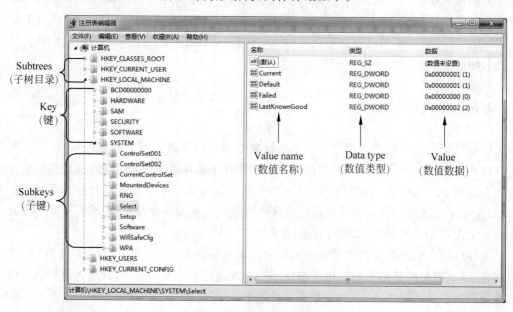

图 2-18　注册表的架构

(1)子树目录。子树目录为树形结构的一级目录,也称为根文件夹(root folder)或根键(rootkey)。其中,HKEY_LOCAL_MACHINE 下保存着本地计算机的设置数据,如硬件设置、设备驱动程序设置、应用程序设置、安全数据库设置、系统设置等信息,系统利用这些设置值来决定如何启动与设置计算机环境;HKEY_CLASSES_ROOT 下保存着程序的文件类型关联信息,以及 COM 对象的设置数据;HKEY_CURRENT_USER 下保存着当前登录者的用户配置文件,如用户的桌面设置、网络驱动器、网络打印机等;HKEY_USERS 下保存着多个子键,其中的. DEFAULT 表示启动时显示“按 Ctrl+Alt+Delete”登录窗口,“当前登录者的 SID”保存着当前登录者的用户配置文件;HKEY_CURRENT_CONFIG 下保存着当前的硬件配置文件数据。

(2)键与子键。键与子键之间的关系相当于文件夹与子文件夹之间的关系,即在键下可以创建数值与子键。简单地讲,在注册表左侧窗口中前面带“+”或“-”的项都称为键,而子树目录(根键)下创建的键都称为子键。

(3) 数值。每一条数值内包含数值名称、数值类型和数值数据三部分。不同 Windows 版本注册表支持的数据类型不同,表 2-4 列出了 Windows Server 2016 支持的数据类型及说明。

表 2-4 Windows Server 2016 支持的数据类型及说明

数 据 类 型	说 明
REG_SZ	单一字符串
REG_MULTI_SZ	多重字符串
REG_BINARY	二进制值。大部分与硬件组件有关的数据都是以二进制的形式进行保存的
REG_DWORD	32 位的数值
REG_QWORD	64 位的数值
REG_EXPAND_SZ	包含变量(如%SystemRoot%)的字符串

注册表配置单元(hive)是由部分键、子键和数值数据组成的集合。每个注册表配置单元都有多个支持文件来保存其数据,这些文件称为注册表配置单元文件。Windows 系统启动时会读取这些文件中的设置值。例如,图 2-18 中的 SAM、SECURITY、SOFTWARE 与 SYSTEM 都是注册表配置单元,它们的设置值分别保存在"%SystemRoot%\System32\config"文件夹下的不同文件中。另外,属于用户配置文件的部分(HKEY_CURRENT_USER)以受保护的隐藏方式保存在"%SystemRoot%\用户\用户名"文件夹下,文件名为 NETUSER.DAT。

2. 注册表的安全设置

由于注册表的重要性,系统管理员可以通过加固注册表来提高系统的安全性,防止攻击者通过修改注册表来破坏系统。攻击者在入侵目标系统后通过权限提升拥有对注册表的修改权限,再通过修改注册表实现对系统的攻击或为下一次攻击做好准备。有关注册表攻防涉及的内容较多,而且大多数都是一些具体操作。下面主要列举几个实例进行说明。

(1) 禁用注册表编辑器。在 Windows 系统安装结束后,用户可以使用注册表编辑工具 regedit.exe 对注册表进行修改,存在较大的安全隐患。对于提供信息服务的重要系统,可以通过禁止用户使用注册表编辑工具来提高系统的安全性。

具体实现方法是:运行注册表编辑工具 regedit.exe,打开"注册表编辑器"窗口,依次展开 HKEY_CURRENT_USER\Software\Microsoft\Windows\CurrentVersion\Polices\System,在 System 键(如果没有 System 键,需要新建一个)下新建一个子键 DisableRegistryTools,将"数值数据"设置为 1 即可(系统默认为 0),如图 2-19 所示。

(2) 限制对注册表的远程访问。由于注册表是 Windows 系统的核心,而且默认情况下所有安装 Windows 操作系统的计算机注册表在网络上都是可以被访问的,攻击者完全可以利用这个漏洞来对目标主机进行注册表攻击,修改文件内容,插入恶意代码。为了保护 Windows 操作系统的安全,可以禁止对注册表的远程访问。具体方法是:在本地"服务"列表中找到 Remote Registry 服务,将其"启动类型"设置为"禁用"即可。

(3) 禁用注册表的启动项。一些恶意代码或攻击程序通过注册表的启动项(RUN 值)来加载运行。出于安全考虑,可以在注册表编辑器中依次展开 HKEY_LOCAL_

图 2-19 设置禁用注册表编辑器

MACHINE\Software\Microsoft\Windows\CurrentVersion\Run，将子键 Run 的权限设置
为"读取"，取消对"完全控制"权限的选择。

2.7.2 针对组策略的攻防

组策略是配置 Windows 的一种有效工具，组策略编辑器中的大部分配置都可以通过直接修改注册表来实现，但是通过组策略编辑器比通过注册表进行修改更加直观，且不容易出错。

1. 组策略的概念

组策略（group policy）是 Windows 系统中一个能够让系统管理员充分管理用户工作环境的工具，通过它可以为用户设置不同的工作环境。如图 2-20 所示，组策略包含"计算机配置"与"用户配置"两部分，分别对计算机和用户的相关配置环境产生影响。运行 gpedit.msc 可以打开组策略编辑器，可以通过以下两种方式配置组策略。

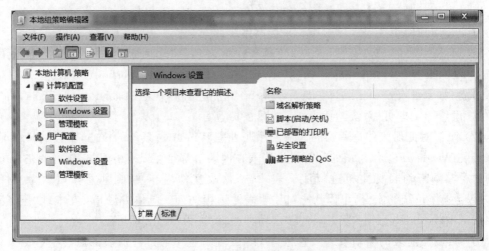

图 2-20 组策略编辑器操作界面

（1）本地计算机组策略。本地计算机组策略可以用来设置单一计算机的组策略，在这个组策略内的计算机配置只会被应用到这台计算机中，而用户配置会被应用到在此计算机登录的所有用户中。

（2）域的组策略。域的组策略在域内可以针对站点、域或组织单位来设置组策略。其中，域组策略内的设置会被应用到域内的所有计算机与用户中，而组织单位的组策略会被应用到该组织单位内的所有计算机与用户中。

Windows 系统中的"控制面板"提供了对系统外观、网络配置、系统配置等进行修改的功能，但所能修改的对象较少。而注册表几乎可以对系统所有用户功能进行修改，但注册表涉及的表项太多，操作很不方便。组策略正好介于两者之间，涉及的内容比控制面板多，可操作性比注册表强。通俗地讲，组策略就是另一类注册表编辑器，是注册表的图形化操作，组策略所有的操作都会在注册表中体现。

2. 组策略的安全设置

组策略为计算机和用户控制应用程序、系统设置和管理模板提供了一种操作便捷的管理机制。组策略涉及的内容较多，下面主要通过几个实例来对安全策略进行介绍。

（1）隐藏 Windows 自带的防火墙。Windows 系统从 XP SP2 开始在系统中集成了防火墙功能，通过设置可以阻断内部程序向外发送数据，从而防止木马等恶意代码的入侵。同时，也可以拒绝外部程序向内部发送数据，如阻止 ping 数据包以防止对主机的连通性进行探测。

在日常应用中，一些用户会关闭 Windows 自带的防火墙功能，从而对系统安全带来隐患。不管是域用户还是本地用户，都可以通过组策略的设置来隐藏 Windows 防火墙，使用户无法对其进行操作。以 Windows 10 为例，可以在"本地组策略编辑器"窗口中依次选择"用户配置→控制面板"选项，在"隐藏指定的'控制面板'项"中对 Windows 防火墙进行隐藏操作。

（2）AppLocker。AppLocker 是从 Windows 7 和 Windows Server 2008 R2 开始在 Windows 系统中提供的一个针对不同类别程序的管理工具。管理员利用 AppLocker 可以方便地对域用户或本地用户进行配置，以确定用户可在计算机上安装或运行哪些程序，以及使用哪些脚本。AppLocker 通过组策略来管理和配置，可将其部署到整个网络环境中。

AppLocker 目前支持五大类别规则的管理：可执行文件(.exe 和.com 程序)、Windows 安装程序(.msi、msp 和.mst 程序)、脚本(.psl、bat、cmd、vbs 与.js 程序)、已封装的应用程序(.appx)和 DLL(.dll 和.ocx 程序)。例如，通过 AppLocker 的设置，可以限制在计算机上运行一些与工作无关或可能对系统安全产生威胁的程序。

管理员可以在"本地组策略编辑器"中依次选择"计算机配置→Windows 设置→安全设置→应用程序控制"选项，找到 AppLocker 项后根据需要进行配置。

需要说明的是，在进行 AppLocker 配置时，系统同时提供了"允许"和"拒绝"两个规则。如果在规则类别内创建了多个规则，则 AppLocker 在处理这些规则时以拒绝规则优先。同时，没有列在规则内的应用程序一律拒绝其执行。

3. 本地安全策略

通过"本地计算机策略"中的"安全设置"来实现对本地计算机的安全管理，主要包括账户策略、本地策略、公钥策略、软件限制策略等类型。

（1）账户策略。账户策略提供了密码策略和账户锁定策略两种类型。其中，通过密码策略可以对用户登录系统时的密码设置规则进行配置，主要包括密码必须符合复杂性要求、密码最长使用期限、密码最短使用期限、强制密码历史、密码长度最小值、用可还原的加密来储存密码等；通过账户锁定策略可以设置账户锁定方式，主要包括账户锁定阈值、账户锁定时间、重置账户锁定计数器等。

（2）本地策略。本地策略提供了审核策略、用户权限分配和安全选项3种类型。其中，通过审核策略可以让系统管理员跟踪是否有用户访问计算机内的资源，也可以跟踪计算机的运行情况，主要包括审核目录服务访问、审核系统事件、审核对象访问、审核策略更改、审核特权使用、审核账户登录事件、审核账户管理、审核进程跟踪等。

需要说明的是，审核策略可以同时应用到本地安全策略、域安全策略和域控制器安全策略等环境中。例如，利用审核策略中的"审核账户登录事件"功能，在发生登录事件时，可以确定是本地用户账户登录还是域用户账户登录。如果是本地用户账户登录，则登录信息会保存在安全日志文件中；如果是域用户账户登录，登录过程则不会产生日志信息。

通过用户权限分配策略可以将权限分配给用户或组，主要包括允许本地登录、拒绝本地登录、将工作站添加到域、关闭系统、从网络访问这台计算机、拒绝从网络访问这台计算机、从远程系统强制关闭等。

通过安全选项策略可以启用一些安全设置，主要包括对用户登录方式进行配置。例如，通过设置"交互式登录：无须按 Ctrl＋Alt＋Del"，可以让用户在登录系统时不再出现"按下 Ctrl＋Alt＋Del 登录"的提示信息，以便于系统管理员远程启动计算机，但带来的安全威胁也是很明显的。

4. 域与域控制器安全策略

在域或域控制器中设置的安全策略会被应用到域内的所有计算机与用户中。如果仅针对域内的组织单位设置安全策略，此策略会应用到该组织单位内的所有计算机与用户中。

（1）域安全策略。可以在域控制器上利用系统管理员身份登录后设置域安全策略，具体设置方式与本地安全策略的设置相同。

需要说明的是，隶属于域的任何一台计算机，都会受到域安全策略的影响。隶属于域的计算机，如果其本地安全策略设置与域安全策略设置发生冲突，则以域安全策略设置优先，本地设置自动失效。当域安全策略的设置发生了变化，这些策略必须应用到本地计算机后才能对本地计算机有效。

（2）域控制器安全策略。可以在域控制器上利用系统管理员身份登录后设置域控制器安全策略，其设置方法与域安全策略和本地安全策略相同。

需要说明的是，任何一台位于组织单位域控制器内的域控制器，都会受到域控制器安全策略的影响。域控制器安全策略的设置必须要应用到域控制器后，这些设置对域控制器才起作用。域控制器安全策略与域安全策略的设置发生冲突时，对于域控制器容器内的计算机来说，默认以域控制器安全策略的设置优先，域安全策略自动失效。不过，域安全策略中的账户策略设置对域内所有的用户都有效，即使用户账户位于组织单位域控制器内也有效，也就是说，域控制器安全策略中的账户策略对域控制器并不起作用。

习题

1. 简述 Windows 服务器操作系统结构的特点及主要模块的功能。

2. 简述 Windows 服务器的安全模型,并说明内核模式与用户模式之间的不同。

3. 简述 EFS 加密文件系统的实现原理,并结合具体应用分析其功能特点。

4. 什么是 RAID? 简述常见 RAID 的工作方式及其特点。

5. 结合双机热备系统的组成及功能实现,分析心跳的功能。

6. 什么是数据迁移? 简述其实现过程和应用特点。

7. 简述异地容灾的概念及其功能和实现方式。

8. 结合具体应用,简述数据备份、权限管理和数据加密的功能和用途。

9. 结合 Windows 系统中的身份认证实现方式,对比分析 NTLM 和 Kerberos 的功能及主要实现方法。

10. 简述 SAM 文件的特点,通过具体实验掌握 Windows 登录密码的重置或破解方法。

11. 结合 SID 和 ACL 的功能及权限设置的基本原则,试分析权限在安全中的作用。

12. 简述进程、线程、程序和服务的概念及相互之间的关系。

13. 结合实际应用,简述 Windows 中常见进程的功能及针对具体攻击的安全防范方法。

14. 简述服务与端口的概念与关联,结合具体应用,掌握常见服务和端口的功能及安全管理方法。

15. 简述 Windows 系统日志的功能和特点,结合 Windows 自带防火墙、IIS 等具体应用,分析事件日志在网络攻防中的重要性。

16. 通过网络攻防实例,分析漏洞在网络攻击中发挥的作用。

17. 简述注册表和组策略的功能及基本配置方法,并结合具体的网络环境,分别掌握其应用特点。

第3章

Linux操作系统的攻防

作为类 UNIX 操作系统家族中的一员,Linux 操作系统已经成为服务器应用领域的首选。相较于 Windows 操作系统,Linux 在很多方面都具有一定的优势,尤其在安全方面。由于 Linux 的开源性,其安全漏洞的发现与补丁的发布效率都要比 Windows 系统高。然而,Linux 并非一个绝对安全的操作系统,也存在大量的安全漏洞,并且攻击者凭借其开源性可以从源码中发现更多的系统内核和开源软件的漏洞。本章将从网络攻防的角度介绍 Linux 操作系统的安全机制、攻击技术及对应的防范方法。

3.1 Linux 操作系统的工作机制

Linux 是源自于 UNIX 的开放源代码的多用户、多任务、支持多线程和多 CPU 的操作系统,主要应用于安全性要求较高的服务器、网络设备和移动终端。

3.1.1 Linux 操作系统概述

Linux 操作系统诞生于 1991 年,最初是由芬兰大学生 Linus Torvalds 为在 Intel x86 架构计算机上运行自由免费的类 UNIX 操作系统,而用 C 语言编写的开放源代码的操作系统。目前,Linux 存在着许多不同的版本,主要包括 Ubuntu、Fedora、RedHat、CentOS、OpenSUSE 等,但不同版本都使用了相同的 Linux 内核。

Linux 的基本思想是:一切都是文件,即系统中包括命令、硬件和软件设备、进程等所有对象对于操作系统内核而言都被视为拥有各自特性或类型的文件。Linux 是一款免费的操作系统,用户可以通过网络或其他途径免费获得,并可以根据需要对其源代码进行修改。目前,Linux 可以运行在多种硬件平台上,如 x86(32 位和 64 位)、680x0、SPARC、Alpha 等处理器的平台。此外,Linux 还是一种嵌入式操作系统,可以运行在智能手机、机顶盒、路由器等设备上,如 Google 基于 Linux 内核开发了 Android 移动智能终端操作系统与开发环境。

    Linux通过自带的防火墙、入侵检测和安全认证等工具,可以及时发现和修复系统的漏洞,以提高系统的安全性。在桌面应用中,Linux的用户数要少于Windows操作系统的用户数,较少的用户群使专门针对Linux的恶意代码和渗透攻击要比Windows操作系统少。同时,Linux内核源代码是以标准规范的32位或64位计算机进行优化设计的,良好的稳定性使得一些安装了Linux的主机像UNIX主机一样可以常年不关机或宕机。在网络功能方面,Linux内置了免费网络服务器软件、数据库和Web开发工具,如Apache、Sendmail、SSH、MySQL、PHP、JSP、VSFTP等。丰富而强大的网络功能为用户提供了安全可靠的网络服务,使得Linux成为安全性、稳定性和可靠性要求较高的服务器操作系统的首选。

3.1.2 Linux 操作系统的结构

    Linux操作系统采用宏内核(monolithic kernel)架构,整个操作系统是一个运行在核心态的单一的进程文件,这个二进制文件包含进程管理、内存管理、文件管理等。而Linux的前身Minix采用的是微内核(micro kernel)架构,基于该架构的操作系统大部分都运行在单独的进程中,而且多数在内核之外,进程之间通过消息传递来通信,内核的任务是处理消息传递、中断处理、底层的进程管理及可能的I/O。

1. Linux 操作系统的内核结构

    如图3-1所示,从体系结构来看,Linux操作系统的体系架构分为用户态和内核态,也称为用户空间和内核。内核从本质上看是一种软件,用于控制计算机的硬件资源,并提供上层应用程序运行的环境。用户态即上层应用程序的活动空间,应用程序的执行必须依托于内核提供的资源,包括CPU资源、存储资源、I/O资源等。为了使上层应用能够访问到这些资源,内核必须为上层应用提供访问的接口,即系统调用。系统调用是操作系统的最小功能单位,根据不同的应用场景可以进行扩展和裁剪,不同的Linux版本提供的系统调用数量各不相同。系统调用功能通过系统调用接口实现。

    在Linux内核中,位于硬件抽象层中的各类设备驱动程序可以完全访问硬件设备,并以模块化形式进行设置,而且系统运行期间可以直接通过LKM(Loadable Kernel Module,可装载内核模块)机制装载或卸载。内核服务功能模块位于硬件抽象层之上,包括进程与线程管理、内存管理、文件系统管理、设备控制与网络5个子系统。这些内核服务功能模块通过系统调用接口向用户态的GNU运行库/工具、命令行Shell、X窗口及应用软件提供服务。

    Shell是一个被称为"命令行"的特殊的应用程序,其实质是一个命令解释器,它负责将上层的各种应用与系统调用连接起来,以便让不同程序能够以一个清晰的接口协同工作,从而增强各个程序的功能。同时,Shell是可编程的,它可以执行符合Shell语法的文本,即Shell脚本。为了方便用户和系统交互,一般一个Shell对应一个终端,终端是一个硬件设备,呈现给用户的是一个图形化窗口,用户可以通过这个窗口输入或者输出文本,这个文本直接传递给Shell进行分析解释,然后执行。

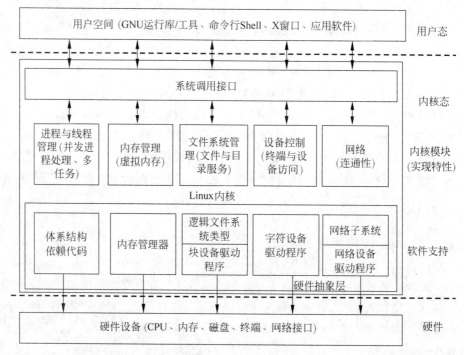

图 3-1　Linux 操作系统内核结构

2. Linux 的工作机制

Linux 操作系统在进程与线程管理、内存管理、文件系统管理、设备控制、网络、系统调用等方面都形成了特有的工作机制，掌握这些工作机制对全面学习 Linux 操作系统的功能及应用特点是非常有帮助的。

（1）进程与线程管理。进程是一个动态的概念，进程运行过程实际上是进程的一个生存周期，通常分为实际占用 CPU 的运行状态、进程可运行（但暂时挂起）的就绪状态和资源不可用的阻塞（中断）状态 3 种状态。线程可以理解为同一进程中相互独立执行的上下文，线程是"多任务"的进程。线程的概念较为适用于紧密耦合的一组处理流程。在传统进程的概念中，一个进程有一条执行线索，进程之间空间、时间独立，互不干扰。而线程在逻辑上是一个事务的不同线索，线索之间有着种种联系，可能是共享一段缓存或协调执行一组任务。

Linux 内核采用抢占式多用户多进程（multiprocessing）模式。在该模式下，多个进程可并发活动，具体由内核进程管理模块负责调度并分配硬件资源。进程作为最基本的调度单元，维护着一个进程控制块（Processing Control Block，PCB）结构，由内核 schedule() 进程调度函数根据进程优先级和 CPU、内存、外设等资源情况来选择进程的运行。

（2）内存管理。内存管理在操作系统中不仅非常重要，而且非常复杂。利用虚拟存储技术，Linux 使得一个拥有有限内存资源的计算机可以为每个进程提供多达 4GB 的虚拟内存空间。其基本实现思路是通过进程映像和分页机制在内存和二级存储之间传送数据，以充分利用有限的内存资源。另外，Linux 虚拟内存管理机制把用户空间和核心空间分开，这样不仅有效地保护了核心空间，而且各个进程之间也互不影响。

（3）文件系统管理。Linux使用了虚拟文件管理（Virtual File System，VFS）机制，从而使得它能够支持多种不同类型的逻辑文件系统（主要包括 ext2/ext3/ext4、vfat、NTFS 等），通过设备驱动程序访问特定硬件设备（如磁盘、打印机等）。而 VFS 为用户进程提供了一组通用的文件系统调用函数（如 open、close、read、write 等），可以对不同文件系统中的文件进行统一的操作。ext2/ext3/ext4 是 Linux 中默认的文件系统格式，使用索引节点来记录文件信息，作用类似于 Windows 系统中的 FAT32 文件系统的目录项，包含了文件长度、创建及修改时间、权限、所属关系、磁盘中的位置等信息。

（4）设备控制。设备驱动程序（device driver）是操作系统中一种可以使计算机和设备进行通信的特殊软件。Linux 抽象了设备的处理，它将所有的硬件设备都视为常规的文件来处理。Linux 支持 3 种类型的硬件设备：字符设备、块设备和网络设备。其中，字符设备直接读/写，没有提供缓冲区，如系统的串行端口/dev/cua0 和/dev/cua1；块设备只能按照一个块（一般是 512 字节或 1024 字节）的倍数进行读/写，块设备通过 bcache（buffer cache）访问，进行随机存取；网络设备则通过 BSD（Berkeley Software Distribution，伯克利软件套件）Socket 网络接口进行访问。大多数的设备驱动程序都采用 LKM（Loadable Kernel Modules，可装载内核模块）机制，在需要的时候作为核心模块加载，在不需要的时候进行卸载，以提高对系统资源的利用率。

（5）网络。Linux 中的网络模块提供了对各种网络标准的访问，并支持各种网络硬件设备。网络接口可以分为网络协议栈和网络驱动程序。其中，网络协议栈负责实现每种可能的网络传输协议，包括网络接口层的协议（如以太网、PPP、SLIP 等）、TCP/IP 协议层，以及为上层网络应用提供的 Socket 接口，如图 3-2 所示。网络设备驱动程序负责与硬件设备之间的通信。

Linux 通过以上 5 种工作机制实现了操作系统基本的硬件管理和系统功能，这些功能模块全部运行在 CPU 的核心态。而应用程序运行在用户态，不能直接访问内存空间，也不能直接调用内核函数。Linux 提供了系统调用接口，应用程序通过该接口可以访问硬件设备和其他系统资源，以增加系统的安全性、稳定性和可靠性。同时，Linux 为用户空间提供了一种统一的抽象接口，有助于应用程序的跨平台移植。

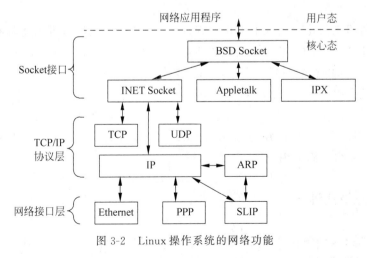

图 3-2　Linux 操作系统的网络功能

3.2　Linux 操作系统的安全机制

与 Windows 操作系统类似，Linux 同样通过身份认证、授权访问与安全审计等机制来实现对系统的安全管理。

3.2.1　用户和组

Linux 通过基于角色的身份认证方式实现对不同用户（user）和组（group）的分类管理，来确保多用户多任务环境下操作系统的安全性。

1. 用户

用户是 Linux 操作系统中执行进程完成特定操作任务的主体，根据不同的角色定位，可以将用户分为以下 3 种类型。

（1）root 用户。root 用户是 Linux 系统中唯一拥有系统管理员（超级用户）权限的用户，可以对系统进行任何的操作。由于 root 用户对系统拥有最高的控制和管理权限，因此成为网络攻击的主要目标。

（2）普通用户。普通用户是由系统使用者根据需要创建的一种用户类型，其基本功能是登录系统并执行基本的计算任务，该类用户在系统中的操作被限制在自己的目录内，且执行权限受到限制。

（3）系统用户。系统用户不具有登录系统的能力，但却是系统运行中不可缺少的用户。例如，当启动网络服务时使用的 Daemon、Apache 等用户，以及匿名访问时使用的 Nobody、FTP 等用户。

Linux 的用户信息保存在系统的"/etc/passwd"文件中，主要包括用户名、用户唯一的标识（UID）、使用 Shell 类型、用户初始目录等，而被加密后的口令则存放在"/etc/shadow"文件中，只有 root 用户可以读取其信息。

2. 组

Linux 通过组来简化对系统中用户的管理。根据管理的需要，可以将具有相同权限的用户集中纳入同一个组中，通过对组设置权限来使该组中的所有用户自动继承组的权限。在权限设置上，对组的权限设置会自动传递给组中的所有用户，因此组也称为用户组。

Linux 组信息保存在系统的"/etc/group"文件中，包括组名称、组标识（GID）及组所包含的用户名列表，组被加密后的口令保存在"/etc/gshadow"文件中。可以使用 id-a 命令查询和显示当前用户所属的组，并通过 groupadd 命令添加组，使用 usermod-G group_name user-name 命令向组中添加用户。

3.2.2　身份认证

视频讲解

Linux 分别为本地登录和远程登录用户提供了身份认证方式，同时还为不同的应用软件和网络服务提供了用于统一身份认证的 PAM（Pluggable Authentication Modules，可插入身份认证模块)中间件。

1. 本地身份认证

本地身份认证对从本地计算机通过 Linux 控制台登录的用户身份的合法性进行认证，基本的认证流程是：由 init 进程启动 getty，产生 tty1、tty2 等一组虚拟控制台。在虚拟控制台上为用户提供了登录方式，在用户输入用户名和密码后，getty 执行登录(Login)进程，并开始对用户身份的合法性进行认证。当身份认证通过后，登录进程会通过 fork()函数复制一份该用户的界面(Shell)，从而完成登录过程，用户可以在该界面下进行相应的操作。

登录进程通过 Crypt()函数对用户输入的口令进行验证，并通过引入在用户设置密码时随机产生的 salt 值来提高身份认证的安全性。salt 值和用户密码被一起加密后形成密文，连同 salt 值保存在"/etc/shadow"文件中。当用户登录系统时，Crypt()函数会对用户输入的口令和 shadow 文件中的 salt 值进行加密处理，再将处理后的密文与保存在 shadow 文件中的密文进行比对，以确定用户身份的真实性。

Linux 的口令加密机制源于 DES(Data Encryption Standard，数据加密标准)，通常使用 56 位密钥加密的 64 位的文本块，抵抗暴力破解的能力较弱。为提高身份认证的可靠性，较新版本的 Linux 开始采用 MD5、SHA-256、SHA-512、blofish 等高强度的加密算法，同时增加了 salt 的编码长度。

2. 远程身份认证

UNIX 系统中提供的 Rlogin(远程登录)、RSh(Remote Shell，远程界面)和 Telnet 登录用户和终端登录与访问服务在 Linux 系统中得到了继承，但由于这些服务信息都以明文方式在网络中传输，传输口令和控制命令极易被攻击者获取并利用，如典型的中间人(man in the middle)攻击。为解决此问题，目前 Linux 系统普遍采用 SSH(Secure Shell)服务来实现对远程访问的安全保护。

使用 SSH 具有两大明显的优势：数据加密和数据压缩。利用数据加密功能可以对所有传输的数据进行加密，以避免中间人攻击或网络欺骗；利用数据压缩功能，可以对传输的数据进行压缩，以提高数据传输的效率。

SSH 协议由传输层协议(Transport Layer Protocol，TLP)、用户认证协议(User Authentication Protocol，UAP)和连接协议(Connection Protocol，CP)三部分组成。每层提供自己类型的保护，并且可以与其他方式一起使用，SSH 协议的体系结构如图 3-3 所示。

(1) 传输层协议。SSH 传输层协议提供了高强度的数据通信加密处理、加密的主机身份认证、数据完整性校验及可供用户选择的数据压缩等多种安全服务。通信双方所需要的密钥交换方式、公钥密码算法、对称密钥密码算法、消息认证算法和 Hash 算法等都可以进行协商。传输层协议的主要功能是为两种主机之间的认证和通信提供安全数据传输通道，通常运行于 TCP/IP 之上。

需要说明的是，SSH 传输层协议中的认证是基于主机的，而不是针对客户端用户的身份认证。用户身份认证可以通过基于传输层协议之上、单独设计的协议来完成。这样既保证了通信的安全性，又提供了协议的灵活性和扩展性。

(2) 用户认证协议。在传输层构建了一个连接客户端与服务器端的安全通道后，服务器将告诉客户端它所支持的认证算法，客户端将用服务器支持的算法向服务器证明自己的

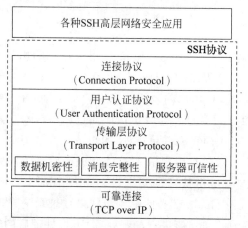

图 3-3　SSH 协议的体系结构

身份。认证由服务器主导,客户端可以根据服务器提供的方法列表自由进行选择。这样一方面使服务器对认证有完全的控制权,同时也给客户端足够的灵活度。

SSH 提供了基于口令的安全验证和基于密钥的安全验证两种方式。其中,基于口令的安全验证方式可以使用 Linux 系统内建的用户账户(用户名＋口令)进行远程登录;基于密钥的安全验证方式使用公钥密钥机制对用户身份的合法性进行认证。系统生成的一对密钥,私钥由用户自己保存,而公钥保存在远程访问服务器上。当用户通过 SSH 方式连接服务器时,客户端软件首先向服务器发出连接请求,服务器在接收到请求后就利用请求用户的公钥加密“质询”(challenge)并将其发送给客户端软件,客户端软件收到被加密的“质询”后利用私钥进行解密,再发送给服务器端,完成了基于公钥密钥机制的身份认证过程。

(3) 连接协议。SSH 连接协议的主要功能是完成用户请求的各种具体的网络服务,而这些服务的安全性由 SSH 传输层协议和用户认证协议实现。在 SSH 传输层成功认证后,通过信道复用方式同时打开客户端与服务器之间的多个信道连接,每个信道处理不同的终端会话。通过连接协议提供的信道,扩展了 SSH 协议的应用范围和灵活性。

SSH 使用多种加密方式和认证方式,解决了传统服务的数据加密和身份认证问题。SSH 成熟的公钥密钥体系为客户端和服务端之间的会话提供加密通道,解决了口令、控制命令和用户数据在网络上以明文传输的不安全问题。SSH 还支持 CA、智能卡等多种认证方式,有效解决了身份认证问题,并克服了重放攻击和中间人攻击等不安全因素。

3. 可插入身份认证模块（PAM）

为了能够为不同的应用程序和服务提供统一的身份认证机制,1995 年 Sun 公司提出了 PAM(Pluggable Authentication Modules,可插入身份认证模块)技术,并充分利用互联网中已成功应用的分层思想。采用分层的体系结构,将不同应用程序的认证功能从应用程序中分离出来,形成一个额外的相对独立的认证层,使得系统管理员和软件开发人员可以根据需要灵活地配置或开发应用程序,而无须具体了解应用程序自身的认证机制。

PAM 是要求对其服务进行身份认证的应用程序与提供认证服务的认证模块之间的中间件。PAM 提供了对所有服务进行认证的中央机制,应用于 Login、Telnet、FTP、SU (Switch User)等应用程序中。系统管理员通过 PAM 配置文件来制定不同应用程序的不同认证策略；应用程序开发者通过在服务程序中使用 PAM API 来实现对认证方式的调用；PAM 服务模块(Service Module)的开发者则利用 PAM SPI(Service Module API,服务编程接口)来编写认证模块,将不同的认证机制(Kerberos、智能卡等)加入系统中；PAM 接口库(Libpam)则读取配置文件,以此为根据将服务程序和相应的认证方法联系起来,为各种服务提供身份认证服务。

如图 3-4 所示,PAM 体系结构分为应用层、接口层和服务层。其中,应用层由需要进行身份认证的应用程序组成；接口层由 PAM API 函数和配置文件组成,用于服务模块的管理和配置；服务层则由具体的认证服务模块组成,是进行身份认证的核心。PAM API 是应用程序和认证服务模块之间的接口,应用程序通过调用 PAM API 访问一组配置文件,按照配置文件的规定加载相应的认证服务模块。PAM API 函数把认证请求及参数传递给底层的认证服务模块,认证服务模块根据要求执行具体的认证操作。当认证服务模块执行完相应的操作后,将结果返回给 PAM API,由 PAM API 将配置文件认证结果返回给应用程序。

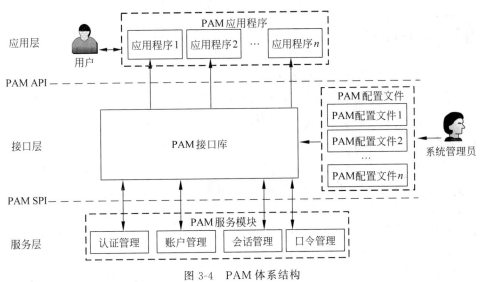

图 3-4　PAM 体系结构

PAM 支持认证管理、账户管理、会话管理和口令管理 4 种服务模块。其中,认证(authentication)管理主要接收用户名和密码,进而对该用户的密码进行认证,并负责设置用户的一些涉密信息；账户(account)管理主要是检查账户是否被允许登录系统、账号是否已经过期、账号的登录时间是否存在限制等；会话(session)管理主要用来定义用户登录前后所要进行的操作,如登录连接信息、用户数据的打开与关闭、挂载文件系统等；口令(password)管理主要用来修改用户的密码。

Linux 的 PAM 配置可以在"/etc/pam. conf"文件或"/etc/pam. d/"目录下进行,系统管理员可以根据需要进行灵活配置。不过,这两种配置方式不能同时起作用,即只能使用其中一种方式对 PAM 进行配置,一般为 etc/pam. d 优先。

4. SELinux

SELinux(Security Enhanced Linux,安全强化 Linux)是美国国家安全局(NSA)于 2000 年正式发布的,是对于 MAC(Mandatory Access Control,强制访问控制)的一种实现,目的

在于明确地指明某个进程可以访问哪些资源（文件、网络端口等）。SELinux 默认安装在 Fedora、RHEL(Red Hat Enterprise Linux)等服务器操作系统上，也可以通过安装包的形式安装到其他发行版的 Linux 服务器系统上。

通过使用 MAC 可以有效地抵御 0day 攻击。例如，目前很多互联网上的 Web 服务通过在 Linux 系统上安装 Apache 服务来实现，如果 Apache 存在漏洞，那么攻击者就可以访问 Web 服务器上的敏感文件，如通过"/etc/passwd"来获得系统中已有用户。但是，修复存在的安全漏洞需要由 Apache 开发商提供补丁程序，这需要一段时间。此时 SELinux 可以发挥其功能来弥补由该漏洞引起的安全攻击，因为"/etc/passwd"不具有 Apache 的访问标签，所以 Apache 对于"/etc/passwd"的访问会被 SELinux 阻止。

SELinux 可以从进程初始化、继承和程序执行 3 个方面通过安全策略进行控制，控制范围覆盖文件系统、目录、文件、文件启动描述符、端口、消息接口和网络接口等。SELinux 安全策略的配置文件为"/etc/sysconfig/selinux"。

3.2.3　访问控制

访问控制技术的基本目标是防止非法用户进入系统和合法用户对系统资源的非法使用。为了达到这个目标，访问控制通常以用户身份认证为前提，在此基础上实施各种访问控制策略来控制和规范合法用户在系统中的行为。

1. 虚拟文件系统（VFS）

Linux 支持 Ext/Ext2/Ext3/Ext4、XIA、MINIX、MSDOS、FAT32、NTFS、PROC、STUB、NCP、HPFS、AFFS 等多种文件系统，不同的物理文件系统具有不同的组织结构和不同的处理方式。为了能够处理各种不同的物理文件系统，操作系统必须把它们所具有的特性进行抽象，并建立一个面向各种物理文件系统的转换机制。通过这个转换机制，把各种不同的物理文件系统转换为一个具有统一共性的虚拟文件系统。VFS(Virtual File System，虚拟文件系统)实际上向 Linux 内核和系统中运行的进程提供了一个处理各种物理文件系统的公共接口，通过这个接口使不同的物理文件系统看起来都是相同的。

VFS 和各种物理文件系统之间的关系如图 3-5 所示。从图中可以看出，VFS 并不是一种物理文件系统，它仅是一套转换机制，在系统启动时建立，在系统关闭时消失，并且仅存于内存空间。所以，VFS 并不具有一般物理文件系统的实体。在 VFS 提供的接口中包含向各种物理文件系统转换用的一系列数据结构（如 VFS 超级块），同时还包含对不同物理文件系统进行处理的各种操作函数的转换入口。

2. Linux 的权限分配与访问控制机制

在 Linux 操作系统中，不仅仅是普通的文件，包括目录、字符设备、块设备、套接字等在内的所有类型都以文件形式被对待，即"一切皆是文件"。在 Linux 操作系统中对所有文件与设备资源的访问控制都通过 VFS 来实现，所以在 Linux 的虚拟文件系统安全模型中，可以通过设置文件的相关属性来实现系统的授权和访问控制。

为便于对 Linux 文件属性的理解，图 3-6 是对以 root 的身份运行 ls-al 命令后显示结果的内容说明。下面针对授权和访问控制功能的实现，主要介绍文件属性字段的定义。

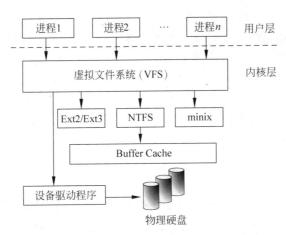

图 3-5　VFS 和各种物理文件系统之间的关系

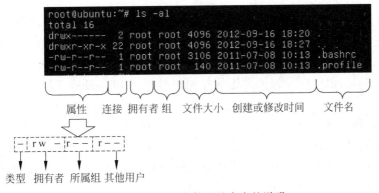

图 3-6　对 Linux 文件显示内容的说明

（1）类型。其中，"d"表示目录，"-"表示文件，"l"表示连接文件，"b"表示设备文件中可供存储的接口设备（即块设备文件），"c"表示设备文件中的串行设备（如键盘、鼠标）。

（2）拥有者（ownership）。每个 Linux 文件都有一个拥有者，表明这一文件归谁所有。拥有者以用户 ID（User ID）及文件拥有者所在的组 ID（Group ID）来标识。在用户创建一个文件时，文件系统将自动设置新文件的拥有者及其所在的组，并自动分配给文件拥有者读/写（r/w）权限。文件的拥有者可以通过 chown 命令进行修改。

文件拥有者、拥有者所属组和其他用户对文件都可以被分配读（read）、写（write）和执行（execute）权限。其中，"r"对文件来说具有读取文件内容的权限，对目录而言具有浏览目录的权限；"w"对文件来说具有新增或修改文件内容的权限，对目录而言具有删除或移动目录内文件的权限；"x"对文件来说具有执行文件的权限，对目录而言具有进入目录的权限。

需要特别注意的是"x"权限。如果文件名为一个目录，当需要对其他用户开放该目录时，首先要开放该目录的"x"权限。如果开放了"r"权限，而没有开放"x"权限，该用户同样无法进入该目录并读取目录中的内容。

需要说明的是，在 Windows 系统中，由文件的扩展名决定了该文件的性质，如以.exe、.bat 和.com 为扩展名的文件都是可执行文件；而在 Linux 系统中，文件是否能够执行，则是通过是否拥有执行"x"权限来决定的。

（3）所属组和其他用户。在 Linux 系统中，UID 是代表拥有者的唯一标识。根据管理需要，一个 UID 可以指派到一个或多个 GID 中进行管理。除拥有者和拥有者所属组中的用户之外的用户，称为其他用户。例如，GID 为 studentgroup 的组中存在 student1、student2 和 student3 共 3 个用户（拥有者），如果 student1 对某一文件拥有"-rwxrwx---"属性，那么 student2 和 student3 同样会拥有该属性，因为这 3 个用户同属于一个组 studentgroup。其他用户将不会拥有对该文件的"-rwxrwx---"属性。

例如，通过 ls -l 命令来显示 myfile 文件的信息，显示为"-rwxr-x--- 1 foot staff 7734 Apr 08 14:27 myfile"。

其中，myfile 表示普通文件，文件的拥有者是 foot 用户，而 foot 用户属于 staff 组，文件只有一个连接，文件长度是 7734 字节，最后修改时间为 4 月 8 日 14:27。拥有者 foot 对文件有读、写和执行权限，staff 组的成员对文件有读和执行权限，其他的用户对这个文件没有权限。

通过以上介绍可以看出，Linux 系统中的每一个文件在具有了拥有者和访问权限之后，系统将会通过 VFS 来对每次针对该文件的操作请求进行访问控制。通过获取该文件的拥有者及访问权限信息，来决定该操作请求者是否拥有读、写和执行权限。如果请求得到许可，则依据具体的权限分配对该文件进行相关的操作；否则，显示"Permission deny"（权限受限）提示。

（4）SUID 和 SGID。SUID(Set User ID)和 SGID(Set Group ID)表示对文件属性的拥有者或拥有者所属组的执行(x)权限的"特殊"设置，即将原来的执行(x)位修改为"s"位，如"-rwsr-xr-x"表示 SUID 和拥有者权限中可执行位被设置，"-rw-r-sr---"表示 SGID 被设置，但所属组中的用户权限中的执行位没有被设置。

SUID 权限允许可执行文件在运行时从运行者的当前身份提权至文件拥有者的权限，可以任意访问文件拥有者的全部资源。例如，当某一程序的文件拥有者为 root，且设置了 SUID 和拥有权限中可执行位时，该程序就拥有了 root 所具有的特权权限，"/bin/login"文件就是设置了 SUID 位且为 root 拥有的可执行程序。

针对 SUID 和 SGID 的特点，一旦一些程序存在安全漏洞且被利用，系统就容易受到攻击。尤其是攻击者在获得 root 访问特权后，可以用 root 的身份对系统进行任意操作。例如，攻击者在提权到 root 后，可以对系统植入木马，并将木马程序设置上 SUID 位和 root 拥有，随时发起对系统的攻击。

SGID 位与 SUID 位的功能类似，设置了 SGID 位的程序执行时是以拥有者所属组的权限运行的，该程序可以任意访问整个组能够使用的资源。

3.2.4　Linux 的日志

Linux 提供了丰富的日志功能用于记录和查看应用程序的各种信息。大部分发行版本中，Linux 系统的日志服务由日志守护进程 syslog 管理，syslog 位于"/etc/syslog/""etc/syslogd"或"/etc/rsyslog.d"中，默认配置文件为"/etc/syslog.conf"或"rsyslog.conf"，当某一程序要生成日志时都需要通过配置向 syslog 发送信息。例如，Linux 系统内核和许多程序会产生各种错误信息、警告信息和其他的提示信息,这些信息对系统管理员了解系统的运行状态是非常有帮助的,一般都需要通过 syslog 将其记录到日志文件中。默认配置下,日志文件通常都保存在"/var/log"目录下。表 3-1 列出了由 syslog 管理的常用日志文件及其说明。

表 3-1 由 syslog 管理的常用日志文件及其说明

日 志 文 件	功 能 说 明
/var/log/boot.log	记录了系统在引导过程中发生的事件,即 Linux 系统开机自检过程显示的信息
/var/log/lastlog	记录了最后一次用户成功登录的时间、登录时使用的 IP 等信息
/var/log/messages	记录 Linux 操作系统常见的系统和服务错误信息
/var/log/secure	Linux 系统安全日志,记录了用户和组变化情况、用户登录认证情况等
/var/log/btmp	记录 Linux 登录失败的用户、时间及尝试登录时使用的 IP 地址等信息
/var/log/syslog	只记录警告信息,主要是系统出问题的信息,可通过 lastlog 命令查看
/var/log/wtmp	永久记录了每个用户登录、注销及系统的启动、停机的事件,可使用 last 命令查看
/var/run/utmp	记录了有关当前登录的每个用户的信息,如 who、w、users、finger 等需要访问这个文件

另外,"/var/log/syslog"或"/var/log/messages"文件用于存储所有的全局系统活动数据,包括开机信息等。其中,基于 Debian 的系统(如 Ubuntu)在"/var/log/syslog"文件中存储日志信息,而基于 RedHat 的系统(如 RHEL、CentOS 等)则在"/var/log/messages"文件中存储日志信息。"/var/log/auth.log"或"/var/log/secure"文件存储来自可插入身份认证模块(PAM)的日志,包括已成功的登录、失败的登录尝试和认证方式等。Ubuntu 和 Debian 在"/var/log/auth.log"文件中存储认证信息,而 RedHat 和 CentOS 则在"/var/log/secure"文件中存储该信息。

多数基于 Linux 环境的应用程序都提供了功能丰富的日志记录,用于记录主要事件与出错信息,以加强对程序运行的监管。例如,Apache 程序的访问日志(access_log)记录了HTTP 访问的相关信息,通过漏洞扫描可以从中发现系统存在的安全缺陷,通过对这些安全缺陷的分析可以降低远程入侵的可能性。

3.3 Linux 系统的远程攻防技术

与针对 Windows 系统的攻防相似,针对 Linux 系统的网络攻防技术同样包括收集目标Linux 主机的信息、发现安全漏洞、利用安全漏洞远程获取 Linux 主机的 Shell 访问权、提权至 root 用户权限、实施攻击行为等步骤。本节主要介绍各个步骤的主要实现方法。

3.3.1 Linux 主机账户信息的获取

由于 Linux 系统所具有的可靠性和稳定性,互联网上的 FTP、邮件、Web 等大量的应用服务多采用 Linux 系统来提供。针对这些应用服务的网络攻击,多通过收集目标主机的远程登录账户信息(用户名+口令)来实现。

1. 远程登录账户信息的获取

获取远程登录用户的账户信息是实施远程入侵的关键，为此，攻击者在确定了被攻击的目标后，需要通过各种方法获得登录的用户名和密码。为实现这一目的，最高效的办法是在直接获取保存远程登录账户信息的文件（etc/passwd 和 etc/shadow）后，从文件中取得用户名和密码。显然这一过程是很难实现的，因为出于安全考虑，Linux 系统对保存用户账户信息的文件从存储和访问控制等方面都设置了严格的管理权限，只有 root 用户才能读取，而要获取 root 用户的权限则需要获得其密码。

在具体网络攻防中，多通过口令猜测或暴力破解等攻击手段来获取远程登录账户的信息。一般过程是：首先利用 Linux 系统上的 rusers、sendmail、finger 等服务来获取被攻击 Linux 主机上的用户名，然后通过猜测（针对弱口令）、字典攻击、暴力破解等方式来获得对应的密码。其中，由于 root 账户的重要性，利用该方法获得其登录密码几乎成为所有攻击者的关注目标。

除了系统账户信息外，HTTP/HTTPS、FTP、SNMT、POP3/SMTP、MySQL 等基于 Linux 系统的各类网络服务所拥有的管理账户信息也是攻击者关注的焦点。不过，与系统账户不同的是，这些网络服务的管理账户的操作一般会被限制在一定的范围内。例如，Apache 是 Linux 系统上使用最为广泛的 HTTP 服务，攻击者在获得管理员账户信息后，可以对发布的 Web 站点目录文件进行读取或修改，利用可以上传 PHP 后门程序的权限，达到修改 Web 主页或上传木马的目的。

2. 远程登录账户的防范方法

与 Windows 系统中用户账户信息的安全管理类似，在 Linux 系统中要防御针对远程登录账户的攻击，仍然需要从用户名和密码两方面入手，加强对用户账户信息的管理。远程登录账户的防范方法主要包括以下几方面。

（1）为不同的管理员分配不同的管理账户，而不是共同使用 root 账户。

（2）限制 root 等特权账户的远程登录功能，只允许其本地登录。如果部分特权账户需要进行远程登录，可使用普通账户登录后再通过 su 命令提权，su 命令的密码功能可以增强登录账户的安全性。

（3）限制尝试登录次数，对多次登录失败的账户进行锁定并记录其信息。

（4）密码设置符合复杂性要求，即密码不少于 8 个字符，字符包含字母、数字和特殊符号（如 $、@、_ 等）。

最有效的安全防范方法是利用基于 PKI（Public Key Infrastructure，公钥密钥基础设施）技术的身份认证机制来替代传统的"用户名＋口令"方式，同时将一些安全风险较高的服务（如 SSH）设置到非熟知端口上，以减少口令攻击的可能性。

3.3.2　Linux 主机的远程渗透攻击

远程渗透攻击的实现主要依赖于目标主机上存在的各类安全漏洞。当攻击者要对某一目标主机进行远程渗透攻击前，首先要收集目标主机的相关信息，然后分析是否存在安全漏洞。如果存在安全漏洞，再考虑如何去利用。为此，从攻防角度分析，发现安全漏洞是实施攻击的前提,而及时修补安全漏洞是进行防范的基础。

1. Linux 安全漏洞及利用

漏洞的普遍性及其后果的严重性促使研究人员将更多注意力集中于漏洞相关技术的研究上,包括漏洞检测(发现/挖掘)、漏洞特性分析、漏洞定位、漏洞利用、漏洞消控等。Linux 作为一个开放源代码的操作系统,较之闭源的 Windows 操作系统,研究人员可以从源代码分析过程中发现漏洞,并利用其开源性进行及时修复。然而,也存在一些漏洞在发现之后未能及时发布补丁程序,而是被用于渗透攻击的现象。

与 Windows 系统相比较,Linux 系统的安全漏洞相对较少,但由于 Linux 系统在网络服务应用领域占有较高的比例,所以其安全漏洞存在的风险和威胁更为严重。例如,RHEL Linux 系统内核网络协议栈实现(net/ipv4/udp. c)中存在一个远程拒绝服务安全漏洞 (CVE-2010-4161),攻击者通过向目标主机上任意开放的 UDP 端口发送一个特殊构造的 UDP 数据包,就可以发起对目标主机的 DoS 攻击。Linux 系统的每个网络服务都依赖于内核中的网络协议栈实现,一旦这些实现代码中存在具有远程代码执行危害后果的安全漏洞,不管 Linux 系统开放什么服务,都可能被攻击者用于实施远程渗透攻击。

LAMP(Linux/Apache/MySQL/PHP)是目前互联网上应用最为广泛的 Web 站点解决方案,即以 Linux 操作系统作为网站运行的服务器基础平台,以 Apache 提供的 HTTP/HTTPS 作为 Web 服务,以 MySQL 数据管理系统作为 Web 应用程序的后台数据库,以 PHP 语言作为 Web 应用程序的开发语言。在这种高效的 LAMP 组合中,一旦任何一个组件存在安全漏洞,都会被利用进行目标主机的远程渗透攻击。例如,早期 Apache mod_rewrite 模块中存在对 LDAP 协议 URL 处理过程中的溢出漏洞(CVE-2006-3747),可以对 Web 服务器通过 TCP 80 端口进行远程溢出攻击,从而获得 Web 服务器的本地访问权。又如,MySQL:sha256_password 认证长密码拒绝服务式攻击漏洞(CVE-2018-2696),该漏洞源于 MySQL sha256_password 认证插件,该插件没有对认证密码的长度进行限制,而直接传给 my_crypt_genhash(),用 SHA256 对密码加密求哈希值。该过程需要大量的 CPU 计算,如果传递一个很长的密码时,会导致 CPU 耗尽。还有,利用 PHP HTTP_PROXY 环境变量安全漏洞(CVE-2016-5385)中 HTTP_PROXY 环境变量未能过滤构造的客户端数据这一缺陷,远程攻击者通过构造 HTTP 请求的 Proxy 标头,可以将 HTTP 数据流重定向到任意的代理服务器。除此之外,运行于 Linux 平台的 FTP、Samba、Sendmail 等服务对应的各类软件,都被发现存在不同程度的安全漏洞。

2. 针对远程渗透攻击的防范方法

由于远程渗透攻击的实现主要利用了被攻击目标主机存在的安全漏洞,所以加强安全漏洞的检测和修补是防范攻击的基础。

(1)只开启需要的服务。网络远程渗透攻击中需要借助主机上开启的服务,即利用服务存在的漏洞实施攻击。开启服务需要同时启用服务进程,并打开对应的端口。对于互联网上的服务器来说,只需要开启与业务相关的最基本的网络服务,其他的服务应全部禁用。

(2)使用安全性高的服务软件。互联网上的一个协议一般会同时对应多款服务软件,虽然每一款软件的基本功能都是基于相同的协议标准来开发的,但代表各自特点的扩展功能可能不尽相同。同时每一款软件的应用表现也不完全一致,有些软件注重操作的友好性却忽视了安全性，而有些软件有可能在强调安全性的同时使易操作性不尽如人意。例如，Linux 系统中可以分别通过 Apache、Nginx、Tomcat 来提供 HTTP 网络服务，这 3 款软件虽然都提供 Web 服务功能，但其应用特点不尽相同。其中，Apache 不但可以跨平台运行（可运行于 UNIX、Linux 和 Windows 系统中），还具有较高的安全性，以及拥有快速、可靠、简单的 API 扩展，是互联网上使用最多的 Web 服务软件；Nginx 作为一款轻量级的网站服务软件，具有很好的稳定性和丰富的功能，且占用系统资源较少；Tomcat 属于轻量级的 Web 服务软件，一般用于开发和调试 JSP 代码，通常认为 Tomcat 是 Apache 的扩展程序。作为 Web 服务器，如果追求性能可以选择 Nginx，而如果强调安全性则选择 Apache。出于安全考虑，在应用功能能够满足需求的前提下，应尽可能选择安全性高的服务软件。

（3）及时更新软件。及时更新软件可以增加软件自身的新功能，解决以前版本的漏洞或缺陷，增加软件的稳定性和对新的操作系统提供更好的支持等，尤其是对发现的软件安全漏洞需要进行及时修补。例如，在 RHEL、CentOS、Fedora Core 等 Red Hat 系列 Linux 发行版本中，可以通过 yum update 命令来将软件更新到最新版本，并通过 chkconfig-level 3 yum on 命令来激活"/etc/cron. daily/yum. cron"，再通过 Crond 服务来配置系统的自动更新时间。需要注意的是，在进行软件版本升级前，需要对服务软件在新版本环境中进行测试，测试无误后再升级，因为在旧版本下运行良好的软件不一定会适应新版本的要求。

（4）设置访问控制机制。Linux 系统在启动时根据需要开启相应的服务，并禁用不需要的服务，这样不但可以有效地利用系统的资源，而且更有利于系统的安全。Linux 系统提供了一个被称为"超级守护进程"的 xinetd（eXtended InterNET Daemon）工具。在系统启动时由 xinetd 负责统一管理需要启动的进程，在系统启动后，当相应请求到来时需要通过 xinetd 的转接来唤醒被 xinetd 管理的进程。同时，xinetd 内建了基于远程主机地址、网段及域名的访问控制机制，并支持分时间段的访问控制。另外，xinetd 还能够限制服务并发运行数、服务进程数和同一主机的最大网络连接数，此功能可以有效地缓解对主机的 DoS 攻击。还有，xinetd 支持将网络服务绑定到指定的网络接口与监听端口上，以降低被扫描和攻击的风险。除 xinetd 工具之外，Linux 系统集成的 netfilter/iptables 防火墙解决方案可以有效地加强对网络边界的安全管理。

3.3.3　DNS 服务器的攻防

DNS（Domain Name System，域名系统）是互联网中绝大多数应用的实际寻址方式，域名是互联网上的身份标识，是不可重复的唯一标识资源。DNS 以其操作的便捷性在丰富了互联网应用的同时，因其在互联网应用中的重要性，已成为网络攻击的主要对象。

1. BIND 介绍

BIND（Berkeley Internet Name Domain）是互联网上使用最为广泛的域名解析软件，目前有 90% 以上的域名服务器都使用 BIND 来解析。BIND 由加州大学伯克利分校开发，目前有 BIND 8.x 和 BIND 9.x 这两个不同发展方向的版本，BIND 8.x 中融合了许多提高效率、增强稳定性和安全性的技术；而 BIND 9.x 则增加了一些新的应用功能，如支持 IPv6、提供公开密钥加密、支持多处理器、提供线程安全操作、提供增量区传送等。从 BIND 9.x 开始支持 View 功能，利用 BIND 9.x 中的 View，在具体配置中通过 View 与 ACL 的协同工作,以实现根据用户源 IP 地址智能解析对应服务器的 IP 地址的功能。如果要使同一个域名指向不同的 3 个网域,只需要在 named.conf 文件中通过 ACL 定义 3 个不同的网域,即 View 分别指向同一个域名的 3 个不同的网域,之后当处于不同 View 中的用户访问这个域名时,将通过 BIND 解析到不同网域对应的 IP 地址,从而实现了 DNS 的智能解析功能。BIND 9.x 的最新版本可在 http://www.isc.org 中下载使用。

BIND 通过对区文件(zone file)的管理实现对 DDNS(Dynamic Domain Name Server,动态域名服务)的域名授权和查询,BIND 的组成结构如图 3-7 所示。其中,named 进程是 BIND 服务器的核心,named 启动时读取初始化文件 named.conf 并配置数据文件。当 DNS 客户端的解析器发出 DNS 解析请求时,由 named 进程将查询结果(即域名对应的 IP 地址)发送给客户端。named.conf 把所有区文件绑定在一起,以便 named 进程可以根据域名查询要求通过 named.conf 中的记录来读取区文件。作为网络应用中的关键服务,named 进程在工作过程中也会根据 BIND 的配置提供日志记录。

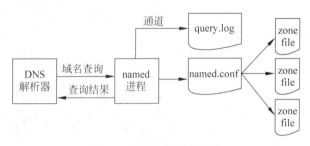

图 3-7　BIND 的组成结构

2. 一个典型的 DNS 攻击过程分析

2009 年 5 月 19 日晚,受暴风影音软件存在的设计缺陷及免费智能 DNS 软件 DNSPod 的不健壮性影响,黑客通过僵尸网络控制下的 DDoS 攻击,致使我国江苏、安徽、广西、海南、甘肃、浙江等省在内的 23 个省出现罕见的断网故障,即"5·19 断网事件"。这一事件告诫人们:在互联网中,越是由基础服务产生的安全威胁,影响力越大,范围越广。作为互联网基础服务的 DNS,每天有海量的域名解析信息产生,其个体的安全性已经直接影响着互联网的安全。与此同时,随着网络应用的不断复杂化,当潜在的条条安全暗流通过某种规则汇集在一起时,所形成的巨浪足以使正常的网络运行秩序产生混乱直至瘫痪。"5·19 断网事件"再次引起了人们对 DNS 服务及其相关安全威胁的关注。在这一事件中,僵尸网络控制下的 DDoS 攻击是问题产生的根源,免费软件的后门是问题产生的诱因,DNS 服务的脆弱性是问题产生的关键,而 DDoS 攻击、软件后门及 DNS 服务之间的内在关联是这一事件得以发生的潜在因素。

"5·19 断网事件"是多种综合因素产生的结果,其攻击过程示意图如图 3-8 所示,具体实现步骤如下。

① 攻击者(黑客)通过控制互联网上大量的"肉鸡"(被僵尸网络控制的计算机)向免费动态 DNS 服务器 DNSPod 发起 DDoS 攻击,使 DNSPod 服务器无法为正常用户提供域名解析服务,直至瘫痪。

② 因为暴风影音网站(*.baofeng.com)的域名解析使用的是 DNSPod 服务器,当

DNSPod 服务器被攻击瘫痪后，根据域名解析的递归机制，所有客户端对 ∗.baofeng.com 网站的解析请求将被转向 DNSPod 服务器的上一级 DNS 服务器（电信运营商 DNS 服务器）。

③ 由于暴风影音软件存在的后门（也称为"流氓化"行为），大量安装了暴风影音软件的用户计算机在联网后，不管是否启用了暴风影音软件，都会自动在后台尝试连接 ∗.baofeng.com 网站，并且在得不到应答的情况下，向电信运营商 DNS 服务器连续发送大量的域名解析请求报文（据称每分钟发送 100 次以上），流量达到 10GB 左右。

④ 虽然电信运营商 DNS 服务器进行了分布式部署，但大部分省份的 DNS 递归服务器无法承受如此巨大的域名解析请求报文，导致服务器 CPU、内存资源耗尽，既无法正常解析 ∗.baofeng.com 域名，也无法解析非 ∗.baofeng.com 域名，这些 DNS 服务器处于瘫痪状态。

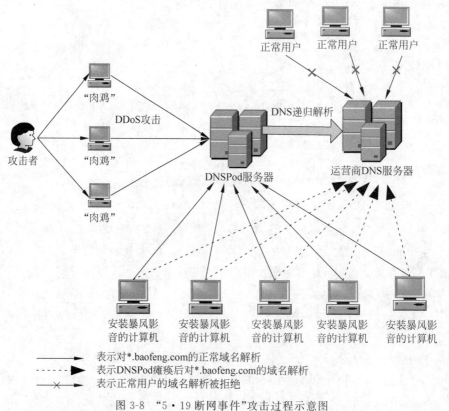

图 3-8　"5・19 断网事件"攻击过程示意图

⑤ 除直接使用 IP 地址（这种现象很少）外，绝大多数互联网用户的 DNS 域名解析请求得不到响应，从而产生断网现象。

下面对该事件进行具体分析。

（1）僵尸网络控制下的 DDoS 攻击。僵尸网络控制下的 DDoS 攻击是这一事件得以爆发的根源。僵尸网络（Botnet）是一种从传统恶意代码转化形成的新型攻击方式，它采用多种传播机制，使僵尸程序感染互联网上的大量主机，并通过一对多的命令与控制信道，控制大量僵尸主机（Bot）实现分布式拒绝服务（DDoS）攻击、信息窃取、发送垃圾邮件（Spam）等恶意网络行为。

DDoS攻击的基本原理是黑客通过入侵并控制大量的主控端(Handler)主机(俗称"肉鸡"),并通过主控端上的代理程序(Agent)同时对被攻击者(Target)发起流量攻击。由于DDoS攻击是利用合理的服务请求来占用有限的服务资源,从而使合法用户无法得到服务的响应,因此DDoS攻击已成为目前互联网上黑客经常采用的攻击手段,也是用户很难防范的一类网络威胁。

由于DNS服务的开放性,黑客可以通过"肉鸡"上的代理向DNS服务器发起大量的DNS查询请求。黑客为了藏匿攻击者(一般为代理)的真实身份,会伪造DNS请求报文中的源地址。在"5·19断网事件"中,黑客通过控制的僵尸网络,利用互联网上数量庞大的"肉鸡",对DNSPod服务器进行攻击,流量达到10GB左右。如此巨大的流量足以使互联网中的任何主机被淹没,造成被攻击主机无法提供网络服务,直至瘫痪。

(2) 网际间互联互通及相关问题。在"5·19断网事件"发生后,不少人将矛头指向了提供免费DNS解析的DNSPod服务器,认为是DNSPod服务器的不健壮性和私人DNS服务器提供商之间的恶意竞争直接导致了这一事件的发生。其实,持此观点者忽视了一个重要的问题:我国互联网络存在的网际间互联互通问题。

目前,国内多个运营商并存,各大运营商之间出于商业的竞争,在不同的网络之间人为设置了访问上的障碍,致使不同网络用户访问非本运营商网络内的主机时出现访问速度慢或无法访问等问题。这种"网中网"格局已严重影响了国内互联网的健康有序发展,与可持续发展的大局相违背。为了解决互联互通的问题,许多单位的无奈之举是采取了多出口方案。这种方案在国内高校校园网的应用中更加普遍,据相关资料统计,目前80%左右的高校都使用多出口接入方式,其中部分出口多达三四条。

存在互联互通这一问题,就不难理解DNSPod为什么会受到用户的普遍青睐。DNSPod是国内较早提供免费智能域名解析服务的私人DNS服务器,为各类网站提供电信、网通、教育网双线或者三线智能DNS免费解析服务,解决不同运营商网络之间访问时的互联互通问题。目前DNSPod已经管理着超过10多万用户和20多万域名,平均每天的请求量超过20亿次,其用户包括许多国内的知名网站。

为此,在分析"5·19断网事件"中的DNS查询服务时,不能只看到DNSPod的不安全性和不可靠性,应该对为什么在互联网中会出现类似DNSPod的免费智能域名解析服务器需要进行思考。其实DNSPod仅仅是事件的触发点,而事件的本因则是国内网际互联互通中游戏规则的缺失及不同运营商之间的恶性竞争。试想,如果国内电信运营商之间没有将不同的用户群进行人为的割裂,如果国内电信运营商也能提供类似的免费智能DNS解析服务,如果私人免费DNS服务商之间的竞争能够有序化,就不会发生这么严重的事件。当然,在大量网站选择DNSPod作为自己的域名解析服务器后,DNSPod已经成为网络运行的中心,DNSPod很有必要采取相应的技术手段来保障自身的安全性。对于拥有如此用户数量的DNS查询服务器,目前只有ns1.dnspod.net~ns6.dnspod.net共6台服务器,同时这6台服务器位于同一IDC(Internet Data Center,互联网数据中心)中,无法提供安全可靠的服务。

(3) 软件后门存在的安全隐患。在这次事件中,暴风影音扮演着DDoS攻击中"肉鸡"的角色。暴风影音为了获得更高的广告点击率,在后台暗藏了机关——安装了暴风影音客户端软件的计算机在启动时会自动链接到暴风影音网站（ ＊ . baofeng. com）。而当暴风影音软件得不到 DNS 响应（DNSPod 被攻陷）时，会不断发送 DNS 解析请求报文（每分钟 100 次以上），这样在 DNS 树形结构末端的 DNS 服务器中将会汇聚大量等待应答的 DNS 请求报文。当时，暴风影音拥有数以千万计的用户数，一旦 DNS 解析出错，将会产生巨大的数据流，并对其他 DNS 服务器产生冲击。

暴风影音之所以提供以上的功能，主要出于本身的利益考虑，是由利益驱动导致的"流氓化"。当用户安装了暴风影音软件后，在操作系统中会强制随机启动一项名为 stormliv. exe 的进程。而且，即使用户在开机后没有运行暴风影音软件，也会自动运行 stormliv. exe 进程，并不断连接暴风影音网站，下载广告或在线升级。在关闭了暴风影音主程序后， stormliv. exe 进程照常驻留内存。

（4）DNS 自身的不安全因素。DNS 是互联网中的一项基本服务，早期设计上的缺陷为日后的应用埋下了安全隐患。在设计 DNS 时，由于过于强调对网络的适应性，希望在网络状况不好时照样能够使用，采用了面向非连接的 UDP，但 UDP 本身是不安全的。从体系结构来看，DNS 采用树形结构，虽然便于查询操作，但单点故障非常明显，安全威胁加剧。

除 DNS 自身易受攻击外，DNS 在应用中存在的安全缺陷和薄弱环节也逐渐显露出来。除根服务器的安全、DDoS 攻击和僵尸网络攻击外，还主要表现在以下几方面。

① 软件漏洞。不管是 DNS 服务器端软件还是客户端软件，都有可能存在安全漏洞。这些漏洞一旦被攻击者利用，就会导致域名解析服务或解析结果的错误。

② 缓存中毒。DNS 缓存中毒是指攻击者通过伪造的或错误的 DNS 记录来代替 DNS 服务器中已有的正确记录。当用户向该 DNS 服务器发送查询请求时，DNS 服务器将给出错误的应答信息或将用户的链接请求引向攻击者预设的网站。另外，一旦将缓存中毒与钓鱼网络结合起来，将会造成很大的危害性。

③ 域名劫持。域名劫持通常是指通过采用非法手段获得某一个域名管理员的账户名称和密码，或者域名管理邮箱，然后将该域名的 IP 地址指向其他的主机（该主机的 IP 地址有可能不存在）。域名被劫持后，有关该域名的记录会被改变，甚至该域名的所有权可能会落到其他人的手里。

3. DNS 安全防范方法

下面结合"5·19 断网事件"来分析 DNS 安全的防御方法。

（1）DNS 清洗服务。在"5·19 断网事件"中，当电信运营商得知 DNSPod 服务器被攻陷后，立即进行了清洗服务。根据域名解析体系中的缓存机制（逐级缓存机制），大量递归域名解析服务器中的解析记录一般至少要保存 24 小时，也就是说，即使是错误的信息也需要在 24 小时之后才能够被系统自动删除。DNS 清洗服务可以解决 DNS 缓存带来的域名错误查询问题。当发现可能引起网络故障的 DNS 错误记录时，ISP 等 DNS 服务器控制方可以采取清空缓冲区的方法，保证用户的 DNS 请求指向正确的 DNS 服务器。

在发生了"5·19 断网事件"后，电信运营商对 ＊ . baofeng. com 域名的解析强行指向某一 IP 地址或干脆屏蔽掉其解析。不过，这只是一种应急方案，不能成为一种通用的方法。

（2）DNS 服务器的冗余备份。冗余备份是 DNS 服务器安全管理中采用的一种较为普遍的方法。即使是在局域网中，为了保障 DNS 服务的可靠性，也会采用多机备份方案。与局域网相比，互联网的结构和应用要复杂得多，对 DNS 的安全性要求会更高。在"5·19 断网事件"中,DNSPod服务器之所以能够被全部快速攻陷,其主要原因是6台服务器同时位于同一个IDC中。为此,对于互联网中的DNS服务器,建议能够创建位于不同IDC中的分布式系统。

(3) 根域名服务器的安全管理。DNS是一种分布式的网络名称服务系统,其树形结构在便于扩展的同时,也带来了安全威胁,尤其是针对根域名服务器的攻击。互联网中的根域名服务器存储和控制着全球域名解析体系的主体信息,是整个域名解析递归结果的终结点。由于根服务器是整个域名系统的核心,所以根服务器的可靠性在很大程度上决定着树形结构中各级递归服务器的安全性。目前,全球有13台根服务器,1台为主根服务器,放置在美国,其余12台均为辅助服务器,其中9台放置在美国,2台在欧洲(分别位于英国和瑞典),1台在亚洲(位于日本)。加强根域名服务器安全的一种通用方法是在不同的国家和地区建立根域名服务器的镜像站点。在国家工信部的协调下,截至2019年,我国已经引入了12个根域名服务器的镜像服务器,在提高了国内域名解析性能的同时,加强了根域名服务器的安全性。

(4) 对软件漏洞的管理。软件漏洞主要包括操作系统的漏洞和DNS应用软件的漏洞。目前,互联网上DNS服务器的操作系统主要有BSD、Linux、Solaris及少量的Windows,而DNS应用软件绝大多数使用的是ISC公司的BIND。大量的攻击充分利用了操作系统和应用软件存在的漏洞。针对利用漏洞的攻击,最有效的防范方法是升级到最新的版本,并及时安装补丁程序。

(5) DNSSEC的部署。DNSSEC(Domain Name System Security Extensions,域名系统安全扩展)是在原有的域名系统(DNS)上通过公钥技术,对DNS中的信息进行数字签名,从而提供DNS的安全认证和信息完整性检验。DNSSEC被公认为是目前解决DNS服务安全最有效的方法,但由于DNSSEC需要使用数字签名系统,部署较为复杂,且扩展性较差,在大范围推广时存在一定的难度。可喜的是:目前ICANA已经在部分根域系统(如.org)上部署了DNSSEC,以提高根域服务器的安全性,此举说明DNSSEC已从理论探讨和区域性试验开始走上实际应用了。

(6) DDoS攻击的防范。近年来,采用DDoS对DNS服务器的攻击不断出现。对于采用树形结构的DNS体系,域名节点越是靠近根,所受到的DDoS攻击威胁也就越严重。解决DDoS攻击的最有效方法有以下4种:一是部署IDS(Intrusion Detection Systems,入侵检测系统),从单一技术和设备来看,IDS是目前防范DDoS攻击最有效的方法;二是对于重要的DNS服务器,可分别在不同的IDC中部署,通过冗余方式来提高DNS的安全;三是在防火墙上通过设置策略,对于超过某一限定值的DNS请求报文进行过滤;四是通过管理软件,对排名靠前的DNS解析请求报文进行分析,重点分析那些流量在短时间内急剧增大的报文,对可疑报文进行过滤处理。

4. 针对基于BIND软件的DNS的安全管理方法

虽然BIND对DNS提供了大量的安全防范,但是如果配置不当或没有进行必要的安全设置,其安全性仍然无法得到体现。下面结合Linux系统中对BIND软件的配置,介绍常见的安全管理方法。

(1) 正确地配置DNS服务器。在Linux系统中,DNS服务由named守护进程进行控制,该进程从主文件"/etc/named.conf"中获取具体的配置信息。除此之外,还有许多与之相关的配置文件,如根域名配置服务器指向文件"/var/named/named.ca"、用户配置区正向解析文件"/var/named/name2ip. conf"、Localhost 区正向域名解析文件"/var/named/localhost. zone"等。Linux 系统中基于 BIND 软件的 DNS 配置是由一组文件组成的，在具体配置过程中不但要清楚不同文件的功能及存放位置，而且要掌握不同文件的配置方法，同时还要熟悉不同配置文件之间的关系。一旦一个配置存在缺陷，将会留下安全漏洞。在安装 BIND 软件包时，系统自动安装了用于对 DNS 配置文件进行检查的工具，如 nslookup、dig、named-checkzone、host、named-checkconf 等，熟悉这些工具的功能及应用，对检查 DNS 配置的正确性、防止出现安全漏洞是很有帮助的。

（2）隐藏 BIND 的版本号。对目标主机的操作系统类型及版本号等信息进行搜集是网络攻击前需要完成的一项工作内容，只有掌握了目标主机的详细信息，才能从中发现可利用的漏洞。一般情况下，通用软件的设计缺陷是与特定的版本相关的，所以版本号的搜集对攻击者来说是十分关键的。攻击者可以利用 dig 命令查看 BIND 软件的版本号，进而知道该版本的 BIND 软件存在哪些漏洞。为此，隐藏 BIND 的版本号是很有必要的，具体可在配置文件"/etc/named. conf"的 option 部分添加 version 声明，将系统默认显示的版本号覆盖掉。例如，可通过以下配置，当利用 dig 查看版本号时，显示为"The platform does not provide version queries"。

```
options {
version"The platform does not provide version queries"
}
```

同时在 DNS 配置文件避免使用 HINFO 和 TXT 资源记录，可以使攻击者无法得到 DNS 服务器的相关信息。

（3）控制区域（zone）传输。DNS 区域传输（zone transfer）是指备用服务器通过主服务器的数据来更新自己的区域（zone）数据库。出于服务的可靠性考虑，一般不会仅提供一台 DNS 服务器，而是通过设置主/从（master/slave）DNS 服务器来实现安全备份功能。当设置了主、从备份服务器后，从服务器需要从主服务器中读取并更新自己的区域数据库，这便是 DNS 的区域传输操作。区域传输的主要对象是区域数据库，该数据库保存着网络架构中的主机名、主机 IP 地址列表、路由器名、路由 IP 列表，以及各主机所在位置和硬件配置等重要信息。

在 BIND 的默认配置中，区域传输是全部开放的，即 DNS 服务器允许对任何主机进行区域传输操作。如果攻击者假冒备用 DNS 服务器，向指定主 DNS 服务器（攻击主机）请求进行区域传输，就会收集到该 DNS 服务器所在网络架构中的所有配置信息。为了加强对 DNS 服务器的安全保护，需要严格限制允许区域传输的主机，一般一个主 DNS 服务器只允许它的从 DNS 服务器执行区域传输操作。对于 BIND 软件，可以通过如下的 allow-transfer 命令来控制。

```
acl"zone - transfer"{172.16.1.0;172.16.1.254}
zone"yourdomain. cn"{
type master;
file"yourdomain. cn";
allow - transfer {zero - transfer;};};
```

这样,只有 IP 地址在 17.16.1.0～172.16.1.254 的主机才能够同 DNS 服务器进行区域传输操作,限制了其他主机的操作。

(4) 限制反向解析请求。在 DNS 系统中,一个 IP 地址可以对应多个域名,即多个域名可以同时指向同一个 IP 地址。因此,由 IP 地址来查询域名,理论上是可行的,但实际上是不现实的,因为这种查询操作会遍历整个域名树,这在 Internet 上是不现实的。为了避免类似操作的发生,DNS 提供了一个被称为"反向解析域"(in-addr.arpa)的区域,由该区域负责向需要从 IP 查询域名的请求提供应答服务。例如,一个 IP 地址为 210.98.95.2 的反向解析域名表示为 2.95.98.210.in-addr.arpa,反向解析域名与 IP 地址正好相反,同时在后面加上了.in-addr.arpa。因为域名结构是自底向上(从子域到根域)的,而 IP 地址结构是自顶向下(从网络到主机)的。实质上反向域名解析是将 IP 地址表达成一个域名,以地址作为索引的域名空间。

如果任何用户都可以向 DNS 服务器发送反向解析请求报文,这无异于给 DNS 服务器实施 DoS 攻击提供帮助。所以,需要限制 DNS 服务器的反向解析服务,只允许特定 IP 地址范围内的主机使用该服务。例如,通过以下设置,只允许 IP 地址在 172.16.1.0 网段的主机使用该 DNS 服务器提供的反向地址解析服务。

```
options{
allow-query {172.16.1.0/24};
};
zone "yourdomain.cn"{
type master;
file "yourdomain.cn";
all-query{any;};
};
zone "1.16.172.in-addr.arpa" {
type master;
file "db.172.16.1";
allow-query {any;}; };
```

限制反向解析服务的范围,除能够有效保护 DNS 服务器外,还可以拒绝接收所有没有注册域名的 IP 地址发来的邮件。目前,多数垃圾邮件发送者使用动态分配或者没有注册域名的 IP 地址来发送垃圾邮件,以逃避追踪。因此,在邮件服务器上拒绝接收来自没有域名的 IP 地址发来的邮件可以大大降低垃圾邮件的数量。

3.3.4 Apache 服务器的攻防

Windows 和 Android 分别在桌面操作系统和移动智能终端领域的广泛应用,使得它们成为攻击者的主要选择目标。此现象充分说明攻击者只会选择有利用价值的目标对象,而使用越广泛的系统才潜藏着可被利用的价值。同样,在 Web 服务器应用中,Apache 的大量部署使其成为攻击者在互联网 Web 应用领域的主要研究对象和攻击目标。

1. 针对 Apache 服务器常见攻击方式

攻击者选择 Apache 服务器,主要借助 Apache 软件自身存在的安全漏洞和错误的配置,同时还利用了传统的 DoS、缓冲区溢出等方式攻击,借助 HTTP/HTTPS 设计上的不严谨性实现攻击行为。

（1）泛洪攻击。泛洪（flood）攻击是一种中断网络服务的常见攻击方法,通常通过发起 ICMP（Internet Control Message Protocol,Internet 控制报文协议）包或 UDP（User Datagram Protocol,用户数据报协议）包实施具体的攻击行为。通过向目标主机发送泛洪数据包,使目标主机或连接主机的网络负载过重,进而无法提供正常的网络服务。要实施泛洪攻击,攻击者的网络带宽一定要大于被攻击主机所使用的网络带宽。

使用 UDP 数据包进行攻击是利用了 UDP 的工作原理。当攻击者发送了 UDP 数据包后不会有任何数据包返回到攻击者的主机,这种基于单向数据流的工作机制很适合攻击者通过向目标主机发送大量的数据包来迫使其无法提供正常的服务。使用 ICMP 数据包进行攻击是利用了该协议可以根据不同的应用需求来构造不同的数据包这一特点,攻击者通过构造有缺陷的数据包来扰乱正常的网络工作机制。泛洪攻击的本质是攻击者通过欺骗目标主机,让其相信所接收到的数据包都是正常的。

（2）硬盘攻击。不论是机械硬盘还是固态硬盘,其总体结构都是相似的。硬盘主要由处理器、缓存、Boot ROM 和主存储介质等几部分构成,对于机械硬盘还有电机驱动电路和磁头控制电路等部件。由于硬盘的电路板上已经具有了 CPU、内存和 ROM,所以可以将硬盘看作是一个小型的计算机系统,在固件的控制下独立运行。硬盘通电时,处理器执行片段内的 Loader 代码,这部分代码会加载 Boot ROM 到缓存中并执行。Boot ROM 得到控制权后,会依次初始化基本外设,初始化主存储介质,从主存储介质上加载固件主体,启动 IDE/SATA 总线接口驱动模块,并进入待命状态,此时计算机即可对硬盘进行操作。

目前,大部分硬盘都支持固件升级功能（通过下载微码命令或者厂商的私有命令实现）,用户可以通过厂商提供的程序来对硬盘驱动器上的固件进行更新。这使得硬盘厂商无须召回有固件缺陷的产品,就可以在用户系统上通过软件工具升级固件来修补缺陷。由此不难看出,如果固件缺陷被利用,就会对磁盘产生破坏性的结果。通过伪造的固件更新程序来写入攻击指令,轻则硬盘中的数据泄露,重则硬盘损坏。

（3）DDoS 攻击。DDoS（Distributed Denial of Service,分布式拒绝服务）攻击是目前针对 Apache 等互联网上的 Web 服务器威胁性最大的一种攻击方式。DDoS 攻击过程中一般会隐藏攻击数据的来源,即使是被攻击者觉察后也很难追溯到数据的源头。由于 Apache 应用的广泛性,攻击者专门开发了针对 Apache 的攻击程序（如 SSL 蠕虫）,然后利用 Apache 代码存在的漏洞,通过正常的网络访问将攻击程序安装在 Apache 服务器上。之后,攻击者便可以根据需要,在被感染的主机上执行恶意代码,发起对特定目标的 DDoS 攻击。

（4）分块编码远程溢出。Apache 在处理以分块（chunked）方式传输数据的 HTTP 请求报文时存在设计上的缺陷,如攻击者可能会利用此缺陷在某些 Apache 服务器上以 Web 服务器进程的权限执行任意指令或进行 DoS 攻击。

分块编码（chunked encoding）传输方式是 HTTP 1.1 中定义的 Web 用户向服务器提交数据的一种方式。当服务器收到分块编码方式的数据时会分配一个缓冲区来存放它,如果提交的数据大小未知,客户端会以一个协商好的分块大小向服务器提交数据。

Apache 服务器默认也提供了对分块编码的支持。Apache 使用了一个有符号变量保存分块长度,同时分配了一个固定大小的堆栈缓冲区来保存分块数据。出于安全考虑,在将分块数据复制到缓冲区之前,Apache会对分块长度进行检查,如果分块长度大于缓冲区提供的长度,Apache将最多只复制缓冲区长度的数据,否则将根据分块长度进行数据复制。然而在进行上述检查时,没有将分块长度转换为无符号型进行比较。因此,如果攻击者将分块长度设置成一个负值,就会绕过上述安全检查,Apache会将一个超长的分块数据复制到缓冲区中,将会造成一个缓冲区溢出。此漏洞可导致各种操作系统下运行的 Apache Web 服务器的拒绝服务。

（5）获取远程用户权限。在安装了 Apache 软件后需要指定一个执行账户,因为有些配置文件或程序必须是 root 身份才能运行,所以 Apache 的执行账户有些需要以 root 身份运行 Apache。如果 Apache 以 root 权限运行,系统上一些存在逻辑缺陷或缓冲区溢出漏洞的程序会使攻击者很容易地获取 Linux 服务器上的 root 权限。在一些远程情况下,攻击者会利用一些以 root 身份执行的有缺陷的系统守护进程来获取 root 权限,或者利用有缺陷的服务进程漏洞来取得普通用户权限,用以远程登录 Linux 服务器,进而控制整个系统。

2. 安全防范方法

对基于 Linux 系统的 Apache Web 服务器,最有效的安全管理方法是关注 Linux 系统和 Apache 软件的缺陷,及时升级系统或安装补丁程序。同时,还可以通过以下方法来对 Apache 服务器进行安全配置。

（1）隐藏 Apache 版本。因为软件的漏洞信息与特定的版本是相关联的,所以搜集被攻击对象的软件版本信息是实施攻击的前提。默认系统下,系统会把 Apache 版本信息通过 HTTP 应答头部显示出来,并没有提供任何的信息保护机制。隐蔽 Apache 版本信息的具体方法是修改 Apache 的配置文件"/etc/httpd.conf",在找到 ServerSignature 和 ServerTokens 关键字后,将其设定为 ServerSignature Off 和 ServerTokens Prod,然后重启 Apache 服务器。

（2）创建安全目录结构。Apache 服务器包括多个目录,表 3-2 列出了其主要目录的功能及安全配置建议。

表 3-2　Apache 服务器主要目录的功能及安全配置建议

目　录　名	功　　能	安全配置建议
ServerRoot	保存 Apache 的配置文件、二进制文件和其他服务器配置文件	只能由 root 用户访问
DocumentRoot	保存 Web 站点的内容,包括 HTML 文件和图片等	只能由管理 Web 站点内容的用户和使用 Apache 服务器的 Apache 用户、Apache 组访问
ScripAlias	保存 CGI 脚本	只能由 CGI 开发人员和 Apache 用户访问
Customlog	保存访问日志	只能由 root 用户访问
Errorlog	保存错误日志	只能由 root 用户访问

（3）为 Apache 分配专门的执行账户。为避免因使用 root 作为 Apache 的执行账户带来的安全问题,一般在对 Apache 配置结束后需要分配一个专用的执行账户,不再使用 root。Apache 账户权限的分配遵循"最小特权原则",即要求该账户对系统及数据进行访问

时只拥有必需的最小权限。保证用户能够完成所操作的任务，同时也确保将非法用户或异常操作所造成的损失降到最小。

（4）Web 目录的访问控制。在 Web 服务器中，将需要发布的 Web 站点的文件保存在 Web 目录中，需要确保其安全，防止非授权访问和非法篡改。

Apache 服务器在接收到用户对一个目录的访问请求时，会查找 DirectoryIndex 指令指定的目录索引文件，默认情况下该文件为 index.html。如果该文件不存在，那么 Apache 会通过创建一个动态列表为用户显示该目录的内容。通常这样的配置会暴露 Web 站点的结构，因此需要修改配置"/etc/httpd/conf/httpd.conf"，搜索 Options Indexes FollowSymLinks，修改为 Options-Indexes FollowSymLinks 即可。其中，在 Options Indexes FollowSymLinks 的 Indexes 前面加上"－"符号表示禁止目录索引，如果是"＋"符号则表示允许目录索引，FollowSymLinks 表示允许使用符号链接。

（5）利用.htaccess 加强对 Apache 服务器的安全管理。.htaccess 是 Apache 服务器上的一个基于文本的分布式配置文件，它提供了针对目录改变的配置方法，即将包含一些操作系统的.htaccess 文件保存在某一特定目录后，该目录及其下的所有子目录都会受到该文件的影响（index.html 文件除外）。.htaccess 通过自行修改其文件内容来实现权限控制，主要应用于为网页访问设置密码、自定义错误页面、改变首页的文件名（如 index.html）、禁止读取文件名、重定向文件等。下面通过几个实例来说明.htaccess 文件的配置和应用。

① 自定义错误页面。当用户访问某一网站时，不合理的访问或网站自身存在问题时，会出现不同的错误返回页面。攻击者可以通过该错误返回页面中的信息来了解 Apache 服务器的有关配置情况，并以此作为某种判断的依据。可以借助.htaccess 来控制错误返回页面信息的显示内容。HTTP 的错误代码被标准化定义为 400～505，但通过对.htaccess 的配置，可以使 Web 服务器处理错误时能够进行个性化的定制，而不是被协议标准化的默认页面。配置错误页面的重定向语法如下。

```
ErrorDocument[error code][url]
```

其中，"error code"为错误代码；"url"为指定保存自定义错误信息的页面所在的地址。例如，如果在当前目录下有一个保存自定义错误信息的页面文件 payattention.html，使用它作为 404 错误页面，可以写为：

```
ErrorDocument 404/payattention.html
```

404 错误页面是客户端在浏览网页时，服务器无法正常提供信息，或者服务器无法回应且不知道原因所返回的页面，而利用.htaccess 文件则可以对其进行任意的修改。具体操作时，只需要将 payattention.html 和.htaccess 两个文件同时上传到指定的目录中即可。

② 网站目录的密码保护。要使用.htaccess 进行 Web 站点所在目录的密码保护，可通过两个步骤来实现：配置.htaccess 文件和创建.htpasswd 密码文件。.htaccess 文件的相关内容如下。

```
AuthName "Section Name"
AuthType Basic
AuthUserFile /full/path/to/.htpasswd
Require valid-user
```

其中,"Section Name"将出现在用户端弹出页面的密码输入框中,可以自行定义;"/full/path/to/. htpasswd"是密码文件. htpasswd 的绝对路径。密码文件. htpasswd 的内容格式为"username:password";"Require valid-user"表示. htpasswd 文件中设置的任何一个合法用户都可以访问。

通过以上的设置,当用户试图访问被. htaccess 文件密码保护的目录时,浏览器会弹出要求输入账户名和密码的对话框,只有当正确输入后才能够访问。

③ 限制来访主要的 IP 地址范围。对于只需要对特定人群(特定 IP 地址范围)开放的 Web 站点,可在. htaccess 中对指定 IP 进行限制,有效防止其他用户访问该站点。例如:

```
Order deny, allow
deny from all
allow from 172.16
```

通过以上设置,表示只允许 172.16.0.0 网段的用户访问该站点,其他用户都将被拒绝。

通过上述的几个实例可以看出,使用. htaccess 来保护网站更为安全和方便。因为利用. htaccess 实现密码保护,可以有效地抵御字典攻击和暴力破解。

3.4　Linux 用户提权方法

通过远程渗透技术,攻击者可以获得系统的远程访问权限,并能够实现远程登录。在完成了远程登录后,攻击者就转向对本地主机的攻击。本地主机攻击过程中最重要的是用户权限的提升。

3.4.1　通过获取"/etc/shadow"文件的信息来提权

Linux 系统的账户分为特权账户 root、普通用户账户和系统用户账户三大类,并采用 VFS(Virtual File System,虚拟文件管理)来控制每个用户对文件的访问。出于安全考虑,在一些 Linux 发行版本中用特别分配的系统用户账户来启动和运行网络服务,只有一些频繁访问系统资源的特殊网络服务(如 Samba)才直接使用 root 账户权限运行。

需要特别说明的是,为了养成安全使用 Linux 系统的习惯,建议系统管理员使用普通用户账户来登录和操作 Linux 系统,只有确实需要使用 root 权限来配置和管理系统时,再通过 su、su -或 sudo 命令将权限提升到 root 用户账户。对于普通用户账户,坚持最小权限分配原则,一般禁用 root 账户权限。

通过获取"/etc/shadow"文件的内容来对本地用户进行权限提升,主要分为获取"/etc/shadow"文件和破解"/etc/shadow"文件以获得用户密码两个过程。

1. 获取"/etc/shadow"文件

通过远程渗透方法，攻击者如果获得了 root 账户的登录密码且系统允许 root 账户远程登录，那就可以直接登录系统进行任意的操作。但是，由于 root 账户的重要性，大部分情况下其登录密码是很难获得的，攻击者一般得到的是普通用户账户的登录权限。普通用户账户对系统的操作是受限的，一般很难完成预定的操作，这时就需要通过提权技术，将普通用户账户的权限提升到 root 权限。

在早期的 Linux 版本中，包括 root 在内的所有账户信息（包括用户名和对应的密码）全部保存在"/etc/passwd"文件中，并且普通用户也可以读取该文件的内容。当 Linux 系统引入了"the Shadow Suit"组件后，将用户账户的密码加密后单独存放在"/etc/shadow"文件中，而且只有 root 用户才能够读取该文件中的信息。

如何才能够得到 shadow 文件的内容呢？首先要能够得到 shadow 文件，然后再对 shadow 文件进行破解。因为只有具有 root 权限的用户才能够读取 shadow 文件，在无法直接获得 root 权限用户账户信息的前提下，可借助一些以 root 权限运行的服务中存在的文件任意读写漏洞来间接获得。当具有 root 权限运行的程序中存在代码任意执行安全漏洞时，可以代替攻击者主动打开具有 root 权限的 shell 命令行连接，有了该连接就可以读取"/etc/shadow"文件。攻击者在获得了 shadow 文件后再通过破解其密码以获取 root 用户的密码。

2. 破解"/etc/shadow"文件

用户密码破解是网络攻击中的一个最基本的操作，然而由于系统的复杂性和多样性，这一操作的实现却要视不同的系统和配置来确定不同的思路和方法。

Linux 系统中的"/etc/shadow"和"/etc/passwd"文件中的记录是一一对应的，每行都记录着 Linux 系统中的一个用户账户的登录信息。下面显示的是 shadow 文件中一个用户账户的登录凭证密文信息。

```
root:$1$0QPP9BPb$ZG1h9LtbwX12p.CwrWJ8..:15534:0:99999:7:::
```

它由多个字段组成，不同字段之间用":"隔开。其中，最前面的一个字段"root"表示登录名，与"/etc/passwd"中相同行的用户名一致。"$1$0QPP9BPb$ZG1h9LtbwX12p.CwrWJ8.."存放的是加密后的用户密码，如果该字段为空或"!"，表示该账户没有设置密码；如果为"*"，则表示该用户无法从终端登录，一般应用于服务器端运行账户。除以上特殊情况下，该字段则以"$"作为分隔符，又分为使用算法编号、salt 值和加密后的密码 Hash 值。使用算法包括系统默认的 DES 算法、MD5 算法（显示为"$1"）、Blowfish 算法（显示为"$2"或"$2a"）和 SHA 算法（显示为"$5"或"$6"）。salt 值的长度范围为 2~12 字符，不同的算法长度不同。加密后的密码 Hash 值长度取决于所使用的加密算法，长度范围为 13~24 字符，且使用 Base64 进行编码。其他字段不再进行说明。

从上面关于"/etc/shadow"组成主要字段的介绍中不难发现，无论采取经典的 DES 或 MD5 算法，还是安全性更高的 SHA-256 或 SHA-512 算法，随着随机数 salt 值的加入，该加密机制使攻击者无法直接从密文反推出其明文密码，尤其是 salt 值的应用使彩虹表攻击方法无法实现。从而只有字典攻击和暴力破解两条路径可供选择。John the Ripper 是 Linux

系统上进行密码暴力破解常用的工具,该工具还提供了合成"/etc/passwd"与"/etc/shadow"后再进行破解的专门程序。

3.4.2 利用软件漏洞来提权

在无法获取"/etc/shadow"文件信息的情况下,可以利用 Linux 系统软件中存在的漏洞来完成提权操作。

1. 利用 sudo 程序的漏洞进行提权

su、su -和 sudo 是 Linux 系统提供的管理指令,是让普通用户执行一些或者全部 root 命令的一个工具。然而这些工具在设计与实现上可能存在安全漏洞,当本地提权漏洞被攻击者利用后,就可以将一个普通用户提升为一个具有 root 权限的特权用户。

2017 年 5 月,Linux 系统中的 sudo 程序被发现存在一个高危漏洞(CVE-2017-100036),该漏洞发生在 Linux 的 sudo 命令的 get_process_ttyname()函数中。攻击者可以利用这个漏洞,让普通用户在使用 sudo 命令获得临时权限时执行一些操作,将他们的权限提升到 root 级别。在运用 SELinux 机制的 Linux 系统上,sudo 用户可以使用命令行的输入提升自己的用户权限,还可以覆盖文件系统中的文件,甚至覆盖由 root 用户所拥有的文件。该 Linux 本地提权漏洞会影响从 1.8.6p7 到 1.8.20 的所有版本。

2. 利用 SUID 程序漏洞进行提权

对文件设置了 SUID 后,执行者将获得文件所有者所拥有的权限。由于一个服务和系统软件在运行过程中需要频繁地访问系统资源,而系统资源的访问需要拥有 root 权限。但是出于系统安全考虑,不会给每一个需要访问系统资源的程序都赋予 root 权限,而是仅在需要的时候才赋予,访问结束后将收回。SUID 机制实现了这一安全功能。

Linux 系统中的每一个进程在调用时都会拥有真实 UID(Real User ID)和有效 UID(Effective User ID),其中真实 UID 指的是进程执行者是谁,而有效 UID 指的是进程执行时继承的是谁的访问权限,即某一用户(真实 UID)在用另一用户(有效 UID)的权限来执行某一程序。一般情况下,普通用户在调用进程时,真实 UID 和有效 UID 是统一的。但是在某些特殊情况下,普通用户(真实 UID)会在继承了 root 用户(有效 UID)的权限后去执行某一特殊操作。这种特殊情况是通过为程序设置 SUID 特殊权限位来指定的,给某一程序设置了 SUID 位之后,普通用户在执行这一程序时,调用该进程的有效 UID 就变成了该程序拥有者的 UID(一般为 root 用户),该进程则在继承了拥有者权限(一般为 root 的权限)后执行。

下面以 Linux 系统中 passwd 程序为例来说明 SUID 特殊权限的功能及实现过程。在 Linux 系统中,任何一个普通用户都可以修改自己的密码,这一操作是通过 passwd 程序来实现的。现在的问题是:用户账户信息保存在"/etc/passwd"文件中,而用户密码则经加密处理后保存在"/etc/shadow"文件中,普通用户对"/etc/passwd"文件仅拥有读权限,只有 root 用户才拥有对"/etc/passwd"文件的写权限,而"/etc/shadow"文件只允许 root 进行读、写操作。也就是说,普通用户对"/etc/passwd"文件和"/etc/shadow"文件都没有写权限。那么,为什么普通用户能够修改自己的密码呢? 这就要依靠 SUID 来实现。passwd 程序权限位的设置类似于"-rwsr-r-x 1 root root 30768 Jul 22/2018/usr/bin/passed"（可用"ls-l/usr/bin/passwd"命令查看），即 passwd 的拥有者是 root，且拥有者权限里面本应是 x 的那一列显示的是 s，这说明 passwd 程序具有 SUID 权限。一个具有执行权限的文件在设置了 SUID 权限后，当用户在调用这个文件时将以文件所有者身份执行。也就是说，passwd 程序具有 SUID 权限，该程序的所有者为 root，当普通用户使用 passwd 命令修改自己的密码时，实际以 passwd 程序的拥有者 root 的身份作为该进程的有效 UID 在执行，自然具有对"/etc/passwd"文件和"/etc/shadow"文件的写入权限，passwd 命令执行结束后继承来的 root 权限将自动被解除。当用户在命令提示符下输入了 passwd 命令后，在输入密码前按下 Ctrl+Z 组合键，再执行 pstree -u 命令，在图 3-9 所示的进程树中会发现 passwd 进程的权限不是 wq-js 而是 root。

图 3-9　查看进程树

　　需要指出的是，系统管理员可以根据需要来为普通用户在执行某些程序时调用特殊权限，具体可通过 chmod 命令来设置程序的 SUID 权限位。同时，默认情况下 Linux 系统中有一些程序本身就拥有 SUID 权限位。也就是说，Linux 系统中拥有 SUID 权限位的程序比较多，一旦其中存在安全漏洞的程序被利用于本地提权攻击，就会给攻击者提供具有 root 权限的 Shell，将攻击者使用的账户添加到 root 组中，其破坏性不言而喻。

　　另外，可以利用 SUID 程序的本地缓冲区溢出进行提权攻击。缓冲区溢出一般是针对设置了 SUID 权限位且用户拥有者为 root 的程序，以便在溢出之后通过向目标程序中注入经攻击者特意构造的攻击代码，并以 root 用户权限来执行命令，给出 Shell。

　　还有，可针对 SUID 程序的共享函数库实现本地提权攻击。Linux 系统中的共享函数库（shared libraries）是以.so 为后缀的类似于 Windows 系统动态链接库（以.dll 为后缀）的一种函数库动态加载机制,它允许可执行文件在执行阶段从某个公共的函数库中调用一些功能代码片段。共享函数库中的函数在一个可执行程序启动时被加载,所有的程序在重新运行时都可以自动加载最新的函数库中的函数。使用共享函数库能够帮助系统程序更加有效地利用一些功能模块,并使得代码的维护更加容易。如果攻击者能够利用某些广泛使用的共享函数库中存在的安全漏洞,或者通过设置环境变量提供具有恶意功能的共享函数库,就可以攻击依赖这些共享函数库的 SUID 程序,从而获得本地 root 权限,实现提权操作。Linux 是用 C 语言编写的,glibc 是 Linux 下 GUN 的 C 函数库,glibc 除了封装 Linux 系统所提供的系统服务外,大量的 SUID 程序都依赖于 glibc。为此,一旦 C 函数库的实现中存在安全漏洞,攻击者就有可能实施本地提权攻击,其攻击手段类似于 Windows 环境中的 DLL 注入攻击。

3. 利用 Linux 内核代码漏洞进行提权

对于任何一个操作系统来说,受其运行环境的限制,能够提供的访问资源是有限的,过量或无序的访问会导致资源的耗尽或出现访问冲突。为解决这一问题,UNIX/Linux 对不同的操作赋予不同的执行等级(特权),Intel x86 架构的 CPU 提供了 0～3 共 4 个特权级,数字越小,等级越高,Linux 操作系统中主要采用了 0 和 3 两个特权级,分别对应的是内核态和用户态。运行在内核态的进程可以执行任何操作并且在资源的使用上没有限制,而运行于用户态的进程可以执行的操作和访问的资源都会受到限制。出于资源有效利用和系统安全的考虑,很多程序开始时运行于用户态,但在执行的过程中,当需要在内核权限下才能够执行时,就涉及从用户态切换到内核态,类似的应用在前文已经有了介绍(如 SUID 的使用)。

不管是运行在内核态的代码,还是运行在用户态的应用程序,以及位于用户态的进程向内核的调用,甚至是程序在运行过程中从用户态向内核态的切换,都会存在程序漏洞或操作机制上的安全隐患。尤其是 Linux 的内核代码,因其具有开源性而成为攻击者研究的主要对象。一旦发现内核代码中存在高危提权漏洞,攻击者便可以方便地对用户进行提权操作,并实现对大量主机系统的操作,其利用价值和产生的威胁是可想而知的。

2016 年 1 月,Linux 系统被发现在内核中存在一个高危级别的本地提权 0day 漏洞(编号为:CVE-2016-0728),该漏洞属于 Linux 平台上的 UAF(Use After Free)漏洞。其中,UAF 漏洞的产生根源是迷途指针(dangling pointer),已分配的内存释放之后,其指针并没有因为内存释放而变为 NULL,而是继续指向已释放内存。如果是良性迷途指针,该指针不会再被使用;而如果是恶性迷途指针,则该指针还会被用来对已释放内存进行读/写操作。CVE-2016-0728 漏洞的产生,主要是由于 keyrings 组件中的引用计数问题。keyrings 的主要功能是为驱动程序在内核中保留或缓存安全数据、身份认证密钥、加密密钥及其他数据。它使用一个 32 位的无符号整数做引用计数,但是在计数器出现溢出的时候没有进行合理的处理。当对象的引用计数达到最大时会变成 NULL,因此释放对象的内存空间。而此时程序还保留对引用对象的引用,所以形成了 UAF 漏洞,可实现对本地用户的提权操作。该漏洞影响 Linux 内核 3.8 及以前版本,已影响到大量的 Linux 个人计算机、服务器及大量安卓设备(包括智能手机和平板电脑)。

3.4.3 针对本地提权攻击的安全防御方法

针对本地提权攻击，最有效的安全防范方法依然是及时更新系统的补丁程序，以便在第一时间修补存在的安全漏洞。除此之外，结合本节介绍的几类提权攻击方法，下面主要基于Linux服务器的应用，从系统管理的角度提些建议。

针对SUID特权程序，管理员首先要清楚Linux系统在默认安装时，哪些系统程序使用了SUID特权位设置，程序如果不需要就尽可能将其禁用。对于在Linux系统上运行的应用程序，管理员必须知道是否会启用SUID特权位设置，并评估可能存在的安全风险。对于安全风险大的SUID特权程序，应尽可能去除SUID特权位的设置，如果确实要使用，必须实时关注其安全状况。即使是安全风险小的SUID特权程序，管理员也要做到"清单式"管理，即对使用的SUID特权程序建立应用清单，及时安装安全补丁程序。

针对利用代码漏洞进行本地提权的问题，最根本的解决办法还是及时升级操作系统并安装补丁程序，同时辅助以必要的安全配置。例如，禁止root用户进行远程登录、对特权用户设置强口令、使用SSH对服务器进行远程管理等。

另外，针对Linux在访问控制机制中存在的本地提权漏洞，可使用SELinux安全增强模块来提高Linux抵御本地攻击的能力。早期的Linux采用自主访问控制（Discretionary Access Control，DAC）来保证系统的安全性，根据用户标识和拥有者权限来确定是否允许访问。这种机制的缺陷是忽略了用户的角色、数据的敏感性和完整性、程序的功能和可信性等安全信息，因此不能提供足够的安全性保证。而Linux在2.6内核之后集成了SELinux组件，在该组件中引入了强制访问控制（Mandatory Access Control，MAC）机制，可以有效地解决早期Linux系统中存在的一些问题。MAC根据用户操作对象（如普通文件、目录、设备、端口、被调用的进程等）所含信息的敏感性，以及用户操作（如读、写、执行等）在访问这些信息时的安全授权来限制对用户操作对象的访问。SELinux是一种通用的、灵活的、细粒度的MAC机制，为用户操作和用户操作对象定义了多种安全策略，能够最大限度地限制进程的权限，保护进程和数据的安全性、完整性和机密性，从而解决了DAC的脆弱性和传统MAC的不灵活性等问题。

习题

1. 简述Linux系统的安全机制及主要实现方法。
2. 分析PAM技术的实现过程，并简述其应用特点。
3. 分析Linux的权限分配特点及访问控制机制的实现方法。
4. Linux环境中的用户账户分为哪几类？如何获取其信息？如何进行安全防范？
5. 结合安全漏洞的概念，分析漏洞在网络远程渗透攻击过程中发挥的功能，以及如何进行安全防范？
6. 以本章介绍的"5·19断网事件"为例，详细分析DNS服务器存在的安全隐患及攻击的实现过程。在此基础上，结合Linux环境下BIND软件的配置方法，简述DNS服务器的安全防范措施。

7. 结合实际部署的 Apache Web 服务器,通过具体的操作,分析其存在的主要安全缺陷及其可能产生的结果,并简述其安全防范方法。

8. 简述分块编码远程溢出的原理及实现方法。

9. 通过实际操作,掌握利用.htaccess 对 Apache 服务器进行安全保护的方法。

10. 简述 Linux 系统中对普通用户账户进行提权的方法。

11. 通过实际操作,在掌握 SUID 特殊权限位功能及设置方法的基础上,以 Linux 系统中的 passwd 程序为例来说明 SUID 特殊权限的实现过程和应用特点。

第4章

恶意代码的攻防

恶意代码(Unwanted Code、Malicious Code 或 Malware)是指未经授权认证,攻击者从其他计算机系统经存储介质或网络传播,以破坏计算机系统完整性为目标的一组指令集。该指令集并非全部是二进制执行文件,还包括脚本语言代码、宏代码或寄生于其他代码中的一段指令等。恶意代码由攻击者根据个人意图而编写,其目的包括窃取他人计算机上的信息、远程控制被攻击的计算机、占用他人计算机或网络资源、拒绝服务、进行破坏、炫耀个人技术或恶作剧等。恶意代码包括计算机病毒、蠕虫、木马、后门、僵尸网络等。恶意代码攻击是所有网络攻击行为中涉及面最广、影响力最大、自动化程度最高的一种攻击方式。涉及面广是指目前恶意代码攻击的对象几乎涉及采用不同结构、不同应用功能、不同通信方式的所有智能设备,以及能够运行程序代码的微系统;影响力大是指一个恶意代码一旦出现,将会借助互联网快速传播,有些恶意代码还会在传播过程中不断演变,以适应环境的变化;自动化程度高是指恶意代码的攻击过程实现了自动化、模块化和智能化,以便能够在更短时间内攻击更多的目标。本章重点从攻击原理和行为分析两个方面介绍恶意代码的攻防技术。

4.1 计算机病毒

计算机病毒是最早出现的恶意代码,也是蠕虫、木马等恶意代码产生的基础,所以较为系统地了解计算机病毒的概念和机制对全面学习恶意代码具有重要意义。

4.1.1 计算机病毒的起源

1949 年,计算机之父约翰·冯·诺依曼(John von Neumann)在《复杂自动机组织》一书中提出了计算机程序能够在内存中自我复制的概念,这为计算机病毒的产生打下了基础。

1960 年,美国人约翰·康维编写了"生命游戏"(Conway's Game of Life)程序。程序运行时屏幕上会出现许多运动变化着的表示"生命元素"的图案,元素在过于拥挤和稀疏时都会因缺少生存条件而死亡,只有处于合适环境中的元素才能自我复制并进行传播,这被称为游戏编程的起源,也是计算机病毒自我复制特征的体现。

1966 年前后,来自美国贝尔实验室的 3 位年轻程序员——道格拉斯·麦基尔罗伊(H. Douglas McIlroy)、维克多·维索特斯克(Victor Vysottsky)及后来的美国国家安全局(NSA)的首席科学家罗伯特·莫里斯(Robert H. Morris)共同开发了一个被命名为"达尔文"(Darwin)的游戏环境。游戏规则是:参与游戏的双方各自编制能够自我复制并可保存在磁芯片(core)存储器中的程序,通过覆盖对手的程序与复制自身将对手程序"杀死",即宣告胜利。该游戏就是著名的"磁芯大战"(Core War)。用于磁芯大战的游戏有多种,如有一个名为"爬行者"的程序(Creeper),每一次执行都会自动生成一个副本,很快计算机中的原有资料就会被这些爬行者侵蚀掉;还有一个名为"侏儒"(Dwarf)的程序在记忆系统中执行,每到第 5 个"地址"(address)便会把那里所储存的资料删除,这会严重破坏原本的程序。磁芯大战游戏程序不但体现了计算机病毒在运行过程中的自我复制和攻击对方的特点,而且实现了多个程序员为了同一个目标而贡献各自的智慧。

1983 年 11 月,美国计算机安全学家费雷德·科恩博士研制出一种在运行过程中可以复制自身的破坏性程序,并将其命名为"Computer Virus"(计算机病毒)。专家们在 VAX11/750 计算机系统上运行此程序,至此,第一个病毒实验成功。

1986 年年初,在巴基斯坦的拉合尔·巴锡特和阿姆杰德两兄弟编写了 Pakistan 病毒,即 Brain(大脑)病毒,此病毒在一年内流传到世界各地。这是世界上第一例传播的病毒。1987 年 10 月,Brain 病毒在美国被发现,此后,世界各地的计算机用户也相继发现了形形色色的计算机病毒,计算机病毒一经出现,便以极其迅猛的速度增长。

4.1.2 计算机病毒的概念

作为一个计算机安全领域被大家熟知的名词,计算机病毒的概念从一提出就随着计算机技术的发展和人们对安全认识的不断加深而动态变化。不同的定义有着不同的侧重点,所以较为全面地了解不同定义的内涵,对深入学习计算机病毒的特征和机制有很大帮助。

1983 年 11 月,计算机病毒之父弗雷德·科恩博士对计算机病毒进行定义:"计算机病毒是一种计算机程序,它通过修改其他程序把自身或其演化体插入它们中,从而感染它们。"并于 1988 年著文强调:"计算机病毒不是利用操作系统的错误或缺陷的程序。它是正常的用户程序,它仅使用那些每天都使用的正常操作。"

汉堡大学(University Hamburg)计算机病毒测试中心的 Vesselin Bontchev 认为:计算机病毒是一种自我复制程序,它通过修改其他程序或它们的环境来"感染"它们,使得一旦调用"被感染"的程序就意味着调用"病毒"的演化体,在多数情况下意味着调用与"病毒"功能相似的复制。

1994 年 2 月 18 日,《中华人民共和国计算机信息系统安全保护条例》第二十八条给出计算机病毒的定义:"计算机病毒是指编制或者在计算机程序中插入的破坏计算机功能或者毁坏数据,影响计算机使用,并能自我复制的一组计算机指令或者程序代码。"

目前,大部分信息安全研究者认为:计算机病毒是一种程序,它用修改其他程序或与其他程序有关信息的方法,将自身的精确复制器或可能演化的复制器放入或链入其他程序,从而感染其他程序。

　　由于计算机病毒与医学上的"生物病毒"有着相似的破坏性和传染性特征，后来把这种能够自我复制且具备破坏功能的计算机程序称为计算机病毒。计算机病毒修改宿主程序，并将自身的精确复制或其演化的复制插入其中，从而感染该宿主程序。由于这种感染特性，病毒可随信息流的扩散而传播，从而破坏信息的完整性。

　　计算机病毒与生物病毒是两个不同范畴的概念。前者是人工制造，后者是自然产物；前者是机器编码，后者是核酸编码；前者是物理存储指令，后者以化学存储方式为主。尽管如此，二者在功能上及危害和感染的本质上是一致的。计算机病毒几乎具有生物病毒全部的生物学特征。从这个意义上来说，计算机病毒是一种可能的人工生命体（即人工病毒），其生命周期可以分为新病毒的产生、病毒传播及潜伏、病毒触发运行及破坏和病毒被反病毒程序查杀，如图 4-1 所示。从图 4-1 中可以看出，病毒变种一般产生于病毒传播、潜伏过程中，同时计算机病毒具有自我繁殖、自我构造、自我进化等生命特征。

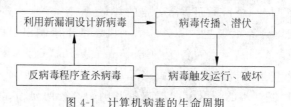

图 4-1　计算机病毒的生命周期

　　基于计算机病毒的算法特征和生命特征，病毒变种或未知病毒一般诞生于已知病毒的演化之中。病毒编写者在制造新病毒时，通常采用如下方式。

（1）对已知病毒进行编码分析。

（2）提取病毒的各种模块。

（3）运用不同的算法对已知病毒的模块进行组合，得到新的病毒。

4.1.3　计算机病毒的基本特征

　　TCP/IP 体系的开放性、计算机程序的自我复制性、计算机网络的共享性及计算机软硬件系统设计上的漏洞，为计算机病毒的产生与发展提供了物质基础，也决定了计算机病毒的结构。计算机病毒的这种结构也是其充分利用系统资源进行破坏活动的最合理体现。如图 4-2 所示，计算机病毒一般由感染标记、初始化模块、感染模块和表现模块组成。概括地讲，计算机病毒具有以下基本特征。

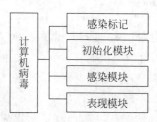

图 4-2　计算机病毒的结构

1. 破坏性

　　只有少部分计算机病毒的编写者是为了炫耀自己的技术，其病毒特征仅仅会影响计算机的正常运行，或者改变用户使用计算机的习惯；大部分计算机病毒都具有破坏性。所谓破坏性，是指计算机病毒在触发后会执行一定的破坏行为来达到病毒编写者的目的，即破坏文件或数据，具体表现为删除文件、格式化磁盘、占用网络带宽，甚至是破坏硬件。

2. 传染性

传染性是指计算机病毒能够把自己复制到其他程序的特性。传染性是计算机病毒最重要的特征，是判断一段程序代码是否为计算机病毒的依据。运行被计算机病毒感染的程序后，该带毒程序可以很快地感染其他程序，使计算机病毒从一个程序传染、蔓延到不同的计算机。同时，使被传染的计算机程序、计算机、计算机网络成为计算机病毒的生存环境及新的传染源。

3. 潜伏性

计算机病毒具有依附于其他程序的寄生能力。依靠病毒的寄生能力，病毒传染给正常的程序和系统后，可能很长一段时间都不会发作，往往有一段潜伏期。病毒的这种特性是为了隐蔽自己，同时在隐蔽状态下去感染其他的程序，并伺机进行破坏行为。

潜伏性的另一个特征是其隐蔽性。隐蔽性是指计算机病毒一般都不独立存在，而是使用嵌入的方法寄生在一个正常的程序中。有一些病毒程序隐蔽在磁盘的引导扇区中，或者磁盘上标记为坏簇的扇区中，以及一些空闲概率比较大的扇区中。这就是病毒的非法可存储性。处于潜伏期的病毒在满足了特定条件后就会显示其破坏特征。

4. 可触发性

处于潜伏期的计算机病毒在其环境满足一定的条件后才会被激活。病毒在具备了一个或多个条件后才会被激活，激活的实质是一种条件控制，病毒程序可以依据编写者的要求，在条件满足时实施攻击行为。具体的激活条件可以是输入特定字符，某个特定日期或特定时刻，病毒内置的计数器达到一定次数等。

5. 衍生性

根据编写者的事先设计，或者其他已经掌握该病毒编写代码的人员的有意修改，计算机病毒在发展、演变过程中可以衍生出一种或多种新病毒，这种新病毒被称为原病毒的变种。能够产生变种的病毒在传播过程中可以有效地隐蔽自己，使之不易被反病毒程序发现及清除。

4.1.4　计算机病毒的分类

计算机病毒不是一个独立存储并运行的文件，而是嵌入一个宿主程序中并借助宿主程序的运行而运行的一段代码。根据病毒所依附的宿主程序的不同，可将计算机病毒主要分为可执行文件病毒、引导扇区病毒和宏病毒3种类型。

1. 可执行文件病毒

可执行文件(executable file)是指可以由操作系统进行加载执行的文件。在不同的操作系统环境下，可执行程序的呈现方式不同。例如，在Windows操作系统下，可执行程序可以是.exe文件、.sys文件、.com文件等类型。

可执行文件病毒嵌入在可执行文件中，当病毒感染了一个可执行文件时，病毒会修改原文件的一些参数，并将病毒自身程序添加到原文件中。当一个病毒嵌入可执行文件时，可嵌入在头部、尾部或插入在文件中间。

如果病毒嵌入在可执行文件的头部，当宿主程序被执行时，操作系统首先会运行病毒代码,然后再运行宿主程序。此类病毒较宿主程序优先取得了运行权,所以用户很难发现病毒的存在。如果病毒嵌入在可执行文件的尾部,病毒为了使自己具有优先运行权,必须修改宿主程序的参数,加入一条跳转指令,使得在宿主程序执行时首先跳转到病毒代码,执行完病毒代码后再运行宿主程序。当病毒插入在文件中间位置时,由于宿主程序被病毒一分为二,一方面需要采用零长度插入技术使得病毒的隐藏更加隐蔽;另一方面病毒插入后不能影响宿主程序的运行,同时还要使病毒优先于宿主程序运行,这对病毒的编写提出了更高的要求。

零长度插入技术是指病毒感染宿主文件时,将其病毒代码放入宿主程序,并不会增加宿主程序的长度,但能够实现攻击行为。此类病毒在感染时,采取了特殊方式,首先在宿主程序中寻找"空洞"(具有足够长度的全部为零的程序数据区或堆栈区),将病毒代码放入"空洞"中;然后改变宿主程序开始处的代码,使隐藏在"空洞"中的病毒代码能够优先运行,并在病毒运行结束时,恢复宿主程序开始处的代码;最后运行宿主程序。

2. 引导扇区病毒

计算机的启动过程如图 4-3 所示。首先,BIOS 启动代码经过一系列的检查后定位到磁盘的主引导区,运行存储在其中的主引导记录;然后,主引导记录从分区表中找到第一个活动分区,并执行其中的分区引导记录;最后,分区引导记录负责装载操作系统。

图 4-3　计算机的启动过程

在以上过程中,引导型病毒的攻击目标是主引导区和分区引导区。通过感染引导区上的引导记录,计算机病毒就可以在系统启动时优先于操作系统取得系统的控制权,实现对系统的控制。

3. 宏病毒

传统意义上,在计算机中存储的.doc/.docx、.pdf、.dwg 等数据文件都是非执行文件,这些文件不会感染可执行文件病毒。但是,目前大量使用的数据文件格式支持在其中保存一些可执行代码,使得应用软件在打开这些数据文件时自动执行所保存的代码,从而完成一些自动化数据处理功能。数据文件中保存的可执行代码称为"宏"(Macro),目前支持宏指令的软件包括 Office、AutoCAD、Flash Player、Adobe Reader 等。

由于保存在数据文件中的宏指令可以在文件打开时被执行,所以这些特定格式的数据文件便成为计算机病毒的攻击目标。宏病毒是一种寄存在数据文件中的计算机病毒,它感染数据文件的方式是将自身以宏指令的方式复制到数据文件中,当被感染了宏病毒的数据文件在应用软件中打开时便自动执行宏指令,完成病毒的引导。以 Word 宏病毒为例,当 Word 文件感染了宏病毒后,一旦用 Word 软件打开该文件,其中的宏就会被执行,于是宏病毒就会被激活,转移到计算机上,并驻留在 Normal 模板上。从此以后,所有自动保存的文档都会"感染"上这种宏病毒,而且如果其他用户打开了感染病毒的文档,宏病毒又会转移到他们的计算机上。

4.1.5　计算机病毒的传播机制

处于隐藏状态的病毒一旦条件具备就会被激活,根据病毒编写者预设的感染机制将自己复制到宿主程序的指定位置。为了在更短时间、更大范围内去感染其他程序,病毒必须寻找一种能够进行快速传播的方式,否则即使病毒的破坏能力很强,但无法快速地感染其他程序,其攻击能力将明显下降。

计算机病毒的传播途径包括介质传播、电子邮件传播和共享文件夹传播等。在计算机病毒出现的早期,计算机之间的文件交换主要使用磁盘,所以病毒多通过感染磁盘中的可执行文件或引导区来传播。现在人们普遍使用 U 盘、移动硬盘、光盘、存储卡等存储介质而不再使用磁盘,计算机病毒也随之发生变化。例如,针对 U 盘的病毒,当隐藏有病毒的 U 盘插入一台计算机中,在使用者双击打开 U 盘文件浏览时,Windows 默认会以 autorun.inf 文件中的设置去运行 U 盘中的病毒程序,此时 Windows 操作系统就会被感染病毒。电子邮件病毒通过在邮件正文或附件中加载病毒代码来传播,目前大部分邮件正文支持 HTML 方式,即当用户在浏览器中打开邮件时,其正文是一个 Web 页面。利用该工作机制,一些病毒便嵌入在 Web 代码中,当用户打开邮件时直接运行或待用户单击链接后自动下载。邮件附件是一些病毒主要的选择目标之一,当感染了病毒的邮件附件被用户下载后,病毒将进入用户所使用的计算机。利用共享文件夹传播感染了病毒的文件是一种常见的病毒传播方式,该方式不仅影响使用 NetBIOS 协议的 Windows"网上邻居"的文件共享,而且影响到使用 SMB 和 CIFS 共享及 P2P 共享,甚至是网盘共享等。利用文件共享机制,病毒还可以搜索可写的共享文件夹,并将自己复制到其中。

4.1.6　计算机病毒的防范方法

计算机病毒的防御需要通过建立有效的防范体系和管理制度,从技术、制度和习惯各个层面同时开展工作,具体可从预防、检测和清除 3 个方面进行计算机病毒的防御。

1. 病毒的预防

有效预防计算机病毒,可从以下几个方面加强管理或提高安全意识。

(1)使用正版软件。正版软件一般有一定的安全保障,不会因为这些软件本身隐藏计算机病毒而感染计算机。

(2)安装反病毒软件。在安装好操作系统后,首先要安装一套功能较为齐全的反病毒软件。

(3)备份重要数据。为了防止重要数据被病毒修改后无法恢复,要养成对重要数据进行及时备份的习惯。

(4)加强文件传输过程中的安全管理。不论是通过 U 盘等移动存储介质在计算机之间复制文件,还是通过网盘、邮箱等方式传输或转发文件,在打开文件之前一定要进行查病毒操作,防止这些文件里隐藏有病毒。

(5)不打开可疑的 Web 链接。对于可疑的邮件附件、Web 链接,不要轻易打开。

2. 病毒的检测

由冯·诺依曼体系结构可知,计算机系统中所有信息最终均以二进制字节序列存储。

因此，计算机病毒检测的实质就是一个依据相关规则与先验知识，通过某种算法对二进制（或十六进制）字节序列进行模式识别的问题。目前，常见计算机病毒的检测方法主要分为以下几种类型。

（1）特征代码法。特征代码法是利用已经创建的计算机病毒的特征代码病毒样本库，在具体检测时比对被检测的文件中是否存在病毒样本库中存在的代码，如果有就认为该文件感染了病毒，并根据样本库来确定具体的病毒名称。

很显然，特征代码法的有效性建立在完善的病毒样本库的基础上。病毒样本库的建立需要采集已知病毒的样本，即提取病毒的特征代码。提取病毒特征代码的基本原则是提取到的病毒特征代码具有独特性，即不能与正常程序的代码吻合；同时，提取到的病毒特征代码长度应尽可能小些，以减小比对时的空间和时间开销。

特征代码法的优点是检测准确、速度快、误报率低，且能够确定病毒的具体名称；但缺点是不能检测出病毒样本库中没有的新病毒。该方法在单机环境中的检测效果较好，但在网络环境中的检测效率较低。

（2）校验和法。校验和法是指首先计算出正常文件程序代码的校验和（如 Hash 值），并保存在数据库中，在具体检测时将被检测程序的校验和与数据库中的值进行比对，以判断是否感染了计算机病毒。

校验和法的优点是可检测到各种计算机病毒（包括未知病毒），能够发现被检测文件的细微变化；但其缺点是误报率较高，因为某些正常的程序操作引起的文件内容改变会被误认为是病毒攻击所致。同时，该方法无法确定具体的病毒名称。

（3）状态监测法。状态监测法是利用计算机病毒感染及破坏时表现出的一些与正常程序不同的特殊的状态特征，以及人为的经验来判断是否感染了计算机病毒。通过对计算机病毒的长期观察，识别出病毒行为的具体特征。当系统运行时，监视其行为，如果出现病毒感染，立即进行识别。

从原理上讲，状态监测法可以发现包括未知病毒的几乎所有的病毒，但与校验和法一样都可能产生误报，同时无法识别病毒的具体名称。

（4）软件模拟法。软件模拟法专门针对多态病毒。多态病毒是指每次传染产生的病毒副本特征代码都发生变化的病毒。由于多态病毒没有固定的特征代码，并且在传播过程中使用不固定的密钥或随机数来加密病毒代码，或者在病毒运行过程中直接改变病毒代码，所以增加了病毒检测的难度。软件模拟技术可监视病毒的运行，并可以在设置的虚拟机环境下模拟执行病毒的解码程序，将病毒密码进行破译，还原真实的病毒程序代码。

软件模拟法将虚拟机技术应用到计算机病毒的检测中，可以有效应对通过加密进行变形的病毒，但对计算机软硬件环境的要求相对较高。

3. 病毒的清除

计算机病毒的清除是一个较为复杂的过程，从操作过程来看可分为手工清除和软件清除两种方法。手工清除是操作系统在检测到病毒后，从受感染的文件中删除病毒并恢复正常的程序；而软件清除一般是使用专用杀毒软件实现对病毒的自动检测和清除操作。不管采用哪种方法，其目的都是将病毒代码从受感染的程序中清除而不破坏原有的程序。例如，对于引导型病毒，可识别针对的是 Boot 扇区、FAT 表和主引导区中的哪一种，从而有针对性地采取相应的方法来清除病毒代码；对于文件型病毒，则需要在完全掌握病毒特征代码后，将特征代码从原有的程序中清除掉。不过，如果文件同时遭到多种病毒的交叉感染，就需要同时采取多种方法对病毒代码进行清除操作。

4.2 蠕虫

蠕虫(也称为网络蠕虫)是一种智能化、自动化的,综合网络攻击、密码学和计算机病毒技术,不需要计算机使用者干预即可运行的攻击程序或代码。它会扫描和攻击网络上存在系统漏洞的节点主机,通过局域网或者国际互联网从一个节点传播到另外一个节点。网络蠕虫具有智能化、自动化和高技术化的特征。随着互联网应用的不断普及和深入,蠕虫对计算机系统安全和网络安全的威胁日益增强。特别是在网络环境下,多样化的传播途径和复杂的应用环境使蠕虫的发生频率增加,潜伏性变强,覆盖面更广,造成的损失也更大。

视频讲解

4.2.1 网络蠕虫的特征与工作机制

计算机病毒、网络蠕虫(简称蠕虫)和木马都属于恶意代码,在蠕虫刚刚出现时将其作为计算机病毒对待,但在发展过程中蠕虫逐渐形成了其独有的特征和传播机制。

1. 网络蠕虫与计算机病毒之间的区别

自从 1988 年 Morris(莫里斯)蠕虫爆发后,为了区分蠕虫和病毒,对病毒重新进行了定义:计算机病毒是一段代码,能把自身加到其他程序包括操作系统上,它不能独立运行,需要由它的宿主程序运行来激活;而网络蠕虫是通过网络传播,无须用户干预且能够独立地或者依赖文件共享主动攻击的恶意代码,通过不停地获得网络中存在漏洞的计算机上的部分或全部控制权来进行传播。网络蠕虫强调自身的主动性和独立性,具有主动攻击、行踪隐蔽、利用漏洞、造成网络拥塞、降低系统性能、产生安全隐患、反复性和破坏性等特征。

2. 网络蠕虫的功能结构

网络蠕虫的功能结构包括主体功能和辅助功能两部分。其中,主体功能包括信息搜集模块、探测模块、攻击模块和自我推进模块 4 个模块;辅助功能包括实体隐藏模块、宿主破坏模块、通信模块、远程控制模块和自动更新模块 5 个模块。图 4-4 是网络蠕虫的功能结构,表 4-1 是对各功能模块的描述。

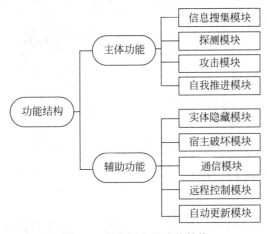

图 4-4 网络蠕虫的功能结构

表 4-1 网络蠕虫功能模块的描述

模 块 名 称	功能模块的描述
信息搜集模块 （Information Collection Module）	决定对本地或目标网络进行信息搜集的算法,本机系统信息、用户信息、邮件列表、对本机信任或授权的主机、本机所处网络的拓扑结构、边界路由信息等
探测模块 （Probe Module）	完成对特定主机的脆弱性检测,并决定采用哪种渗透方式发起攻击
攻击模块 （Attack Module）	该模块利用获得的安全漏洞,建立传播途径。在攻击方法上是开放的、可扩充的
自我推进模块 （Self-propagating Module）	该模块可以采用各种形式生成各种形态的蠕虫副本,在不同主机间完成蠕虫副本传递
实体隐藏模块 （Concealment Module）	包括对蠕虫各个实体组成部分的隐藏、变形、加密及进程的隐藏,主要提高蠕虫的生存能力
宿主破坏模块 （Crash Module）	该模块用于摧毁或破坏被感染主机,破坏网络正常运行,在被感染主机上留下后门等
通信模块 （Communication Module）	该模块能使蠕虫间、蠕虫同黑客之间进行交流(这是未来蠕虫发展的重点);利用通信模块,蠕虫间可以共享某些信息,使蠕虫的编写者更好地控制蠕虫行为
远程控制模块 （Remote Control Module）	该模块的功能是调整蠕虫行为,控制被感染主机,执行蠕虫编写者下达的指令
自动更新模块 （Automatic Updating Module）	该模块可以使蠕虫编写者随时更新其他模块的功能,从而实现不同的攻击目的

3. 网络蠕虫的工作机制

网络蠕虫的工作机制如图 4-5 所示。通过前文对网络蠕虫功能结构的介绍,尤其是从网络蠕虫主体功能模块实现可以看出,网络蠕虫的攻击行为可以分为信息搜集（collect information）、探测（probe）、攻击（attack）和自我推进（self-propagate）4 个阶段。其中,信息搜集主要完成对本地和目标节点主机的信息汇集,探测主要完成对具体目标主机服务漏洞的检测,攻击利用已发现的服务漏洞实施攻击,自我推进完成对目标节点的感染。

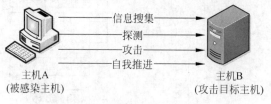

图 4-5　网络蠕虫的工作机制

4.2.2　网络蠕虫的扫描方式

蠕虫利用系统漏洞进行传播。在传播前首先要进行对攻击目标主机的探测,设计良好的扫描策略能够加速蠕虫传播。在 Internet 中,理想状态下一个通过精心设计的扫描策略能够使蠕虫在最短时间内找到全部可以感染的主机。按照对目标地址空间的选择方式的不同,可以将蠕虫的扫描方式分为以下几种类型。

1. 选择性随机扫描

蠕虫在对目标主机进行扫描时,如果遍历所有的主机在 Internet 环境中几乎是不现实的,最可行的方式是有选择性地进行扫描。如果采取随机扫描方式,会对整个地址空间的 IP 随机抽取进行扫描,而选择性随机扫描(Selective Random Scan)将最有可能存在漏洞主机的地址集作为扫描的地址空间。选择性随机扫描也是随机扫描方式的一种。在选择性随机扫描中,所选的目标地址按照一定的算法随机生成,如互联网地址空间中未分配或者保留的 IP 地址块可排除在扫描范围之外。选择性随机扫描具有算法简单、易实现的特点,如果与本地优先原则结合,则能达到更好的传播效果。但选择性随机扫描容易引起网络阻塞,使得网络蠕虫在爆发之前易被发现,隐蔽性差。

2. 顺序扫描

顺序扫描(Sequential Scan)是指被感染主机上蠕虫会随机选择一个 C 类网络地址进行传播。根据本地优先原则,蠕虫一般会选择它所在网络内的 IP 地址段。如果蠕虫扫描的目标主机 IP 地址的主机 ID 为 n,则扫描的下一个地址 IP 为 $n+1$ 或者 $n-1$。

3. 目标地址列表扫描

目标地址列表扫描(Hit-list Scan)是指网络蠕虫在寻找受感染的目标之前预先生成一份可能易传染的目标列表,然后对该列表进行攻击尝试和传播。目标列表生成方法有两种:一种是通过小规模的扫描或 Internet 的共享信息产生目标列表;另一种是通过分布式扫描生成全面的列表数据库。

4. 路由扫描

路由扫描(Routable Scan)是网络蠕虫根据网络中的路由信息,对 IP 地址空间进行选择性扫描的一种方法。采用随机扫描的网络蠕虫会对未分配的地址空间进行探测,而这些地址大部分在 Internet 上是无法路由的(保留的私有 IP 地址),因此会影响到蠕虫的传播速度。如果网络蠕虫能够知道哪些 IP 地址是可路由的,它就能够更快、更有效地进行传播,并能逃避一些对抗工具的检测。路由扫描极大地提高了蠕虫的传播速度,以 CodeRed(红色代码)为例,路由扫描蠕虫的感染率是随机扫描蠕虫感染率的 3.5 倍。路由扫描的不足是网络蠕虫传播时必须携带一个路由 IP 地址库,蠕虫代码量大。

5. DNS 扫描

DNS 扫描(DNS Scan)是指网络蠕虫从 DNS 服务器上获取 IP 地址来建立目标地址库。由于该方式中被扫描的对象是为 Internet 提供实时域名解析服务的 DNS 服务器,所以该扫描方式的优点是获得的 IP 地址块具有针对性,且可用性强。DNS 扫描的不足是较难得到 DNS 记录的完整地址列表,而且蠕虫代码需要携带较大的地址库,传播速度慢,同时目标地址列表中的地址数受公共域名主机的限制。

6. 分治扫描

分治扫描(Divide-conquer Scan)是网络蠕虫之间相互协作、快速搜索易感染主机的一种方式。网络蠕虫发送地址库的一部分给每台被感染的主机,然后每台主机再去扫描它所获得的地址。主机 A 感染了主机 B 以后,主机 A 将它自身携带的地址分出一部分给主机B,然后主机 B 开始扫描这一部分地址。分治扫描方式的不足是存在"坏点"问题,即在蠕虫传播的过程中,如果一台主机死机或崩溃,那么所有传给它的地址库就会丢失。"坏点"问题发生得越早,影响就越大。常用的解决"坏点"问题的方法有 3 种:在蠕虫传递地址库之前产生目标列表;通过计数器来控制蠕虫的传播情况,蠕虫每感染一个节点,计数器加 1,然后根据计数器的值来分配任务;蠕虫传播的时候随机决定是否重传数据库。

7. 被动式扫描

被动式扫描(Passive Scan)传播蠕虫不需要主动扫描就能够传播。这类蠕虫会等待潜在的攻击对象来主动接触它们,或者依赖用户的活动去发现新的攻击目标。由于这类蠕虫需要用户触发,所以传播速度很慢,但这类蠕虫在发现目标的过程中并不会引起通信异常。这类蠕虫自身有更强的安全性。例如,CRClean 会等待 CodeRedII 的探测活动,当它探测到一个感染企图时,就发起一个反攻来回应该感染企图,如果反攻成功,它就删除 CodeRedII,并将自己安装到相应的机器上。

通过以上对 7 类蠕虫扫描方式的介绍,有 4 个关键因素影响着网络蠕虫的传播速度:目标地址空间选择、是否采用多线程搜索易感染主机、是否有易感染主机列表(Hit-list)及传播途径的多样化。各种扫描策略的差异主要在于目标地址空间的选择。网络蠕虫感染一台主机的时间取决于蠕虫搜索到易感染主机所需要的时间。因此,网络蠕虫快速传播的关键在于设计良好的扫描方式。一般情况下,采用 DNS 扫描传播的蠕虫速度最慢,选择性扫描和路由扫描比随机扫描的速度要快。分治扫描目前还没有找到易于实现且有效的算法。

4.2.3　网络蠕虫的防范方法

网络蠕虫已经成为网络系统的极大威胁,由于网络蠕虫具有相当的复杂性和行为不确定性。从目前发生的多起蠕虫爆发事例可以看出,从发现漏洞到蠕虫爆发的时间越来越短,但从蠕虫爆发到蠕虫被消灭的时间却越来越长,网络蠕虫的防范和控制越来越困难。目前,网络蠕虫的防御和控制主要采用人工手段,针对主机主要采用手工检查、清除,利用软件检查、清除,给系统打补丁、升级系统,采用个人防火墙,断开感染蠕虫的机器等方法;针对网络主要采用在防火墙或边缘路由器上关闭与蠕虫相关的端口、设置访问控制列表和设置内容过滤等方法。

由于蠕虫的爆发非常迅速,而且不同类型的蠕虫针对的攻击对象不尽相同,所以采取的防御手段也有所不同。下面结合不同类型的蠕虫,介绍几种防御方法。

1. 基于蜜罐技术的蠕虫检测和防御

早期蜜罐(HoneyPot)技术主要用于防范网络攻击,随着技术的发展,蜜罐技术也开始应用于蠕虫等恶意代码的检测和防御中。例如,在边界网关或易受到蠕虫攻击的地方放置多个蜜罐,蜜罐之间可以相互共享捕获的数据信息,采用 NIDS(Network Intrusion Detection System,网络入侵检测系统)的规则生成器产生网络蠕虫的匹配规则,当网络蠕虫根据一定的扫描策略扫描存在漏洞主机的地址空间时,蜜罐可以捕获网络蠕虫扫描攻击的数据,然后采用特征匹配来判断是否有网络蠕虫攻击。

基于蜜罐技术的蠕虫检测和防御方法可以转移蠕虫的攻击目标,降低蠕虫的攻击效果。同时,蜜罐为网络安全人员研究蠕虫的工作机制、追踪蠕虫攻击源、预测蠕虫的攻击目标等提供了大量有效的数据。另外,由于网络蠕虫缺乏判断目标系统用途的能力,所以蜜罐具有良好的隐蔽性。该技术的不足表现为蜜罐能否诱骗网络蠕虫依赖于大量的因素,包括蜜罐命名、蜜罐放置在网络中的位置、蜜罐本身的可靠性等。同时,虽然蜜罐可以发现存在大量扫描行为(随机性扫描、顺序扫描等)的网络蠕虫,但针对路由扫描和 DNS 扫描蠕虫时效果欠佳。另外,蜜罐很少能在蠕虫传播的初期发挥作用。

2. 用良性蠕虫抑制恶意蠕虫

最早网络蠕虫引入计算机领域是为了进行科学辅助计算和大规模网络的性能测试,蠕虫本身也体现了分布式计算的特点,所以可以利用良性蠕虫来抑制恶意蠕虫。良性蠕虫首先应具有高度的可控性和非破坏性,其次应尽量避免增加网络负载。良性蠕虫可以采用以下几种传播方式:利用恶意蠕虫留下的后门;利用恶意蠕虫攻击的漏洞;利用其他未公开的系统漏洞;利用被攻击主机的授权等。

良性蠕虫可以有效地消除恶意蠕虫,修补系统漏洞,从而减少网络中易感染主机的数量。例如,Cheese 蠕虫利用 Lion 蠕虫留下的后门控制被感染的主机,清理掉主机上的 Lion蠕虫留下的后门,修补系统的漏洞;W32. Nachi. Worm 利用 W32. Blaster 所使用系统的漏洞对抗 W32. Blaster。

良性蠕虫具有以下优势:良性蠕虫对用户透明,不需要隐蔽模块,可以充分利用集中控制的优势,主体程序、数据和传播目标都从控制中心获得;采用分时、分段慢速传播,尽量不占用网络带宽和主机资源;同一个良性蠕虫可以执行不同的任务,只需从控制中心下载不同的任务模块,包括进行分布式计算或者采集网络数据等,然后将结果汇总到控制中心。良性蠕虫是未来蠕虫研究的方向。

3. 切断高连接用户

随着 QQ、微信、新浪 UC、Skype 等即时通信技术(Instant Messaging,IM)的快速发展,针对该类应用的 IM 蠕虫开始出现并产生威胁。即时通信是一种基于 Internet 的网络应用,任意两个即时通信客户端在即时通信服务器的帮助下能够实现方便而快捷的信息通信。IM 蠕虫是网络蠕虫的一种,是一种利用即时通信系统和即时通信协议的漏洞或者技术特征进行攻击,并在即时通信网络内传播的网络蠕虫。

针对 IM 蠕虫,可采取的防御方法是切断用户与服务器之间的连接,使其无法进行即时通信,从而减缓 IM 蠕虫的传播速度,为 IM 蠕虫分析和发布补丁赢得时间。该方法虽然能够起到延缓 IM 蠕虫传播的作用,但是仍会给一些用户带来严重的影响。

4.3 木马

出现于 1986 年的"PC-Write 木马"是世界上第一个计算机木马,它伪装成共享软件PC-Write 的 2.72 版本(事实上,编写 PC-Write 的 Quicksoft 公司从未发行过 2.72 版本),一旦用户信以为真,运行该木马程序,那么结局就是用户硬盘被格式化。

4.3.1　木马的概念及基本特征

作为恶意代码家族中一个特殊的成员,木马技术伴随着整个互联网技术的发展快速发展,其概念的内涵和外延也在不断变化,其特征也更加突出。

1. 木马的概念

特洛伊木马(Trojan)简称木马,是一种新型的恶意代码。它利用自身所具有的植入功能,或依附其他具有传播能力的病毒,或通过入侵后植入等多种途径,进驻目标主机,搜集其中各种敏感信息,并通过网络与外界通信,向指定的地址发回所搜集到的各种敏感信息(如窃取口令、银行账号和密码等)。同时它还会接收植入者的指令,完成其他各种操作,如修改指定文件、格式化硬盘等,而且还会对目标主机进行远程控制。

2. 木马与其他恶意软件之间的关系

计算机病毒、蠕虫和木马都属于恶意代码,但木马的一个显著特征是其具有较强的潜伏隐藏能力,隐藏手段与工作平台密切相关。通过判别是否具有传染性可将木马与病毒、蠕虫区别开来,通过判别传染途径是局限于本机还是透过网络可将病毒和蠕虫区别开来。这是因为:计算机病毒寻找机会感染主机系统中的程序,受感染的程序再感染其他程序,在本地系统进行复制传播;计算机病毒寄生在其他程序上,依赖于特定的工作平台的蠕虫主要通过网络从一台主机复制感染到另一台主机,占用系统资源和网络带宽;蠕虫一般不需要寄生在其他程序上,也不依赖于特定的工作平台;而木马不以感染其他程序为目的,一般也不使用网络进行主动复制传播。

传统的木马主要通过远程控制目标计算机,在目标计算机上进行查看、删除、移动、上传、下载、执行文件等非法操作,或者从事垃圾信息发送、键盘记录、关闭窗口、鼠标控制、计算机基本设置等任务。随着互联网的发展,尤其是移动互联网的不断普及,Web技术的应用催生了网页木马的出现。目前,在各类木马中,网页木马已是一枝独秀,成为Web安全的主要隐患,而且随着各类芯片的广泛使用,主要针对芯片攻击的硬件木马开始出现并对特定硬件进行破坏。为此,本节随后的内容重点介绍网页木马和硬件木马。

3. 木马的特征

一个典型的木马一般具有以下4个基本特征。

(1) 有效性。在整个网络入侵过程中,木马经常是整个过程中一个重要的环节和组成部分。木马运行在目标主机上就必须能够实现入侵者的某些企图,因此有效性就是指入侵的木马能够与其控制端(入侵者)建立某种有效联系,从而能够充分控制目标主机并窃取其中的敏感信息。因此有效性是木马病毒的一个最重要特点。入侵木马对目标主机的监控和信息采集能力也是衡量其有效性的一个重要内容。

(2) 隐蔽性。木马必须有能力长期潜伏于目标主机中而不被发现。一个隐蔽性差的木马往往容易暴露自己,进而被杀毒(或木马专杀)软件甚至用户手工检查出来,失去了木马存在的价值。因此一个木马的隐蔽性越好,其生命周期就越长。

(3) 顽固性。当木马被检查出来(失去隐蔽性)之后,为继续确保其入侵的有效性,木马往往还具有另一个重要特性——顽固性。木马的顽固性是指有效清除木马的难易程度。如果一个木马在被检查出来之后,仍然无法将其一次性有效清除,那么该木马就具有较强的顽固性。

(4) 易植入性。一个木马要能够发挥作用,其先决条件是能够进入目标主机(植入操作)。因此易植入性就成为木马有效性的首要条件。欺骗是自木马诞生起最常见的植入手段,所以一些使用广泛的工具软件就成为木马经常选择的隐藏处。利用系统漏洞进行木马植入也是木马入侵的一种重要途径。目前木马技术与蠕虫技术的结合使得木马具有类似蠕虫的传播性,这也就极大提高了木马的易植入性。

近年来,木马技术取得了较大的发展,目前已彻底摆脱了传统模式下植入方法原始、通信方式单一、隐蔽性差等不足。借助一些新技术,木马不再依赖于对用户进行简单的欺骗,也可以不必修改系统注册表,不开新端口,不在磁盘上保留新文件,甚至可以没有独立的进程,这些新特点在提升了木马性能的同时,也增加了防御的难度。

4.3.2　木马的隐藏技术

木马程序与普通远程管理程序的一个显著区别是它的隐藏性。木马被植入后,通常利用各种手段来隐藏痕迹,以避免被发现和追踪,尽可能延长生存期。木马的隐藏技术主要分为本地隐藏、通信隐藏和协同隐藏 3 种。虽然每一种隐藏技术的实现方法不尽相同,但归纳起来主要分为以下 3 种。

(1) 将木马隐藏(附着、捆绑或替换)在合法程序中。

(2) 修改或替换相应的检测程序,对有关木马的输出信息进行隐蔽处理。

(3) 利用检测程序本身的工作机制或缺陷巧妙地避过木马检测。使用这类方法无须修改检测程序,就能达到隐藏的目的。

1. 本地隐藏

本地隐藏是指木马为了防止被本地用户发现而采取的隐藏手段,主要包括文件隐藏、进程隐藏、网络连接隐藏、内核模块隐藏、原始分发隐藏等。

(1) 文件隐藏。当采用文件隐藏技术时,可通过以下方法实现。

① 定制文件名,伪装成正常的程序。

② 修改与文件系统操作有关的程序,以过滤掉木马信息。

③ 根据攻击要求,将木马存放在特殊区域中,如对硬盘进行低级操作时可将一些扇区标志为坏区,将木马文件隐藏在这些位置。还可以将文件存放在引导区中避免被一般用户发现。

在 Linux 系统中,可以利用可加载内核模块(Loadable Kernel Module ,LKM)技术替换系统调用,以隐藏木马文件信息。

(2) 进程隐藏。进程隐藏的过程如下。

① 通过附着或替换合法进程,以合法身份运行。

② 修改进程管理程序,隐藏进程信息。

③ 使用 LKM 技术替换系统调用,隐藏木马进程结构。

由于进程管理程序不列出进程标识号(Pid)为 0 的进程信息,因此把隐藏进程的 Pid 设为 0(空转进程)也可以实现进程隐藏。

(3) 网络连接隐藏。网络连接隐藏的过程如下。

① 复用正常服务端口,为木马通信数据包设置特殊隐性标识,以利用正常的网络连接

隐藏木马的通信状态。

② 修改显示网络连接信息的相关系统调用，以过滤掉木马连接信息。

③ 使用网络隐蔽通道技术隐藏木马通信连接信息。

④ 利用 LKM 技术修改网络通信协议栈，避免单独运行监听进程，以躲避检测异常监听进程的检测程序。

（4）内核模块隐藏。内核级木马一般针对 Linux 系统，使用 LKM 技术实现。Linux 操作系统将 LKM 信息存放在一个单链表中，删除链表中相应的木马信息就可以规避一些命令的查询。例如，执行 lsmod 命令时，会列出所有已载入系统的模块。由于 LKM 工作在操作系统的内核空间，对 LKM 的追踪要比一般程序困难得多。

（5）原始分发隐藏。软件开发商可以在软件的原始分发中植入木马，如"K Thompson"编译器木马就采用了原始分发隐藏技术。其主要思想如下。

① 修改编译器的源代码 A，植入木马，包括针对特定程序的木马（如 login 程序）和针对编译器的木马。经修改后的编译器源码称为 B。

② 用干净的编译器 C 对 B 进行编译得到被感染的编译器 D。

③ 删除 B，保留 D 和 A，将 D 和 A 同时发布。

以后，无论用户怎样修改 login 源程序，使用 D 编译后的目标 login 程序都包含木马。而更严重的是用户无法查出原因，因为被修改的编译器源码 B 已被删除，发布的是 A，用户无法从源程序 A 中看出破绽，即使用户使用 D 对 A 重新进行编译，也无法清除隐藏在编译器二进制码中的木马。

相对其他隐藏手段，原始分发的隐藏手段更加隐蔽。这主要是由于用户无法得到 B，因此对这类木马的检测非常困难。从原始分发隐藏的实现机制来看，木马植入的位置越靠近操作系统底层越不容易被检测出来，对系统安全构成的威胁也就越大。

2. 通信隐藏

木马常用的通信隐藏方法是对传输内容加密（但这只能隐藏通信内容，无法隐藏通信信道），采用网络隐蔽通道技术不仅可以成功地隐藏通信内容，还可以隐藏通信信道。

传统的隐蔽通道是定义在操作系统进程之间的，后来发展到了网络环境中。在 TCP/IP 栈中，有许多协议提供了可供特殊条件下使用的填充字段或保留字段，这些字段可用于建立网络隐蔽通道。木马可以利用这些网络隐蔽通道突破网络安全机制。

采用网络隐蔽通道技术，如果选用一般安全策略都允许的端口通信（如 80 端口），则可轻易穿透防火墙和规避入侵检测系统等安全机制的检测，从而具有很强的隐蔽性。

3. 协同隐藏

协同隐藏是指木马为了能更好地实现隐藏，达到长期潜伏的目的，通常融合多种隐藏技术，多个木马或多个木马部件协同工作，保证木马的整体隐藏能力。

在操作系统中，客体的表现是以其属性为基础的，如一个运行中的程序包括程序文件目录、程序文件、进程和通信连接状态等属性。为了隐匿表现特征，木马需要将其所有属性隐藏。由于木马程序一般包含多个属性，因此仅仅依靠单个木马程序或一种隐藏方法不能很好地实现木马的隐藏。木马通常包含一个完成主要功能的主木马和若干个协同工作的子木马。子木马协助主木马实现功能和属性的隐藏。木马协同隐藏可以是多个木马之间的协同,也可以是一个木马的多个模块之间的协同。

4.3.3 网页木马

网页木马是在宏病毒、传统木马等恶意代码基础上,随着 Web 技术的广泛应用发展出来的一种新形态的恶意代码。类似于宏病毒通过 Word 等文档中的恶意宏命令实现攻击,网页木马一般通过 HTML 页面中的一段恶意脚本达到在客户端下载、执行恶意可执行文件的目的,而整个攻击流程是一个"特洛伊木马式"的隐蔽的、用户无察觉的过程。因此,通常称这种攻击方式为"网页木马"。

1. 网页木马的工作方式

网页木马通常被人为植入 Web 服务器端的 HTML 页面中,目的在于向客户端传播恶意程序。网页木马的具体执行过程:当客户端访问植入了木马的 HTML 页面时,它利用客户端浏览器及其插件存在的漏洞将恶意程序自动植入客户端。网页木马的表现形式是一个或一组有链接关系、含有(用 VBScript、JavaScript 等脚本语言编写的)恶意代码的 HTML 页面,恶意代码在该页面或一组相关页面被客户端浏览器加载、渲染的过程中被执行,并利用浏览器及插件中的漏洞隐蔽地下载、安装、执行病毒或间谍软件等恶意可执行文件。

网页木马是一种客户端攻击方式,相比较蠕虫等通过网络主动进行自我复制、自我传播的方式,网页木马部署在网站服务器端,在用户浏览页面时发起攻击。这种客户端攻击方式可以有效地绕过防火墙的检测,隐蔽、有效地在客户端植入恶意代码,进而在用户不知情的情况下自动完成恶意可执行文件的下载、执行。在网络攻击方式中,将网页木马的这种攻击方式称为 Drive-by-Download(过路式下载或偷渡式下载)。

2. 网页木马的典型攻击流程

在众多的网络攻击手段中,大多数采用主动攻击方式,即攻击者主动发起对被攻击者的攻击行为。而网页攻击则采用一种被动攻击方式,攻击者针对客户端浏览器及其插件存在的某个漏洞,事先构造了攻击页面,并发布到服务器上,被动地等待客户端来访问。图 4-6 是典型的网页木马攻击流程,其主要步骤如下。

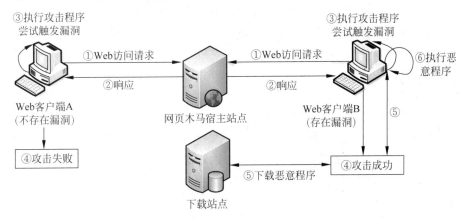

图 4-6 典型的网页木马攻击流程

① Web 客户端访问位于网页木马宿主站点上的攻击页面（包括木马程序的 Web 页面），其中网页木马宿主站点上存放着攻击脚本或攻击页面（攻击程序所在的页面）。

② 服务器根据请求报文的要求，返回响应报文，将页面内容（包括木马程序）返回给 Web 客户端。

③ Web 浏览器加载和渲染接收到的页面内容。此时，页面中包含的攻击代码在浏览器中被执行，并尝试进行漏洞利用。

④ 在不存在特定漏洞的浏览器中会正常显示页面信息，而在存在被利用漏洞的浏览器中将执行木马程序。

⑤ 网页木马攻击成功后，被攻击的 Web 客户端根据攻击者事先编写的程序中的地址，到提供恶意程序（计算机病毒、蠕虫等）的下载站点下载和安装恶意程序。

⑥ 执行该恶意程序，实现最终的攻击目的。

3. 网页木马的漏洞利用方法

网页木马的基本攻击方式是利用客户端 Web 浏览器及其插件的漏洞获得一定权限，达到下载并执行恶意程序的目的（如图 4-6 中的步骤③～步骤⑥）。其中，漏洞利用代码多用 JavaScript、VBScript 等脚本语言编写，这是因为浏览器提供了脚本语言与插件间进行交互的 API（Application Programming Interface，应用程序编程接口）。攻击脚本通过非正常调用不安全的 API 便可触发插件中的漏洞，同时攻击者也可以利用脚本的灵活性对攻击脚本进行一定的混淆处理来对抗反病毒引擎的安全检查。网页木马利用的漏洞主要分为以下两类。

（1）任意下载 API 类漏洞。一些版本的浏览器插件在用来提供下载、更新等功能的 API 中未进行安全检查，网页木马可以直接利用这些 API 下载和执行任意代码。在一些复杂的攻击场景中，攻击者会将多个 API 组合，完成下载和执行任意文件的目的。

（2）内存破坏类漏洞。网页木马经常利用 JavaScript、VBScript 脚本向浏览器的内存空间填充恶意可执行指令（ShellCode），导致错误或恶意代码被执行。内存破坏类漏洞是软件漏洞中最古老，也是最严重的漏洞之一。

4. 网页挂马

从网页木马的典型攻击流程和漏洞利用机制可以发现，网页木马的核心是一个带有攻击脚本的或是一个非正常构造的攻击页面，只有当 Web 客户端访问该攻击页面时才可能被攻击。因此攻击者如果要大规模地感染客户端主机，就需要保证攻击页面有较大的访问量。在网页木马发展初期，攻击者通过自己搭建站点来部署攻击页面，并利用一些社会工程学方法诱使访问者访问。但是，近年来，随着网民安全意识的逐渐增强，使得攻击者不得不去寻找新的手段来增加攻击页面访问量，其中最主要的手段就是网页挂马。

网页挂马是通过内嵌链接将攻击脚本或攻击页面嵌入一个正规页面，或者利用重定向机制将对正规页面的访问重定向到攻击页面。内嵌链接是 HTML 页面中一类特殊的超链接形式，其特点是当浏览器访问含有内嵌链接的页面时，不需要用户单击，页面中的内嵌链接指向的内容会被自动加载。

虽然网页挂马是对网站服务器中的页面进行篡改，但攻击者进行网页挂马的目的在于攻击客户端。浏览器在访问被挂马页面时，依照感染链将攻击脚本或攻击页面加载到客户端,最终让客户端自动下载、执行恶意程序。

本节简要介绍了网页木马的概念、攻击流程和漏洞利用,将在第 6 章结合 Web 浏览器攻击,详细介绍网页木马对浏览器构成的威胁及具体的防范方法。

4.3.4 硬件木马

随着集成电路技术的迅速发展,在半导体的制造过程中有可能人为地设置一些不安全因素,甚至是直接植入恶意代码,严重影响着芯片和硬件的可靠性与安全性。

1. 硬件木马的定义

硬件木马(Hardware Trojan)是指插入原始电路的微小的恶意电路。这种电路潜伏在原始电路之中,在电路运行到某些特定的值或条件时,使原始电路发生本不该有的情况。这种恶意电路可对原始电路进行有目的性的修改,如泄露信息给攻击者,使电路功能发生改变,甚至直接损坏电路。硬件木马能够实现对专用集成电路(ASIC)、微处理器、微控制器、网络处理器、数字信号处理器(DSP)等硬件的修改,也能实现对 FPGA(Field Programmable Gate Array,现场可编程门阵列)比特流等固件的修改。

在集成电路的设计和制造过程中,攻击者可采用很多方式,并且有很多机会在原始电路中植入硬件木马。硬件木马一旦被人为隐蔽地插入一个复杂的芯片中,要检测出来是十分困难的。硬件木马通常只在非常特殊的值或条件下才能被激活并且发生作用,其他时候对原始电路的功能并无影响,它能躲过传统的结构测试和功能测试。

2. 硬件木马的分类

硬件木马技术是一个相对较新的研究领域。根据硬件木马的不同特性,从不同的角度将其分类,其中最为常见的分类方式有以下 3 种。

第一种分类方法比较简单,可将木马分为组合型木马和时序型木马。组合型木马是指当电路的某个内部信号或节点出现特殊条件时才激活的组合电路;时序型木马是指当有限状态机(FMS)检测到某些内部电路信号状态出现特殊的序列时才激活的时序电路。

第二种分类方法是将木马分为触发(也称为木马触发)和有效载荷(也称为木马有效载荷)两个主要部分。其中,触发部分就是激活木马的机制;有效载荷部分就是触发后木马发挥功能的电路。木马一触发就会发送一个或多个信号给木马有效载荷部分,木马有效载荷部分就会工作并发生作用,从而破坏芯片或改变其功能。

第三种分类方法是根据硬件木马的物理特性、激活特性和活动特性,将木马划分为 3 个主要类别。其中,物理特性是指木马在电路布局中的各种物理特征,具体分为类型、尺寸、分布、结构等子类;激活特性是指攻击者可能采用的激活木马使其执行恶意行为的手段和策略,它可以分为外部激活和内部激活两种类型。其中,外部激活,如通过天线或传感器与外界相互影响;内部激活又可以分为永久型激活和条件型激活。"永久"是指木马一直都处于激活状态,可以在任何时候破坏芯片。条件型激活木马是指只有符合特定的条件时才被激活的木马。活动特性是指木马植入电路之中可能发生的作用。木马的行为分为三类:修改功能、修改规格、发送信息。修改功能型是指通过增加逻辑,或者删除、绕过现有的逻辑来改变芯片功能的木马。修改规格型是指以修改芯片的性能参数作为攻击重点的木马,如攻击者修改设计中的连线和晶体管的几何布局而改变延迟。发送信息型是指发送关键信息给攻击者的木马。

4.3.5　木马的防范方法

与其他恶意代码的清除方法一样，木马的清除也分为手工检查、清除和利用软件检查、清除两种方法。同时，在清除之前要能够准确地发现并定位木马的存在，在清除之后或木马入侵之前还要做好相关的防御工作。

1. 主机木马的查看方法

目前有多种方法可以查看主机上是否存在木马，下面以 Windows 系统为例，介绍最常用的 3 种查看木马的方法。

（1）查看开放端口。作为一种特殊的远程控制软件，木马同样具备远程控制软件的特征。为了能够与控制端进行联系，木马必须给自己打开必要的端口。所以可以通过查看主机开放的端口来判断是否有木马植入。具体方法是在命令提示符下输入 netstat -an 命令，在打开的如图 4-7 所示的窗口中查看协议的状态信息，其中 ESTABLISHED 表示已经建立连接的端口，LISTENING 表示打开并等待别人连接的端口。在打开端口中寻找可疑分子，如 7626（冰河木马）、54320（Back Orifice 2000）等。

（2）查看注册表。为了实现随系统启动等功能，木马都会对注册表进行修改，可以通过查看注册表来寻找木马的痕迹。在输入 regedit 命令打开注册表编辑器后，定位到 HKEY_CURRENT_USER/Software/Microsoft/Windows/CurrentVersion/Explorer 下，分别打开 Shell Folders、User Shell Folders、Run、RunOnce 和 RunServices 子键，检查里面是否有可疑的内容。再定位到 HKEY_LOCAL_MACHINE/Software/Microsoft/Windows/CurrentVersion/Explorer 下，分别查看上述 5 个子键中的内容。一旦在里面找到来路不明的程序，很有可能是植入的木马。

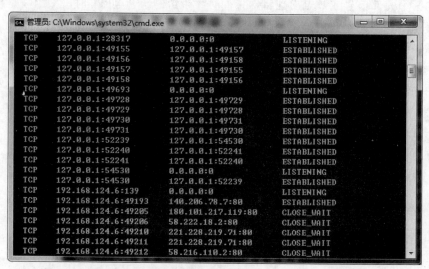

图 4-7　Windows 命令提示符下输入 netstat -an 命令后的显示信息

（3）查看系统配置文件。很多木马文件都会修改系统文件，而 win.ini 和 system.ini 则是被修改最频繁的两个文件，所以需要对其进行定期检查。在"运行"中输入"％systemroot％"后将打开 Windows 文件夹，打开其中的 win.ini 文件，找到 windows 字段，如果发现有类似"load＝file.exe，run＝file.exe"的命令行（file.exe 为木马程序名），很可能是木马的主程序。类似地，在 system.ini 文件中搜索 boot 字段，找到"Shell＝ABC.exe"，默认应为"Shell＝Explorer.exe"，如果是其他程序则也可能是植入了木马。

除此之外，用户还可以通过查看系统进程和使用专用木马检测软件的方法，来判断系统中是否存在木马。

2. 传统木马的防御方法

对于传统的木马，一般可以通过以下方法进行防御：一是关闭不用的端口，与外界进行通信是木马区别其他恶意代码的一个特征，所以为了防止木马入侵，一种有效的方法是关闭本机不用的端口或只允许指定的端口访问；二是使用专杀木马的软件，对系统进行经常性的"体检"；三是要注意查看进程，时时掌握系统运行状况，看看是否有一些不明进程正运行并及时终止不明的进程。

在此基础上，对于用户来说还应注意以下操作。

（1）定期进行补丁升级，升级到最新的安全补丁，可以有效地防止非法入侵。

（2）下载软件时尽量到可信的官方网站或大型软件下载网站，在安装或打开来历不明的软件或文件前先用杀毒（包括清除木马）软件进行检查。

（3）不随意打开不明网页链接，尤其是不良网站的链接。不要打开陌生人通过 QQ 等社交软件发送的链接。

（4）使用网络通信工具时，不轻易接收来路不明的文件，如果一定要接收，可在"工具"菜单栏的"文件夹选项"中取消"隐藏已知文件类型扩展名"选项，以便能够查看文件类型。

（5）对计算机系统中的有关账户设置口令，并及时删除或禁用过期账户。

（6）对重要文件进行定期备份，以便遭到木马破坏后能够迅速恢复。

3. 网页木马的防御方法

根据网页木马防御对象所处位置的不同，将其分为网站服务器端网页挂马防御、基于代理的网页木马防御和客户端网页木马防御 3 种类型。

（1）网站服务器端网页挂马防御。为了扩大攻击脚本及攻击页面的攻击范围，并提升攻击能力，且增强其隐蔽性，攻击者需要对互联网上大量页面进行网页挂马。因此，网站服务器端的挂马防御就成了网页木马防御中的第一个环节。网页挂马有多种途径，主要包括利用网站服务器系统漏洞、利用内容注入等应用程序漏洞、通过广告位和流量统计等第三方内容挂马等。

利用网站服务器端系统漏洞来篡改网页内容是常见的一种网页挂马途径，即攻击者发现网站服务器上的系统漏洞，并且利用该漏洞获得相应权限后，可以轻而易举地篡改页面。网站服务器端可以通过及时安装系统补丁程序及部署一些入侵检测系统来增强自身的安全性。除此之外，攻击者还常利用应用程序中的 XSS（Cross Site Script，跨站脚本）、SQL 注入等漏洞，将恶意内嵌链接嵌入页面中。

网站服务器端在网页挂马防御中，除了应关注系统及应用上的安全漏洞外，也有必要对页面中的第三方内容进行一定的安全审计。

（2）基于代理的网页木马防御。基于代理的网页木马防御是在页面被客户端浏览器加载之前，在一个 shadow 环境（即代理）中对页面进行一定的检测或处理。

客户端访问的任何页面都首先在该代理处用基于行为特征的检测方法进行网页木马检测，如果判定访问的页面被挂马，就给客户端返回一个警示信息。目前，基于代理的网页木马防御技术的发展较快，具体的实现方法也多种多样，"检测—阻断"式的网页木马防御方法便是其中的一种。在"检测—阻断"式的网页木马防御方法中，既要在代理处有效检测出被挂马页面并阻止客户端浏览器加载该页面，又不能使客户端在用户体验上有明显差别。

（3）客户端网页木马防御。客户端网页木马防御方法可分为 URL 黑名单过滤、浏览器安全加固和操作系统安全扩展 3 种类型。

① URL 黑名单过滤。Google 将基于页面静态特征进行机器学习的检测方法与基于行为特征的检测方法相结合，对其索引库中的页面进行检测，生成一个被挂马网页的 URL 黑名单，Google 搜索引擎会对包含在 URL 黑名单中的搜索结果做标识。基于 URL 黑名单过滤的最大问题在于时间上的非实时及范围上的不全面。被挂马页面的数目每月都会有一定的增加，虽然 Google 周期性地检测页面，但一个页面很可能在被 Google 判定为良性之后被挂马，用户随后浏览该页面时就可能遭到攻击。尽管 Google 爬取了大量页面并对其进行检测，但仍无法保证全面覆盖。

② 浏览器安全加固。浏览器安全加固主要通过在浏览器中增加一些攻击代码检测和已知漏洞利用特征检测等功能来实现浏览器的安全加固。不过该方法只能针对利用内存破坏类漏洞的网页木马，因此并不是一种一劳永逸的方法。

③ 操作系统安全扩展。存在各种漏洞的浏览器是一个不安全的环境，而客户端的操作系统是一个相对安全的环境。通过对操作系统进行一定的安全扩展，阻断网页木马攻击流程中未经用户授权的恶意可执行文件下载、安装和执行环节。具体思路是：任何通过浏览器进程下载的可执行文件都会被放入一个虚拟的、权限受限的隔离存储空间，只有经过用户确认的下载文件才会被转移到真实的文件系统中。

4.3.6　挖矿木马

挖矿木马最早出现于 2013 年，近年来发展非常迅速，相关事件在逐年增多。为此，本节单独对挖矿木马进行介绍。

1. 挖矿木马概述

"挖矿机"程序运用计算机强大的运算能力进行大量运算，由此获取数字货币。由于硬件性能的限制，数字货币玩家需要大量计算机进行运算以获得一定数量的数字货币，一些不法分子通过各种手段将挖矿机程序植入受害者的计算机中，利用受害者计算机的运算能力进行挖矿，从而获取利益。这类在用户不知情的情况下植入用户计算机进行挖矿的挖矿机程序就是挖矿木马。由于数字货币交易价格不断走高，挖矿木马的攻击事件也越来越频繁。

挖矿木马程序通过自动化的批量攻击，感染存在漏洞的网络服务器，并控制服务器的系统资源，用于计算和挖掘特定的虚拟货币。由于挖矿木马长期占用 CPU 率达 100%，因此，服务器感染挖矿木马后最明显的现象就是服务器响应非常缓慢，出现各种运行异常。如果挖矿木马攻击的对象是整个云服务平台,那么平台上的所有网站和服务系统都会受到严重影响。

潜伏在计算机中的挖矿木马主要存在两种类型:僵尸网络和网页挖矿。其中,利用僵尸网络进行挖矿的攻击性非常大。通过木马程序,所有被控制的计算机将集中资源为挖矿服务,而且隐蔽性极强。近年来影响较大的专门用于挖矿的僵尸网络主要有 Bondnet、yamMiner、隐匿者等;网页挖矿其实质也是一种网页木马,只不过植入网页的木马为专门的挖矿程序。目前,攻击者通过各种方法在一些特殊网站(一般为色情网站)中植入了挖矿脚本,当用户浏览网页时便将挖矿脚本下载到本地执行。由于网页挖矿隐蔽性较差,用户可以通过查看 CPU 等资源的占用率来轻易发现挖矿木马的存在,所以将来网页挖矿目标会向网页游戏和客户端游戏转移,通过游戏的资源高消耗率掩盖"挖矿机"的运行,同时移动平台也有可能是挖矿木马的重要目标。

网站之所以会被挖矿木马攻击,主要是由于两方面的原因:一是对于存在内外网的用户,虽然攻击者无法直接访问并攻击使用私有 IP 地址的内网计算机,但由于没有做好内外网之间的隔离保护措施,将内部网络服务或管理端口暴露在了互联网上,为攻击者留下了"靶子";二是网站存在明显的安全漏洞,包括弱口令、配置漏洞及其他一些安全漏洞等。

需要说明的是,挖矿木马追求的是能够控制资源的总体规模,而并不太在意个别服务器的得失。因此,挖矿木马的攻击者通常不会对特定服务器发起定向攻击,而是利用系统漏洞进行批量攻击。

2. 挖矿木马防范方法

对于挖矿木马,可以采取以下方法进行防范。

(1)避免使用弱口令。弱口令应用是目前互联网应用中存在的最大安全风险。避免使用弱口令可以有效地防范僵尸程序发起的弱口令破解攻击。为了防范弱口令攻击,系统管理员需要为服务器登录账户设置强密码并定期进行更换,而且对于开放端口的一些服务(如 MS SQL、MySQL 服务等)也应该设置强密码。

(2)及时安装补丁程序。许多挖矿木马僵尸网络利用类似于"永恒之蓝"(WannaCry 蠕虫)漏洞原理来传播。"永恒之蓝"勒索蠕虫的特征之一就是会自动扫描 445 端口,将每一台感染"永恒之蓝"蠕虫的计算机变成一个针对 445 端口的扫描器。

对于大部分的漏洞,相应厂商在具体公布之前一般都已发布了相关的补丁程序,系统管理员需要及时为操作系统和相关服务安装补丁程序,避免攻击者利用漏洞攻击。

(3)定期维护计算机。由于挖矿木马会持续驻留在计算机中,如果系统管理员未定期查看计算机的运行状态,那么挖矿木马就难以被发现。因此,计算机管理员应定期维护计算机,尤其要查看 CPU、内存等资源的利用率是否超出了正常的范围。例如,当用户浏览网页时发现 CPU 利用率突然升高,很可能是感染了网页挖矿木马。

(4)对主机进行安全配置。

① 禁止在公网上直接访问 SSH 服务。同时开启 SSH 证书登录,避免直接使用密码进行登录。

② 通过安全配置,仅允许特定 IP 地址的用户使用 root 账户进行远程登录。

③ 定期对系统日志进行备份,避免攻击者恶意删除相关日志文件,阻断溯源能力。

4.4　后门

后门也称为陷阱门，是允许攻击者绕过系统常规安全控制机制而获得对程序或系统的控制权的程序，是能够根据攻击者的意图而提供服务的访问通道。

4.4.1　后门的功能和特点

作为恶意代码家族中的一员，后门既反映了恶意代码的共性，也表现出了独有的特点。

1. 后门的功能

后门是访问程序和在线服务的一种秘密方式。通过安装后门，攻击者可保持一条秘密的通道，每次访问时不必通过正常的登录认证方式。后门对系统安全的威胁是潜在的、不确定的。后门具有以下功能。

（1）方便再次入侵。后门一般是秘密存在的，采用正常的方法一般难以发现，一旦植入成功可以长久保持。即使系统管理员采取了保护措施，截断了植入路径（如改变口令、打补丁、改变系统配置等），入侵者也能利用已植入的后门方便地再次进入系统。

（2）隐藏操作痕迹。隐藏操作痕迹的目的是使再次进入系统被发现的可能性降至最低。一个精心设计的后门会提供一些隐藏手段来躲过日志审计系统和安全保障系统。入侵者如果能很好地利用后门和相关技术（如隐蔽通道技术等），就可以很好地隐藏其活动。

（3）绕过监控系统。IDS（Intrusion Detection Systems，入侵检测系统）、IPS（Intrusion Prevention System，入侵防御系统）、防火墙和漏洞扫描软件等都是安全辅助系统，它们可以有效地提高系统的安全性，阻止各类恶意代码的攻击。但一些传统的基于模式匹配的检测方法很容易被后门绕过，经过精心设计的后门一般都采用一些隐蔽或伪装手段来绕过监控系统的检查。

（4）提供恶意代码植入手段。病毒、木马、蠕虫、僵尸程序、Rootkit 等恶意代码都对系统的安全造成巨大的威胁，这些恶意代码都可以通过后门来传播和植入。例如，一些系统的用户登录认证过程可能存在后门漏洞，使用这类后门可以方便地登录系统，并且不容易被发现。这类后门的引入可能是由于程序设计漏洞（如存在缓冲区溢出漏洞或验证算法不合理等），也可能是程序开发人员为了调试方便或出于其他特殊目的而人为加入（如默认空口令、默认固定口令、万能口令等）。还有就是攻击者替换或修改了登录程序，不影响原有的登录过程，但有捷径可以方便地进入系统。

2. 后门的特点

当某个程序或系统存在后门时，该后门程序会保存在计算机系统中，只有当攻击者需要时才通过某种特殊方式来控制计算机系统。下面结合前文介绍的计算机病毒和木马，来分析后门程序的工作特点。

后门程序与木马之间既有联系也有区别，联系在于后门程序和木马都是隐藏在用户系统中向外发送信息，而且本身具有一定操作权限，同时能够供攻击者远程控制本机时使用；区别在于木马是一个完整的软件，而后门程序的代码有限且功能单一。后门程序类似于木马,其特点是平时潜伏在计算机中从事信息搜集工作,当攻击者需要实施攻击时便提供进入本机的通道。

后门程序和计算机病毒之间最大的区别在于后门程序不一定有自我复制的功能,即后门程序不一定会主动去感染其他的计算机程序。后门其实质是一种供远程控制的通道,它可以绕过系统常规的安全设置。

后门的存在形式和功能多种多样,简单的后门可以建立一个新账户,或者给已有的账户进行提权。复杂的后门会在绕过系统的安全认证机制后直接控制系统,甚至会修改系统的配置以降低系统的安全防御能力。同时,有些后门还可以与特定的木马进行配合,获得对系统的最大控制权或破坏力。

4.4.2 后门的分类

根据实现方式的不同,可以将后门分为网页后门、线程插入后门、扩展后门、C/S后门和账户后门等类型。

1. 网页后门

网页后门主要通过服务器上正常的 Web 服务来构造自己的连接方式。脚本语言是为了缩短传统的"编写—编译—链接—运行"(edit-compile-link-run)过程而创建的计算机编程语言,即脚本语言是一种解释性的语言,常见的脚本语言有 Python、VBScript、JavaScript、InstallshieldScript、ActionScript 等。不像 C、C++ 等编程语言需要编译成二进制代码才可以执行,脚本语言不需要编译,可以直接调用,具体由解释器来负责解释。

早期的脚本语言经常被称为批处理语言或工作控制语言,目前的脚本语言已经成熟到可以编写一些复杂的程序。由于脚本语言具有简单、易学、易用及使用广泛等特点,不但成为大多数编程人员首选的工具,也成为提供后门的有效方法。另外,由于脚本语言不像编程语言那样需要严格的语法和复杂的规则,相对松散的代码为后门程序的隐藏创造了一定的条件。例如,HTML(Hyper Text Mark-up Language,超文本标记语言)是一种脚本语言,浏览器是它的解释器。此外,随着动态网页技术的发展,ASP、JSP、PHP 等嵌入网页的脚本语言也被广泛使用,不过这些脚本要通过 Web Server 解释。凡是熟悉网页编程的读者都知道,利用这些脚本语言来预留后门是比较容易实现的。

2. 线程插入后门

线程插入后门是指后门程序在运行时没有进程,所有操作均插入其他应用程序的进程中完成。线程插入后门的特点是:在进程管理器中没有显示对应的进程,平时也没有打开的端口,潜伏在系统中很难被安全检测程序发现。同时根据应用环境的不同,线程插入后门一般还提供了正向连接和反向连接功能,尤其是利用反向连接功能,后门程序可以主动向外发送连接请求,以防止防火墙对数据包的拦截。因为防火墙的设置一般是"防外不防内",即防火墙会拦截从外向内发送的违规数据包,而放行从内向外发送的数据包。

线程插入后门的另一个功能是端口复用。端口复用是借助系统已经打开的端口(如 TCP 80 端口、TCP 23 端口等)进行通信,以实现后门程序在通信过程中的隐蔽性。基于 UDP 或 TCP 的网络应用程序进行通信时,首先必须将本地 IP 地址和一个端口绑定在一个套接字(Socket)上,然后利用该套接字进行通信。不同的网络应用程序使用不同的端口进行通信。当系统收到一个数据包时,会根据数据包指示的端口号找到对应的应用程序并转交该数据包。如果对某个端口采用了复用技术,那么系统收到数据包时,就不能够直接将它转交给相应的网络应用程序,而是应该对系统行为做出适当的修改。端口复用的实现过程如图 4-8 所示,确定被复用的端口(如 TCP 80)后,在本地建立监听,当有连接到来时,根据数据包的头部信息判断是给源端口的数据包,还是给复用者的数据包。如果是给源端口的数据包便交给源程序处理;否则由复用者进行处理。端口复用在理论上也是可行的,通过端口复用方式,不会对其他占用此端口的程序或者进程造成影响。从 Socket 的构成来看,不同的 IP 地址可以绑定同一个端口(如 210.20.10.20:80、192.168.1.1:80、127.0.0.1:80等),且各自的通信之间互不影响。

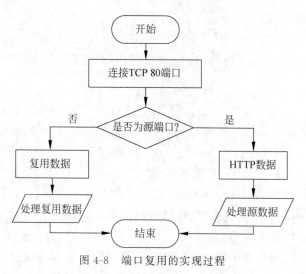

图 4-8　端口复用的实现过程

3. 扩展后门

扩展后门可以看成是多个后门程序的工具集,即将多个后门功能集成到一起,方便攻击者的控制。扩展后门一般同时集成了文件上传与下载、系统用户检测、HTTP 访问、打开端口、启动/停止服务等功能。例如,WinEggDropShell.Eternity 是一个经典的扩展后门程序,它能实现进程管理(查看或结束进程)、注册表管理、服务管理(停止、启动等)、端口到程序关联、系统重启与注销、嗅探密码、重定向、HTTP 服务等功能。

4. C/S 后门

C/S(Client/Server)结构是木马主要使用的工作模式,同时也是后门程序的一种操作方式,尤其是具有控制功能的后门多采用该结构。ICMP Door 是一种典型的 C/S 后门,它利用 ICMP,通信过程中不需要打开任何端口,只是利用系统本身的 ICMP 包进行控制。ICMP Door 的另一个应用是实现从外网向内网的渗透,实现对网络内部主机的控制。由于 ICMP Door 使用了 ICMP,如果主机启用了防火墙,则该后门程序将无法正常工作。

5. 账户后门

账户后门是指攻击者为了长期控制目标主机,通过后门在目标主机中建立一个备用管理员账户的技术。一般采用克隆账户方式来实现。克隆账户一般有两种方式:一种是手动克隆账户；另一种是使用克隆工具。

4.4.3 Windows 系统后门程序的自动加载方法

利用操作系统的自启动功能来加载后门程序是攻击者最常使用的方法。在 Windows 系统中，后门工具可以利用自启动文件夹、注册表自启动项和 Windows 服务等方式来达到自启动目的。

1. 自启动文件夹

能够实现程序自启动的文件夹有两种类型：当前用户专用启动文件夹和所有用户共用启动文件夹。当前用户专用启动文件夹位于"\Users\[用户名]\AppData\Roaming\Microsoft\Windows\Start Menu\Programs\Startup"下，其中"用户名"是当前登录的用户账户名；所有用户共用启动文件夹位于"Documents and Settings\All Users\开始菜单\程序\启动"下，使用该方法，不管用户以什么账户登录，位于该文件夹下的程序（快捷方式）都可以自启动。

除此之外，在 Windows 系统中，win.ini 和 system.ini 两个文件中的配置路径也是实现自启动的文件夹位置。

2. 注册表自启动项

注册表自启动项也称为 ASEP(Auto-Start Extension Points)，Windows 系统注册表的 ASEP 非常多，有些位置非常隐蔽，主要有 Load 键、Userinit 键、Explorer\Run 子键、RunServicesOnce 键、RunServices 子键、RunOnce\Setup 子键、RunOnce 子键、Run 子键及 WindowsShell（HKEY_LOCAL_MACHINE\Software\Microsoft\WindowsNT\CurrentVersion\Winlogon\)等。由于注册表的结构较为复杂，可以通过 Windows 系统自带的 msconfig、autoruns 等工具或第三方的自启动配置管理工具来检查系统注册表中隐藏的自启动项。

3. Windows 服务

Windows 系统的服务加载既可以利用注册表的 HKEY_LOCAL_MACHINE_System\CurrentControlSet\Services 项来完成，也可以利用组策略来加载，具体为运行 gpedit.msc，找到"用户配置→管理模板→系统→登录"，在打开的组策略管理窗口中找到"在用户登录时运行这些程序"，可以在其中添加要随系统一起启动的程序。

4.4.4 后门的防范方法

由于后门隐藏包括应用级隐藏和内核级隐藏，所以其检测和防御方法也分为应用级和内核级两种类型。

1. 后门的应用级检测和防御

后门的应用级隐藏是常规的隐藏方法，通过修改、捆绑或替代系统合法的应用程序来实现后门隐藏。早期的后门一般是在应用级上实现隐藏。

对于后门来说，无论采用什么方式植入后门，且采用什么样的伪装隐藏手段，总可以通过一些方法来进行检测和防御,如通信端口检查、通信特征匹配、植入痕迹查找和完整性检查等。对于应用级隐藏,最有效的检测方法是完整性检测,如 MD5 校验和法就能得到很好的效果。

Tripwire 是目前最为著名的 UNIX 下文件系统完整性检测的软件工具。首先使用特定的特征码函数为需要监视的系统文件和目录建立一个完整性特征数据库,这里所讲的特征码函数是使用任意的文件作为输入,产生一个固定大小的数据(特征码)的函数。入侵者如果对文件进行了修改,即使文件大小不变,也会破坏文件的完整性特征码。利用这个数据库,Tripwire 可以很容易地发现系统的变化。

2. 后门的内核级检测和防御

后门的内核级隐藏可以分为 3 种类型:在支持 LKM 的操作系统上利用 LKM 机制实现隐藏、利用系统库实现隐藏和利用内存映射实现隐藏(它可以在不支持 LKM 技术的情况下实现内核级隐藏)。内核级隐藏是比较难于检测的,能绕过目前绝大多数后门扫描工具、查杀病毒软件和入侵检测系统的检测。

内核级后门是在内核级隐藏目录、文件、进程和通信连接等信息,它不修改程序二进制文件,因此 MD5 校验和法也就失去了功效。按照内核级后门的隐藏特点,已经出现了一些不同类型的检测方法,如内核级隐藏的一种方法是通过修改系统调用表来实现系统调用重定向,从而隐藏文件、进程和通信连接,所以通过检查系统调用的内存地址就可能发现是否被植入了后门。另外,内核级后门一般都要进行内核模块的加载,因此通过监控内核的变化可以很好地防御内核级后门。

4.5 僵尸网络

视频讲解

僵尸网络已经成为目前因特网上最为严重的安全威胁之一,甚至已经发展成为网络战的武器。同时,僵尸网络本身具有的特性也使其成为攻击者用于实施 DDoS 攻击、发送垃圾邮件、窃取敏感信息等各种攻击行为的高效平台。

4.5.1 僵尸网络的概念

僵尸网络(botnet)是攻击者出于恶意目的,传播僵尸程序控制大量主机,并通过一对多的命令与控制信道所组成的网络。僵尸网络是从计算机病毒、蠕虫、木马、后门等传统的恶意代码形态的基础上演化,并通过相互融合发展而成的目前最为复杂的一类网络攻击方式。

由于为攻击者提供了隐匿、灵活、高效的一对多控制机制,僵尸网络这一攻击方式得到了攻击者的青睐,并进一步完善,成为互联网上最为严重的威胁之一。利用僵尸网络,攻击者可以轻易地控制成千上万台主机对网络上的任意站点发起 DDoS 攻击,并发送大量垃圾邮件(spam),从受控主机上窃取敏感信息或进行点击欺诈(click fraud)及比特币网络攻击等以牟取经济利益。

为了较为详细地了解僵尸网络的组成和工作机制,首先对涉及的一些基本概念进行必要的介绍。

(1) 僵尸程序(Bot):连接攻击者所控制 IRC(Internet Relay Chat,互联网中继聊天)信道的客户端程序。攻击者所控制的位于受控主机(肉鸡)上的程序,攻击者与被控程序之间及被控程序之间采用 IRC 信道通信。

(2) 僵尸网络(Botnet):受控的运行僵尸程序的主机(肉鸡)之间采用 IRC 协议组成的网络。

(3) 攻击者(Botmaster):攻击者也称为控制者,它对受控主机具有完全掌控权,可以通过远程方式实现对僵尸程序的控制。

(4) 命令与控制(Command and Control,C&C):一方面可以接收受控主机(肉鸡)上面活跃的僵尸程序传来的信息,了解受控主机当前的运行状态;另一方面根据攻击需要向受控主机发送控制指令,要求受控主机中的僵尸程序执行预定义的攻击行为,实现攻击者预定的攻击目的。

(5) IRC(Internet Relay Chat,互联网中继聊天):参与聊天的用户使用特定的用户端聊天软件连接到指定的聊天服务器,再通过服务器中继与其他连接到同一服务器上的用户进行交流。IRC 的特点是在线、快速、占用带宽小。频道(channel)是 IRC 中使用的用户管理方式,频道的本质是广播组,一个频道即一个聊天室,位于该频道内的所有成员都可以看到同一频道内输入的信息。

综上所述,可以将僵尸网络定义为:攻击者(Botmaster)出于恶意目的,通过传播僵尸程序(bot)来控制大量主机(肉鸡),并通过一对多的命令与控制(C&C)信道所组成的网络。

一对多的命令与控制信道是僵尸网络区别于其他攻击方式的最基本的特征。图 4-9 是一个僵尸网络的结构。其中,被安装在受控主机上的僵尸程序能够把自己复制到一个安装目录,并通过改变系统配置实现开机运行功能。攻击者应用事先设定的登录方式登录到 C&C 服务器(如 IRC 服务器)中的指定频道,向所有连接到该频道的僵尸程序发布命令。

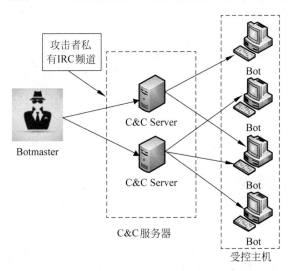

图 4-9　僵尸网络的结构

需要特别说明的是,在上述介绍中,僵尸网络的命令与控制机制是基于 IRC 协议实现的,这是因为僵尸程序的起源可追溯到 1993 年出现的"Eggdrop Bot"。Eggdrop 的功能类似于智能机器人(robot,简写为 bot),用于帮助 IRC 网络管理员更加高效地管理网络,没有以攻击网络为目的。但从 1998 年出现的 GTBot 开始,它利用 IRC 协议构建命令与控制频道，其程序中内嵌了一个流行的 IRC 客户端 mIRC. exe 可用于僵尸程序。自此，基于 IRC 协议的僵尸网络开始流行，如 Sdbot、PrettyPark、Spybot、Rbot、Agobot 等。但是在基于 IRC 协议的僵尸网络的发展过程中，大量局域网开始在位于边界的防火墙上通过过滤与 IRC 协议相关的端口以防御僵尸网络的攻击，致使僵尸网络逐渐使用 HTTP、P2P、Domain Flux、Random P2P、Fast-flux、Hybrid P2P 等协议作为命令与控制协议，以应对被检测和封堵的风险。鉴于对僵尸网络基本工作机制的理解，本节主要以 IRC 协议为主进行介绍。如果读者需要更加全面地学习有关僵尸网络的知识，可在学习本节内容后再参阅相关的文献。

4.5.2　僵尸网络的功能结构

最早出现的 IRC 僵尸网络由僵尸网络控制器（Botnet Controller）和僵尸程序（Bot）两部分组成。由于 IRC 僵尸网络基于标准 IRC 协议构建其命令与控制信道，所以其控制器可构建在公用 IRC 聊天服务器上，但攻击者为保证对僵尸网络控制器的绝对控制权，一般会利用其完全控制的主机架设专门的僵尸网络命令与控制服务器。

在僵尸网络中，根据攻击过程中所发挥功能的不同，可以将僵尸程序的功能模块分为主体功能模块和辅助功能模块两部分，其组成如图 4-10 所示。

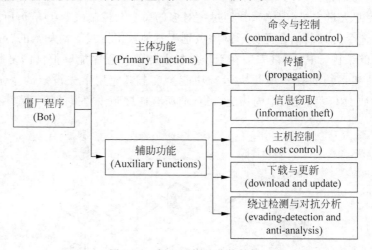

图 4-10　僵尸网络的功能结构

1. 僵尸程序的主体功能

主体功能是僵尸程序的主要组成部分，僵尸网络的主体功能分为命令与控制和传播两个模块。

（1）命令与控制。命令与控制（C&C）模块是整个僵尸程序的核心，用于实现与僵尸网络控制器的交互，接收攻击者的控制命令，进行解析和执行，并将执行结果反馈给僵尸网络控制器。

（2）传播。传播模块通过各种不同的方式将僵尸程序传播到新的主机，使其加入僵尸网络接受攻击者的控制，从而扩展僵尸网络的规模。僵尸程序可以按照传播策略分为自动传播型僵尸程序和受控传播型僵尸程序两大类，而僵尸程序的传播方式包括通过远程攻击软件漏洞传播、扫描 NetBIOS 弱密码传播、扫描恶意代码留下的后门进行传播、通过发送邮件病毒传播、通过文件系统共享传播等。此外,最新的僵尸程序也已经开始结合即时通信软件和 P2P 文件共享软件进行传播了。

2. 僵尸程序的辅助功能

僵尸程序的辅助功能是对主体功能的补充,主要包括信息窃取、主机控制、下载与更新、绕过检测与对抗分析等功能模块。

(1)信息窃取。信息窃取模块用于获取受控主机信息,主要包括系统资源情况、进程列表、开启时间、网络带宽和速度等。同时搜索并窃取受控主机上有价值的敏感信息,如软件注册码、电子邮件列表、账号口令等。

(2)主机控制。僵尸网络中的主机控制模块是攻击者利用受控的大量僵尸主机(肉鸡)完成各种不同攻击目标的模块集合。目前,主流僵尸程序中实现的僵尸主机控制模块包括 DDoS 攻击模块、架设服务模块、发送垃圾邮件模块及单击欺诈模块等。

(3)下载与更新。下载与更新模块为攻击者提供向受控主机注入二次感染代码及更新僵尸程序的功能,使其能够随时在僵尸网络控制的大量主机上更新和添加僵尸程序及其他恶意代码,以实现不同攻击目的。

(4)绕过检测与对抗分析。绕过检测与对抗分析模块包括对僵尸程序的多态、变形、加密、通过 Rootkit 方式进行实体隐藏,以及检查调试程序(debugger)的存在、识别虚拟机环境、杀死反病毒进程、阻止反病毒软件升级等功能。其目标是使得僵尸程序能够绕过受控主机的使用者和反病毒软件的检测,并对抗反病毒软件的检测,从而提高僵尸网络的生存能力。

HTTP 僵尸网络与 IRC 僵尸网络的功能结构相似,所不同的仅仅是 HTTP 僵尸网络控制器是以 Web 网站方式构建的。而相应地,僵尸程序中的命令与控制模块通过 HTTP 向控制器注册并获取控制命令。由于 P2P 网络本身具有的对等节点特性,在 P2P 僵尸网络中也不存在只充当服务器角色的僵尸网络控制器,而是由 P2P 僵尸程序同时承担客户端和服务器的双重角色。P2P 僵尸程序与传统僵尸程序的差异在于命令与控制模块的实现机制不同。

4.5.3 僵尸网络的工作机制及特点

攻击者在选择受控主机时,一般会利用漏洞扫描技术来发现互联网中存在安全漏洞的主机,并获得管理员的权限。当成功攻陷主机后,攻击者把编写好的僵尸程序利用 FTP、HTTP、TFTP 或 DCC SEND(IRC 用来给其他用户发送文件的命令)上传到主机,并通过配置系统进行自动安装。当僵尸程序成功安装后,它就会连接预先设定的频道,等待攻击者发送命令。在许多情况下,攻击者为了防止某一个频道被发现后使已建立的僵尸网络被破坏,通常会利用动态域名映射方式,把 IRC 服务器映射到动态 IP,让僵尸程序加入动态的频道或多个频道。攻击者登录到频道,发布命令实施各种攻击活动。

1. 僵尸网络的工作机制

基于 IRC 协议的僵尸网络的工作机制如图 4-11 所示,具体过程如下。

① 攻击者通过各种传播方式(一般采用蠕虫)将僵尸程序上传到存在安全漏洞的主机上,将其变成网络中的一台受控主机(肉鸡)。

② 僵尸程序以特定格式随机产生的用户名和昵称尝试加入指定的 IRC 命令与控制服

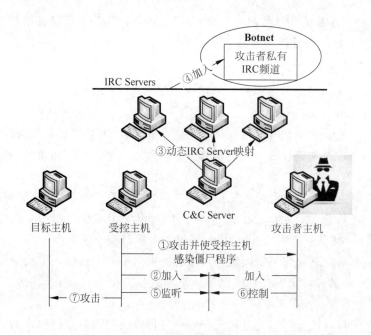

图 4-11　IRC 协议的僵尸网络的工作机制

务器(C&C Server)。

③ 攻击者一般会使用动态域名服务，将僵尸程序连接的域名映射到其所控制的多台 IRC 服务器上，从而避免由于单一服务器被破坏后导致整个僵尸网络瘫痪现象的发生。

④ 僵尸程序加入攻击者私有的 IRC 命令与控制信道(频道)中。

⑤ 加入信道的大量僵尸程序监听控制指令。

⑥ 攻击者登录并加入 IRC 命令与控制信道中，通过认证后，向僵尸网络发出攻击指令，包括 DDoS、信息窃取、垃圾邮件、点击欺诈等。

⑦ 僵尸程序接收指令，并调用对应模块执行指令，从而对目标主机发起攻击。

2. 僵尸网络的工作特点

僵尸网络之所以形成如此严重的威胁，从技术角度来看，主要是由以下几个特点决定的。

(1) 僵尸网络融合了传统恶意代码的优势。僵尸网络是从传统蠕虫、木马、后门等恶意代码发展而来的一种新的攻击形式。蠕虫具有利用既有的安全漏洞而快速传染扩散的优势，但存在感染大量计算机后不被控制者所控制的缺点，即攻击者无法利用已感染的计算机资源实施网络攻击，甚至因其不可控而无法获知蠕虫扩散速度、感染规模和地理分布等基本信息。木马具有对受害者远程控制的能力，但存在感染速度慢、管理规模小和控制方式简单的缺点。僵尸网络融合了传统恶意代码的优势，弥补了传统恶意代码存在的不足。

(2) 僵尸网络实现了控制功能与攻击任务的分离。位于受控主机上的僵尸程序负责控制功能，真正的攻击任务由控制者根据需要动态发起。这种方法的核心要点是将完整的威胁实体分割为多个部分，从而既可以为任务分发提供良好的灵活性，又可以提高僵尸网络的可生存性。

(3) C&C 服务器的搭建较为容易。寻找或搭建命令与控制(C&C)服务器是僵尸网络的关键。目前，利用各种新技术的漏洞来搭建僵尸网络 C&C 服务器相对较为容易实现。

例如,公共 IRC 聊天室常被用于僵尸网络 C&C 服务器,无须认证的 Web 2.0 服务可被用作僵尸网络的 C&C 服务器,一些服务提供商提供的云服务也可以被搭建成僵尸网络 C&C 服务器等。还有,一些缺乏信息安全立法的国家所提供的服务器托管服务也经常被用作僵尸网络 C&C 服务器。

4.5.4 僵尸网络的防范方法

僵尸网络产生的根本原因在于目前操作系统和网络体系结构存在的局限性。操作系统和软件的漏洞导致僵尸程序的感染,而互联网开放式的端到端通信方式,使得攻击者可以相对容易地对僵尸程序进行控制。从根本上解决僵尸网络这一安全威胁,需要系统和网络体系结构的改变,而所期望的改变在短时间内是难以实现的。由于在现有体系下难以从根本上解决僵尸网络的存在问题,所以僵尸网络逐渐形成了一种攻防双方持续对抗和竞争的态势。所以,从安全防御的角度出发,了解僵尸网络的运行机制并及时跟踪其发展态势,有针对性地进行防御,是目前应对僵尸网络威胁的关键。

1. 僵尸网络的跟踪

充分了解僵尸网络的内部工作机制是防御者应对僵尸网络安全威胁的前提条件。僵尸网络跟踪(Botnet Tracking)为防御者提供了一套可行的方法,其基本思想是:首先通过各种途径获取因特网上实际存在的僵尸网络命令与控制信道的相关信息;然后模拟成受控的僵尸程序加入僵尸网络中,对僵尸网络的内部活动进行观察和跟踪。

部署包含有蜜罐主机的蜜网(Honeynet)是对僵尸网络进行跟踪的一种有效方法。利用蜜网,可以捕获到因特网上实际传播的大量僵尸程序,然后分析出僵尸程序所连接的 IRC 命令与控制信道信息,包括 IRC 服务器的域名及 IP 地址和端口号、连接 IRC 服务器的密码、僵尸程序用户标识和昵称的结构、加入的频道名和可选的频道密码等。然后,使用 IRC 客户端追踪工具根据控制信道信息加入僵尸网络进行跟踪。

通过对僵尸网络的跟踪,可以较为全面地了解僵尸网络的控制服务器位置、行为特性和结构特性,为防御者进一步检测与处置僵尸网络提供了充分的信息支持。不过也存在一些不足:基于蜜罐技术的采集和跟踪方法无法有效地检测出全部活跃的僵尸网络,无法为因特网用户提供直接保护;另外,僵尸网络控制者在觉察到被跟踪后,可以采取信息裁减机制、更强的认证机制等方法加大僵尸网络跟踪的难度,并减少跟踪所能够获取的信息;还有,各种基于 HTTP 和基于 P2P 的僵尸网络命令与控制机制的使用为僵尸网络跟踪带来了较大困难;最后,防御者对僵尸网络实施跟踪一旦被发现,就很可能被僵尸网络控制者实施 DDoS 攻击。

2. 僵尸网络的防御与反制方法

僵尸网络的防御与反制是一项较为复杂的工作,下面介绍常用的几种方法。

(1)传统防御方法。由于构建僵尸网络的僵尸程序仍是恶意代码的一种,所以传统的防御方法是加强因特网主机的安全防御等级以防止被僵尸程序感染,并通过及时更新反病毒软件特征库清除主机中的僵尸程序,主要包括使用防火墙、DNS 阻断、补丁管理等技术手段。

(2)创建黑名单。通过路由和 DNS 黑名单的方式屏蔽僵尸网络中恶意的 IP 地址和域名是一项简单而有效的技术。在该方法中,如何获得恶意 IP 地址及域名等信息是关键。目前,已有一些研究机构和个人在网络上共享了通过僵尸程序分析、IDS日志分析等方法获得的恶意 IP 地址和域名的黑名单。为此,只要能够确保黑名单的及时性和准确性,创建黑名单方法就是非常有效的。

另外,针对基于 Web 方式来传播僵尸程序这一现象,目前各主流的 Web 浏览器都加入了黑名单机制来阻止用户对恶意 Web 网址的访问。例如,Google 公司启动了 Google Safe Browsing 项目来收集并发布挂马和僵尸程序宿主网页及钓鱼网站,并以黑名单的形式集成在 Firefox 和 Chrome 浏览器中。其他浏览器厂商也进行了类似的工作。

(3) 关闭僵尸网络使用的域名。直接关停僵尸网络所使用的域名或关闭其命令与控制服务器的网络连接是一种最直接有效的方法。例如,针对僵尸网络具有命令与控制信道这一基本特性,可以通过摧毁或无效化僵尸网络命令与控制机制使其无法对因特网造成危害。

4.6　Rootkit

Rootkit 不是一项新技术,但却是恶意代码家族中发展最快、安全威胁最大的技术之一。McAfee 实验室在"McAfee Labs Threats Predictions for 2017 And Beyond"中提出：硬件和固件将日益成为通过复杂技术进行攻击的主要目标。Rootkit 技术涉及 UNIX/Linux、Windows、NetWare 计算机操作系统,以及 Google Android、Apple iOS、Windows Phone 等移动智能终端操作系统。

4.6.1　Rootkit 的概念

从网络攻击的方法来看,Rootkit 是攻击者使用的一个软件工具集,用于获得对系统的非授权访问,为攻击者获取敏感数据提供特殊权限,并隐藏自己的存在,而且根据需要允许安装其他恶意软件。从 Rootkit 的组成 Root(特权用户)和 kit(工具集)可以看出,Rootkit 是能够获得系统特权并能够控制整个系统的工具集。在安装 Rootkit 之前,攻击者需要管理员权限。Rootkit 是最具挑战性的恶意软件,因为它很难通过系统提供的检测机制及第三方的检测软件发现。

综上所述,Rootkit 是一种能够同时针对操作系统(包括微内核操作系统)的用户模式和内核模式进行程序或指令修改,达到通过隐藏程序执行或系统对象的变化来规避系统正常检测机制、绕开安全软件监控与躲避取证手段,进而实现远程渗透、尝试隐藏、长期潜伏并对整个系统进行控制的攻击技术。与传统的恶意代码不同,Rootkit 攻击的灵活性更大、破坏性更强、被检测的难度更大,当然技术要求也更高。

Rootkit 与计算机病毒、蠕虫、木马、后门和僵尸程序等同属于恶意代码,都是由攻击者按照攻击意图植入被攻击系统中的程序或代码,都具有潜伏性和破坏性。但与其他类型的恶意代码不同的是：Rootkit 还会替换或修改被攻击系统中的程序。作为恶意代码家族中的新秀,Rootkit 几乎集成了家族成员所有的优势：破坏性最强的计算机病毒会修改硬件ROM 中的代码(如 CIH 病毒),而这是 Rootkit 最基本的特征。木马最大的特点是将自己伪装成为合法的程序,以便能够用欺骗方式隐藏自己,而 Rootkit 的隐藏性要比传统的木马更深；木马程序通过远程 Shell、远程控制 GUI 等方式对被攻击系统实施远程控制,并为攻击者绕过正常的安全检测机制提供访问通道,更能在系统重启后实施自启动,在这方面Rootkit是有过之而无不及的。作为一种特殊形态的恶意代码,Rootkit能够将自己伪装为系统中的一个合法程序(木马的特征),使得攻击者可以按照自己的方式去访问系统(后门的特征),修改或替换硬件(如 BIOS、显卡等)中的代码或系统中的正常程序而将自己隐藏起来(高级计算机病毒的特征)。

4.6.2 用户模式 Rootkit 和内核模式 Rootkit

自底向上分层模型的特点是通过层间接口技术将下层的差异性利用统一的服务模式(标准或协议)封装起来,下层为其上层提供一种抽象一致的按需服务。然而,这种分层模型却为攻击者提供了可利用的机会,攻击者通过篡改下层组件结构或劫持并替换下层组件的输出值,达到欺骗上层调用并隐匿自身的目的。目前广泛使用的 Windows、UNIX/Linux操作系统都采用分层模型,Rootkit 可以工作在操作系统的用户模式和内核模式。Rootkit可以攻击操作系统用户态中的一些内建程序或库文件,攻击者可以用事先编写的替换程序覆盖有关访问计算机的程序和服务,替换系统中的各种信息查看工具,从而向用户隐瞒攻击者在被控系统中的文件、进程和网络使用情况,更改程序的运行时间、删除或修改系统日志,解开工具包并自动安装脚本程序等。其中,在 Windows 系统中,Rootkit 可以使用开发接口将自身的恶意功能逻辑插入正常的 Windows 函数中,而无须覆盖现有的 Windows 代码。为了能够修改操作系统中的关键文件,可以关闭 Windows 中的 WFP(Windows File Protection)机制,还可以通过 DLL 注入(DLL Injection)和 API 挂钩(API Hooking)技术将恶意代码直接加载到已运行进程的内存空间中。

从攻击的有效性来讲,内核模式下的 Rootkit 可以直接对操作系统的内核对象(如事件对象、文件对象、文件映射对象、作业对象、进程对象、线程对象等)进行攻击,可以通过修改内核代码来欺骗用户模式下的可信软件,能够通过访问底层信息来对整个系统进行控制,能够利用内核权限来对抗一些正常的安全机制,能够通过修改内核代码来实施深度隐藏(如隐藏自己所有的文件和文件夹、隐藏进程、隐藏通信端口等)。所以 Rootkit 作用在内核模式下时要比作用在用户模式对系统的破坏性更强,更难被检测和防御。对 Linux 而言,由于其开源性,同时支持在内核中注入新代码这一 LKM(Linux Kernel Module)内核扩展机制,所以 Rootkit 对 Linux 内核的修改更加容易实现。在 Windows 系统中实现 Rootkit 的方式较多,通过修改设备的驱动程序来改变某个特定的系统服务调用;通过修改底层函数使之在执行完 Rootkit 函数后再继续执行原函数以绕过上层软件的检测;通过修改 DKOM(Direct Kernel Object Manipulation,直接内核对象操作技术)来隐藏文件、程序、注册表项等。

4.6.3 Bootkit 攻击

自从 1999 年 Greg Hoglund 针对 Windows NT 首次提出 Windows Rootkit 概念以来,随着研究的深入,Windows Rootkit 的内涵和外延虽然一直在不断发展变化,但其具有的深度隐藏、长期潜伏、伺机攻击的特征却没有改变。2005 年,eEye Digital 安全公司首次提出Bootkit 的概念,将其定义为主要针对硬件攻击的 Rootkit。2011 年出现的"BMW"病毒,通过连环感染 BIOS、MBR(Main Boot Record,主引导记录)和针对 Windows 的 BIOS

Rootkit，能够在操作系统之前获取对主机的控制权，并对抗几乎所有的杀毒软件、HIPS（Host-based Intrusion Prevention System）和审计系统，同时在硬盘上不留任何痕迹，即使重新安装了操作系统甚至是更换了硬盘也无法清除。"BMW"病毒使安全界对 Bootkit 攻击有了更进一步的认识。

图 4-12 较为详细地描述了计算机的启动过程。下面以 Windows Bootkit 为例进行具体讨论。Bootkit 攻击的主要对象是计算机板上的 BIOS 芯片和磁盘的 MBR。Bootkit 主要针对运行在实模式下的 BIOS 和 MBR 及其他引导程序。其方法是：主要利用挂钩技术，将攻击代码插入正常的引导程序，在计算机开始启动进入操作系统之前，劫持原有程序的运行，使攻击者在早于操作系统之前获取对主机的控制权，进而规避系统的安全防护措施，实施对系统的破坏并隐藏自己。

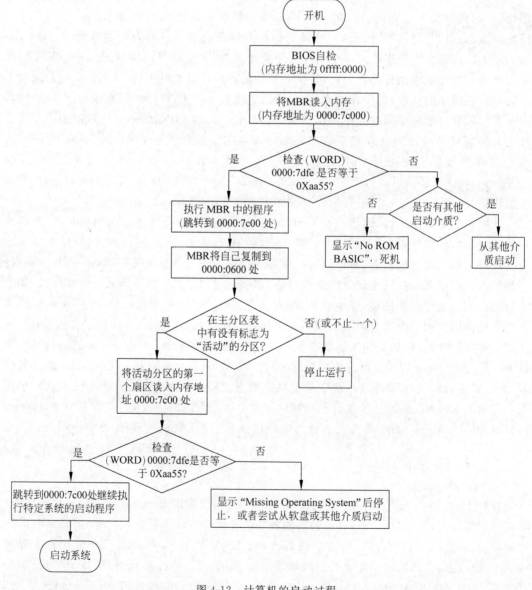

图 4-12　计算机的启动过程

计算机系统在从 BIOS 到 MBR 的引导过程中,分别使用了 INT 13h 和 INT 19h 实模式中断,BIOS 通过 19h 中断,从启动盘(硬盘、光盘等)中选取一个启动分区,然后通过 13h 中断将该启动分区中的 Bootloader 加载到内存中,并对 CPU 及相关硬件进行初始化,为操作系统的加载提供所需要的运行环境。攻击者利用系统启动过程中 BIOS 和 MBR 的引导特点,便可以实施 Bootkit 攻击。主要攻击过程为:首先针对具体的 BIOS 文件类型,将攻击代码插入原有的 BIOS 文件中(或用新编写的带有攻击代码的 BIOS 文件替换 BIOS ROM 中原有的文件),在系统启动时将运行带有攻击代码的 BIOS 程序;然后利用挂钩技术,系统在调用 19h 和 13h 中断时会分别执行攻击程序,结束后再分别返回正常的 19h 和 13h 调用。在此过程中,表面上看整个启动过程没有发生任何变化,一般也不会影响操作系统的正常加载(由 Bootloader 引导操作系统),但实质上攻击代码通过两次劫持早已运行。更为可怕的是,攻击者可以通过对两次中断劫持中攻击方式的组合,实施更复杂、破坏性更强的攻击。例如,在第 1 次中断劫持后获得对系统底层的控制权,而在第 2 次劫持后可以获取对操作系统的控制权,实施对内核的 Rootkit 攻击。

4.6.4　挂钩技术

虽然 Rootkit 可以攻击操作系统的用户模式,但其核心功能还是以攻击内核模式为主。同时为增加技术分析时的针对性,本节主要以 Windows Rootkit 为分析对象。

Windows 系统采用基于事件驱动的消息传递机制。Windows 系统将事件封闭在消息中,信息是系统用于告诉应用程序某个事件发生的一个通知,如用户移动鼠标、按下键盘等都作为一个事件而产生一个信息,系统将信息传递给指定的窗口进行处理,这样基于事件驱动的信息传递机制便实现了 Windows 应用程序 GUI 界面的交互。在以上的过程中,系统内部具体执行了哪些操作,内部的程序又是按什么顺序运行的,用户并不知道。

挂钩(Hooking)技术是将要执行的具有某种特殊功能的代码(如 Rootkit 攻击代码)作为外挂程序巧妙地插入目标程序(被挂钩程序)中。当目标程序执行到被挂钩处时强行转向执行外挂程序(钩子程序),当外挂程序执行结束后再返回目标程序的被挂钩处继续执行目标程序。挂钩技术能够为用户提供系统或进程中各种事件产生的消息,并能够根据用户需要改变程序的执行流程,且增加新的功能。也就是说,挂钩技术为用户访问 Windows 系统程序的结构和执行方式提供了一种途径,而 Windows 系统的这一工作机制却为实现 Rootkit 攻击创造了条件。攻击者只要能够访问目标进程的地址空间,就可以挂钩并修改其中的任何函数(如函数指针、系统调用入口地址等)。在进程打开时这些修改后的函数被调用执行,此时将自动跳转到攻击者设置的攻击代码所在的地址去执行,并实现隐藏进程和端口等功能。例如,利用挂钩技术,攻击者可以将木马、后门等恶意代码以驱动程序的形式挂钩到系统的正常启动流程中(如 Windows 的 Winload.exe),使这些恶意代码在用户根本不知情的情况下随着系统驱动程序的加载而自动运行。

从理论上讲,不管是用户模式还是内核模式,只要存在能够挂钩的地方就可以实现基于挂钩的 Rootkit 攻击。

1. API 函数挂钩攻击

API 函数挂钩是最典型的一种挂钩技术。在 Windows 环境下主要有两种实现 API 函

数挂钩的操作：一种是通过修改 PE(Portable Executable,可移植执行体)文件的 IAT
(Import Address Table,输入地址表)使 API 函数地址重定向,该方式称为 IAT Hooking
(基于 IAT 表的挂钩);另一种是篡改 API 函数地址中的机器码,即用无条件跳转指令 JMP
的机器码来替换 API 函数入口地址中的机器码,该方式称为 Inline Hooking。

(1) IAT Hooking。输入函数是指允许被程序调用,但其自身却不在调用程序中的函
数。Windows 系统中的输入函数执行体一般位于一个或多个动态链接库(DLL)中,当 PE
文件被调入内存时,Windows 加载程序才会加载 DLL,即通过 DLL 来调用输入函数。IAT
表中保存着调用函数与输入函数地址之间的关联信息。如图 4-13 所示,Rootkit 攻击程序
会分析内存中目标程序(PE 文件)的结构,用 GetProcAddress 获取 API 函数的地址,根据
该地址在 IAT 表中查找目标函数(输入函数)的地址,然后用 VirtualProtect 改变内存区域
的保护,之后再用攻击函数地址替换 IAT 表中该条目中目标函数地址。最后,当目标函数
被调用时,实际执行的是攻击函数,而非原函数。该攻击方式实现起来较为容易,但对使用
GetProcAddress 显式调用的 DLL 不起作用。

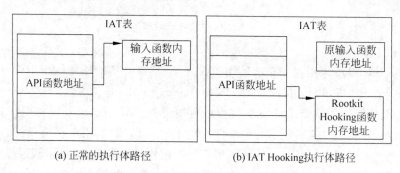

图 4-13　IAT Hooking 的工作过程

(2) Inline Hooking。与 IAT Hooking 通过修改内存中输入函数地址实现到 Rootkit
攻击函数跳转不同的是:Inline Hooking 直接修改 API 函数入口处的机器码使其转到
Rootkit 攻击函数。在进行了跳转后,为了使 API 函数能够顺利执行,在完成 Rootkit 攻击
函数执行后还须返回 API 函数,接着执行 API 函数后续的代码。Inline Hooking 的工作过
程如图 4-14 所示。该攻击方式的通用性强,从理论上可以在 API 函数的任何地方把原来指
令替换成 Rootkit 攻击者的跳转指令,来躲避在线(inline)检测。但缺点是由于不同操作系
统中的机器码可能不同,所以攻击函数的稳定性和跨平台操作效果较差。

2. 描述符表挂钩攻击

Rootkit 攻击者可以针对 SSDT、IDT、GDT、LDT 等描述符表(Descriptor Table,DT)
的挂钩机制,对操作系统内核进行攻击。

(1) SSDT 挂钩攻击。SSDT(System Service Descriptor Table,系统服务描述符表)是
Windows 系统中实现用户程序调用系统服务的查询表,即关联用户模式下的 Win32 API 与
内核模式下的系统服务函数的关联表。可以将被应用程序调用的系统服务函数的服务号及
对应的入口地址存放在 SSDT 表中,这样当应用程序向操作系统发送了一个调用系统服务
函数的请求指令后,操作系统便从 SSDT 表中查询该服务器对应的入口地址,并根据查询结
果执行对应的代码。

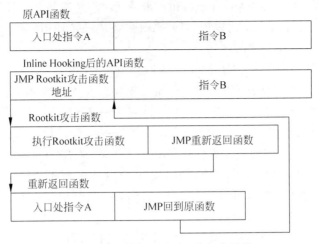

图 4-14 Inline Hooking 的工作过程

SSDT Hooking 的实现方法如图 4-15 所示,即将 SSDT 表中的某系统服务号对应的入口地址修改为外挂钩子函数的地址,从而改变系统服务函数原有的执行路径。SSDT Hooking 攻击的方法也较为简单,Rootkit 攻击者在确定了某系统服务函数后,通过修改 SSDT 表中的对应项,使其指向 Rootkit 代码。根据攻击的需要,SSDT Hooking 可以进行嵌套。

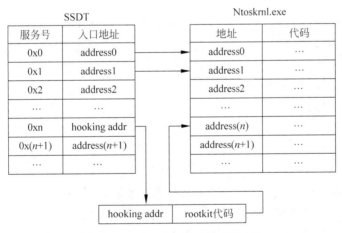

图 4-15 SSDT Hooking 的实现方法

(2) IDT 挂钩攻击。IDT(Interrupt Descriptor Table,中断描述符表)挂钩是针对系统内核的 Rootkit 技术。CPU 根据中断号获取对应服务程序的入口地址(中断向量值),IDT 表是在内存中建立的一张让 CPU 由中断号查找到对应服务程序入口地址的查询表。IDT 表最大支持 256 个表项,但每个表项占用的字节数在操作系统的不同模式下不同,其中在实地址模式下为 4 字节,在保护模式下为 8 字节。根据中断号对异常类型(Faults/Traps/Aborts)的不同,每个表项的组成及功能描述也不同。

IDT 表由专门的 IDTR 寄存器保存,操作系统可用 SID 指令读出 IDTR 寄存器中的记录信息,用 LIDT 指令将新信息写入 IDTR 寄存器中。IDT Hooking 的实现方法是用新的表项来替换 IDT 表中已有的表项。Rootkit 攻击者通过用构造的表项替换寄存器中的相应表项，或者根据攻击要求写入新的表项，以此来改变系统服务调用的执行流程，并通过劫持和篡改信息达到隐藏自身的目的。

（3）GDT/LDT 挂钩攻击。GDT(Global Descriptor Table，全局描述符表)用于存放描述内存区域的地址及访问特权的段描述符（如任务状态段 TSS 描述符、数据和代码段描述符等）。GDT 在系统中是唯一的（即一个处理器对应一个 GDT），它由所有程序和任务共享，并可存放在内存的任意位置。Intel x86 处理器用一个 GDTR 寄存器存放 GDT 的入口地址和表长度（GDT 表占用的字节值），分别用 LGDT 和 SGDT 指令向 GDTR 寄存器中加载和读取 GDT 的入口地址。LDT(Local Descriptor Table，局部描述符表)的本质与 GDT 一致，只是每一个进程对应一个 LDT 表，LDT 表的入口地址保存在 LDTR 寄存器中，分别通过 LLDT 和 SLDT 指令加载和读取。

在 Windows 系统默认状态下，GDT 和 LDT 都包含有调用门(call-gates)入口，GDT/LDT Hooking 的实现方式是在描述符表保留字段中插入一个调用门描述符来改变内在段的执行特权，再借助相关技术实现进程隐藏。由于每个实际运行的处理器分别对应一个 GDT 表，每个线程可以获得其对应进程所包含的 LDT 表的相应内容，在 GDT/LDT Hooking 攻击中，攻击者首先会设计一个包含 Rootkit 攻击代码的调用门，然后将该调用门插入 GDTR 寄存器的 GDT 指定位置。同时，当一个任务发生切换时，包含 Rootkit 攻击代码的线程管理器用攻击程序线程的 LDT 表替换正在运行线程的 LDT 表，实现对线程的隐藏。

（4）IRP 挂钩攻击。IRP(I/O Request Package，I/O 请求包)是 Windows 内核中一个预定义的数据结构，一个 IRP 由一个固定的首部和不定数目的 IRP 栈单元块组成，IRP 栈为先进后出的向下生长的栈。当上层应用程序需要调用底层的 I/O 设备时，应用程序便发送一个 I/O 请求，I/O 管理器首先将其转换为一个 IRP，然后传送到合适的驱动程序栈中的不同派遣例程进行处理。IRP 用 IoGetCurrentIrpStackLocation 函数获取指向当前栈单元的指针，使用 IoCopyCurrentIrpStackLocationToNext 或 IoSkipCurrentIrpStackLocation 函数把当前栈单元复制到下一个栈单元。

基于 Windows 系统的层次模型和 IRP 栈先进后出的工作机制，驱动程序使用 IoSetCompletionRoutine 函数挂接一个完成例程，而该完成例程信息存储在对应驱动程序的 IRP 栈单元中。攻击者将 Rootkit 驱动程序插入驱动程序栈中，在截获合法驱动程序后对其信息进行修改和过滤，从而达到隐藏文件、嗅探击键和鼠标操作等目的。

4.6.5　DKOM 技术

前面介绍的 API 函数挂钩攻击和描述符表挂钩攻击都是利用被攻击对象的工作机制，通过修改程序执行流程或重定向指令等方式来实现 Rootkit 攻击。而 DKOM(Direct Kernel Object Manipulation，直接内核对象操作)Rootkit 攻击技术通过直接修改 Windows 系统的设备驱动程序或可加载内核模块，以实现进程、文件和网络连接的隐藏和进程提权。

以 Rootkit 攻击者实现 Windows 系统进程隐藏为例。当创建一个进程时，系统会给该进程建立一个对应的内核 EPROCESS 结构，该结构的第一个成员为 KPROCESS；当创建一个线程时,系统同样会建立一个对应的内核 ETHREAD 结构,该结构的第一个成员为 KTHREAD。在 EPROCESS 结构体中,有一个类型为 LIST＿ENTRY 结构体的成员 ActiveProcessLinks,它是一个拥有 FLINK 和 BLINK 两个指针成员的双链表节点,两个指针成员分别指向前后两个进程 EPROCESS 结构体的 ActiveProcessLinks 成员。当需要隐藏 Rootkit 攻击代码的进程时,只需要把该进程的 EPROCESS 结构体从双向链表中移除即可,如图 4-16 所示。

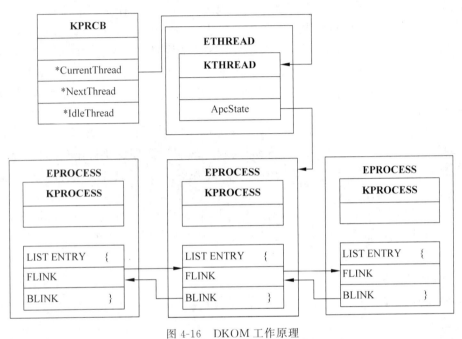

图 4-16　DKOM 工作原理

4.6.6　虚拟化技术

早期的 Rootkit 一般通过 Hooking 技术改变程序的执行路径、过滤系统调用的返回信息,或者直接采用 DKOM 技术篡改系统内核对象来实现攻击过程,对操作系统的运行具有较大的依赖性,所以无法彻底消除 Rootkit 攻击过程产生的痕迹,容易被基于操作系统的检测技术发现。硬件虚拟化技术的出现导致了与操作系统无关的恶意软件的出现,如基于虚拟机的 Rootkit(Virtual Machine Based Rootkit,VMBR)。虚拟化(virtualization)技术分离了传统的软件与硬件,可支持多种同构或异构的软件(如操作系统)共享同一硬件设施。基于虚拟化技术的 Rootkit 可以将攻击代码插入原有的软件与硬件之间,使传统的基于操作系统的检测方式失效,从而实现深度隐藏的目的。

1. VMM Rootkit

在虚拟机中,VMM(Virtual Machine Monitor,虚拟机管理器)是一个运行在硬件与操作系统之间的中间件层,主要角色是对底层物理主机平台的资源进行仲裁,这样多个操作系统(即 VMM 客户机)可以共享硬件。VMM 为每个虚拟客户机操作系统提供一组虚拟平台接口,构成虚拟机(Virtual Machine,VM)。根据实现方式的不同,可以将 VMM 分为宿主模型(Host-based Model)、监控模型(Hypervisor Model)和混合模型(Hybrid Model)3 种类型。其中,在宿主模型中,VMM 运行在宿主操作系统上并利用其提供的设备驱动及底层服务,客户操作系统需要借助宿主操作系统的 VMM;而在监控模型中,VMM 直接运行在物理硬件上,且拥有特权级;混合模型是对宿主模型和监控模型的集成,以发挥 VM 的应用功能。

基于宿主模型的 VMM Rootkit 通过在宿主操作系统上安装一个 VMM,然后将攻击代码构建在一个 VM 上,并利用 VMM 的底层优势实现对宿主操作系统的监视和完全控制,如截获网络数据包、读取硬盘或内存中的任意信息等。由于运行有攻击代码的 VM 与宿主操作系统之间完全隔离,致使基于宿主操作系统的安全检测工具无法检测到 VM 上攻击代码的存在,实现了深度隐藏。Subvirt 是一种典型的基于宿主模型的 VMM Rootkit,主要攻击对象为 Windows 和 Linux 系统,它在重启宿主操作系统时优先加载攻击代码,并长期驻留于硬盘的引导分区。

基于监控模型的 VMM Rootkit 是在硬件虚拟化技术的支持下,实现对客户操作系统内核驱动程序的修改。根据攻击需要插入中断或改变某一程序的执行流程、建立隐蔽通信通道等,甚至直接访问客户操作系统的 I/O 和内存并对信息进行过滤、监视或记录,也可构建一些敏感指令对运行于 VMM 上的客户操作系统进行完全控制并实现隐藏。目前,已经提出了多种 VMM Rootkit,如 BluePill,在目标操作系统(Windows 或 Linux)运行时,攻击代码以驱动程序方式加载,而 Vitriol 主要针对 MacOS 操作系统,并在系统运行时以可装载模块方式加载。

2. SMM Rootkit

系统管理模式(System Management Mode,SMM)是 Intel 系列 CPU 支持的 4 种模式之一,它拥有最高权限,且独立于操作系统,专门用于电源管理、温度调节等底层硬件控制。SMM 为 CPU 不同模式之间的切换提供了一种透明机制:当任一程序或硬件发出 SMI (System Management Interrupt,系统管理中断)时,CPU 首先将当前寄存器的值存储到 SMRAM(System Management RAM Control Register)中,然后切换到 SMM 模式,在一个分离的地址空间执行 SMM 指定的代码;当 SMM 需要返回时将发出 RSM 指令,回到被系统管理中断之前的状态,同时恢复 CPU 寄存器的值。

SMM 其实是 Intel 系列 CPU 预留的一种特权模式,它拥有外部程序不可见的独立的内存区域和隔离的运行空间,而且不会受到内在保护模式和优先级的限制,操作系统无法感知到 SMM 中断的发生,这就为 SMM Rootkit 攻击提供了深度隐藏所需的条件,同时可以对网卡、硬盘、键盘等外围设备进行控制。

4.6.7 Rootkit 的检测方法

作为恶意代码家族中的新成员,Rootkit 的检测方法和防御技术需要在继承已有成果的基础上,针对新的攻击手段和目标有所改进和突破。根据研究对象主体特征的不同,针对 Rootkit 的检测方法可分为基于软件的检测法和基于硬件的检测法两种类型。

1. 基于软件的检测法

基于软件的检测法分为行为检测法、完整性检测法、执行时间检测法、执行路径检测法和差异检测法等类型。

（1）行为检测法。行为检测法是通过对比分析已有 Rootkit 行为特征与当前提取到的特征信息来判断是否发生了 Rootkit 攻击行为。该方法是基于对已有 Rootkit 攻击行为特征库的建立,检测过程首先对目标对象(内存、内核文件等)进行扫描;然后在库中进行比对,看是否存在相吻合的项。行为检测法的特点是对已有 Rootkit 攻击行为的检测精确度高,但其前提是需要完善的特征库的支撑,所以一些新型或未知的 Rootkit 攻击很容易被绕过。

（2）完整性检测法。完整性检测法是通过检测系统文件或内核文件的完整性来判断是否存在 Rootkit 攻击。该方法需要建立齐全的针对系统不同版本在可信状态下的重要文件特征库(Hash 值),在检测时可提取当前状态下系统对应文件的特征值,并与库中对应的特征值进行比对,进而确定是否发生了 Rootkit 攻击。该方法几乎可以检测出任何一种 Rootkit 攻击行为,但由于需要事先计算所有可能遭受 Rootkit 攻击对象的特征值,实现起来相对比较困难。

（3）执行时间检测法。执行时间检测法是对系统运行时所启用的服务指令的执行时间进行计数,以判断是否有其他的代码执行。该方法需要在系统创建时备份原始系统调用函数,并统计其正常状态下的执行时间。如果发生了针对内核的 Rootkit 攻击,那么不管该攻击采用 Hooking 或 DKOM 方式,原始服务指令的执行时间都会增长,而且代码的执行路径也会发生变化。该方法可以检测出已知和未知的 Rootkit 攻击,但会因计时器(如本地时钟、外部计时器等)的误差产生误报和漏报。

（4）执行路径检测法。执行路径检测法是通过比较分析某个系统服务在可信系统(未被 Rootkit 攻击的系统)和待检测系统上运行指令数的差异来判断是否存在 Rootkit 攻击。该方法的实现原理是:当某一系统服务隐藏了 Rootkit 攻击对象时,系统在调用该被攻击服务时将会执行一些额外的指令,总的指令数必然会增加。该方法从理论上讲是可行的,但在指令执行时 CPU 需要处于单步模式,频繁的中断操作会严重影响系统的性能。

（5）差异检测法。差异检测法是通过分析比较从系统不同层次获得的进程、网络连接、文件目录等列表信息,再根据存在的差异来检测出是否存在 Rootkit 攻击。如果一条信息(如进程)在底层列表中出现,但是却没有在高层列表中出现,就说明该信息已经被 Rootkit 隐藏。检测对象的确定和列表信息的获取是差异检测法的关键。由于攻击代码在运行时一般都需要创建对应的进程,而绝大多数 Rootkit 攻击行为都将隐藏进程作为必备的手段,所以隐藏进程必然是差异检测的主要对象;列表信息的获取需要在确保对象可信的前提下,尽可能获取到最底层的信息。例如,基于交叉视图的差异检测法理论上可以检测出已知和未知的 Rootkit 攻击,但前提是系统信息的获得必须是全面和可信的。

2. 基于硬件的检测法

近年来,随着 Rootkit 技术越来越向底层深入,并实现了优先于操作系统和检测软件启动等深度攻击功能,致使基于软件的检测方法失去了功效。在此情况下,基于硬件的 Rootkit 检测和防御方法则成为一个关注领域和研究方向。

目前,基于硬件 Rootkit 攻击的检测研究已经取得了一些理论成果。例如,利用 DMA (Direct Memory Access,直接内存访问)技术让硬件检测设备直接对物理内存数据进行复制,并对复制品分析是否存在异常行为。根据检测需要设计的内存控制器可以实现特定的外部设备利用 DMA 访问物理内存并进行 Rootkit 检测。该技术的实现需要相应条件的支持(如 CPU 等硬件需要支持 DMA 操作)，同时为了防止 DMA 物理内存在复制时被 Rootkit 攻击，目标主机的 CPU 在复制过程中需要处于暂停状态。另外，基于硬件的实时扫描技术可以对主机的文件系统和物理内存进行实时监控，及时发现系统的运行异常。不过，现有研究成果多为理论探讨，具体的实践应用较少。

4.6.8　Rootkit 的防范方法

网络攻击与防御是一个既对立又统一的过程，检测是防御的前提和重要组成部分，下面在 Rootkit 检测方法的基础上，继续讨论其防御方法。

1. 固件级防御

类似于针对 BIOS 的固件级 Rootkit 攻击，该类攻击最接近系统的底层，而且在操作系统启动之前就已完成了攻击代码的加载和隐藏，所以在重装系统或格式化硬盘后仍然无法清除植入的攻击代码。针对此类攻击行为，最有效的防御方法是在 Rootkit 攻击之前争取启动的优先权，即让 Rootkit 防御代码优先于攻击代码加载，使 Rootkit 防御代码优先取得对整个系统的控制权，进而拦截 Rootkit 攻击代码的加载，阻止攻击行为的发生。

可信计算平台分别将 BIOS 引导模块和 TPM(Trusted Platform Module，可信平台模块)作为完整性度量和完整性报告的可信根，创建一条"CRTM→BIOS→OSLoader→OS→Application"的信息链，通过先度量再移交控制权的方式，确保了每一个环节的可信性，为防御固件级和用户级的 Rootkit 攻击提供了一种行之有效的解决方案。

2. 用户级防御

由于用户级 Rootkit 攻击对象主要是运行在用户模式下的系统程序和用户应用程序，包括系统 DLL 文件和应用程序的二进制文件，以及一些跳转表等。这一类攻击处于系统较低的特权级，攻击代码的隐藏较为困难，已有的针对文件型恶意代码的检测和防御技术能够有效地应对。例如，针对应用程序或文件的 Rootkit 攻击，检测和防御程序只需要比较原始对象和疑似被攻击对象之间的异同就可以做出判断和处理。

3. 内核级防御

由于内核级 Rootkit 攻击行为发生在操作系统的内核空间中，其攻击代码多以 Windows 驱动程序或 Linux LKM 形式通过 Hooking 或 DKOM 等方式加载，并成为操作系统的一部分，拥有系统的最高特权。与用户级 Rootkit 不同的是，内核级 Rootkit 不但能够实现自身的深度隐藏，而且能够对系统内核及运行在操作系统上的检测工具进行任意修改，其破坏性更大。常规的检测方法难以检测到其存在，防御难度大。

针对内核级 Rootkit 攻击的防御思路是：实现操作系统内核模块与外部调入程序(如 Rootkit 攻击代码)之间的有效隔离。这样，当 Rootkit 攻击代码通过 Windows 驱动程序或 Linux LKM 方式试图加载到系统内核时，就可以快速地进行判断和清除。例如，微软公司在其 64 位 Windows 操作系统中就引入了 PatchGuard 技术，它是 Windows 操作系统的一个安全保护层，对内核关键位置进行检测，并引入了 DES 实现对驱动程序的数字签名。该机制有效防止了 Hooking 和 DKOM，进而避免了任何非授权试图修改 Windows 内核行为的发生。

4. 虚拟级防御

虚拟化技术的出现和虚拟机的广泛应用为 Rootkit 攻击提供了一条新的途径。由于虚拟级 Rootkit 运行在物理硬件与操作系统之间,理论上拥有比操作系统内核更高的特权级,可以对操作系统进行完全控制和操作,其危害程度可想而知。

针对虚拟机 Rootkit 攻击的防御,目前已经取得了一些成果。例如,基于 HAV(Hardware Assisted Virtualization,硬件辅助虚拟化)技术,通过引入新的操作系统模式,使客户操作系统以较低的特权级运行,有效保护系统的内存等资源,防止 Rootkit 攻击行为的发生。

习题

1. 什么是恶意代码?它主要包括哪些类型?

2. 什么是计算机病毒?它具有什么基本特征?并简述其感染和传播机制。

3. 简述可执行文件病毒、引导扇区病毒和宏病毒的特点和工作机制。

4. 什么是蠕虫?它与计算机病毒之间的区别是什么?

5. 简述网络蠕虫的传播机制。

6. 什么是木马?它与计算机病毒和蠕虫之间的区别是什么?

7. 简述网页木马的攻击过程及特点。

8. 什么是后门?它与计算机病毒和木马之间的区别是什么?

9. 分析端口复用技术在网络攻击中的实现方法。

10. 在熟悉 Windows 自启动实现方法的基础上,通过实际操作来测试其实现过程。

11. 与计算机病毒、蠕虫、木马、后门等恶意代码相比,僵尸网络在实施攻击的方式上有什么特点?

12. 简述僵尸网络的工作机制,并分析其防御方法。

13. 什么是 Rootkit 技术?与传统的恶意代码相比,它具有哪些特点?

14. 简述 Rootkit 攻击的实施方法。

15. 什么是挂钩技术?

16. 什么是 API 函数挂钩攻击?分析 IAT Hooking 和 Inline Hooking 之间的区别。

17. 什么是描述符表挂钩攻击?简述 SSDT、IDT、GDT、LDT 的实现方法。

18. 什么是 DKOM 技术?简述其实现方法。

19. 通过对 Rootkit 攻击技术的分析,简述其检测和防御方法。

20. 挖矿木马有什么特征?如何对其进行有效防范?

第5章

Web服务器的攻防

随着社交网络、微博、电子商务等各类 Web 应用的快速发展,针对众多 Web 业务平台的网络攻击频繁发生,Web 安全问题开始引起大家的普遍关注。由于 Web 应用程序的访问只需要通过客户端浏览器就可以完成,这就形成了一种新型的 B/S(Browser/Server,浏览器/服务器)结构。它在继承了传统 C/S(Client/Server,客户机/服务器)结构应用优势的基础上,根据 Web 应用需求进行了功能扩展和结构优化。同样地,各类网络攻击行为也随着体系结构和工作模式的变化而变化,新的应用环境不仅要解决传统网络中存在的安全问题,同时还要应对针对新应用而出现的新型攻击行为。考虑到浏览器/服务器的结构特点,本章重点介绍 Web 服务器的攻防,有关 Web 浏览器的攻防将在第 6 章单独介绍。

5.1 Web 应用的结构

体系结构是用于定义一个系统的结构组成及系统成员间相互关系的一套规则。从互联网应用发展来看,从早期的终端/主机模式到后来的共享数据模式,再到 C/S 模式,发展到目前以 B/S 模式为主,在电子商务等应用中使用的三层或多层模式,基于互联网应用的结构发生着巨大的变化。

5.1.1 C/S 结构

C/S 结构虽然不是目前互联网应用中的主流结构,但它是 B/S 结构的基础,一些在 B/S 结构中存在的攻击行为也源自于 C/S 结构。因此,本节将对 C/S 结构进行必要的介绍。

1. C/S 结构的实现方法

面向终端的网络以大型机为核心,而 C/S 结构打破了大型机在网络中所处的核心位置,通过充分发挥个人计算机(PC)、大型数据库系统和专业服务器操作系统(UNIX/Linux、

NetWare 和 Windows Server)的功能,实现了真正意义上的分布式计算模式。C/S 结构是指将事务处理分开进行的网络系统,即 C/S 的工作模式采用了两层结构:第一层在客户机系统上有机融合了表示与业务逻辑;第二层通过网络结合了数据库服务器。更具体地讲,C/S 结构将与用户交互的图形用户界面(Graphical User Interface,GUI)、业务应用处理与数据库访问、处理相分离,服务器与客户机之间通过消息传递机制进行对话,由客户机向服务器发出请求,服务器在进行相应的处理后经传递机制向客户机返回应答。

2. C/S 结构的特点

大多数情况下,C/S 结构是以数据库应用为主,即业务数据库(如 Oracle、MS SQL、MySQL 等)运行在服务器端,而数据库应用程序运行在客户端。基于这一特定的应用环境,C/S 结构存在如下优缺点:

(1) C/S 结构的主要优点。

① 交互性强。在 C/S 结构中,客户端运行有一套完整的应用程序,大量的业务应用一般在客户端完成,只有在进行数据调用和写入时才与服务器进行交互。

② 具有较强的数据操纵与事务处理能力。C/S 结构通过将任务合理分配到客户端和服务器端,降低了系统对网络带宽的占用,并可以充分利用客户机和服务器的硬件资源。

③ 可有效保护数据的安全性。每一个用户与服务器之间采用点对点通信模式,可采用安全性较高的通信协议或加密方式,以保护数据的安全性。

(2) C/S 结构的主要缺点。

① 可扩展性较差。当因系统功能扩展等原因需要升级系统软件时,将同时涉及服务器端和客户端,而且还会造成业务的中断,系统的升级和维护都较复杂,可扩展性较差。

② 应用规模受限。随着网络规模不断扩大,应用程序的复杂度越来越高,客户端与后台数据库之间需要频繁的交换数据,服务器容易成为应用的瓶颈。

目前,C/S 结构一般应用于用户群相对固定、对数据安全要求相对较高的企业内部业务系统。

5.1.2　B/S 结构

随着 Internet 的迅速普及和发展,尤其是 Web 技术的不断成熟和应用领域的快速拓展,传统 C/S 结构存在的不足逐渐显现,导致了整个互联网应用系统体系结构从 C/S 主从结构向更加灵活的 B/S 多级分布式结构的演进。

1. B/S 结构的实现方法

基于 B/S 结构的应用系统由前端的浏览器(Browser)和后端的服务器(Server)组成,数据和应用程序都存放在服务器上,浏览器是一种通用的客户端软件,结合多种脚本语言(如 VBScript、JavaScript 等)和 Active X 等技术,实现了原来需要复杂的专用软件才能实现的功能。在 B/S 结构中,用户界面完全通过 Web 浏览器软件(如 IE、Firefox、Chrome 等)实现,一部分事务逻辑在前端实现,而主要事务逻辑在服务器端实现。客户端利用 Web 浏览器下载应用,并在浏览器上执行和显示。因此,B/S 结构是对传统 C/S 结构的发展和演进。

如图 5-1 所示,B/S 结构是由表示层、业务逻辑层和数据层组成的典型的三层体系结构。表示层为浏览器，仅承担网页（page）信息的浏览功能，以 HTML 实现信息的浏览和输入，一般不具备业务处理能力。业务逻辑层由服务器承担业务处理逻辑和页面的存储管理，接收客户端浏览器的任务请求，并根据请求类型执行相应的事务处理程序。而数据层由数据库服务器承担数据处理逻辑，其任务是接收服务器对数据库服务器提出的数据操作请求，由数据库服务器完成数据的查询、修改、统计、更新等工作，并将数据处理结果提交给服务器。

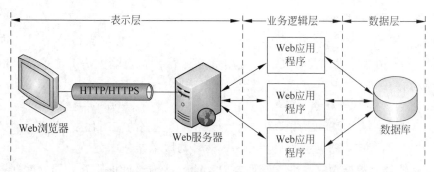

图 5-1　B/S 的三层（3-tiers）体系结构的组成

服务器端由 Web 服务器软件、Web 应用程序及后端数据库构成。Web 服务器（Web Server）软件通常被称为 HTTP 守护程序，接收 Web 客户端对资源的请求，在这些请求上执行一些基本的解析处理以确定资源是否存在，然后将结果传送给 Web 应用程序来执行，在 Web 应用程序执行结束并返回响应时，Web 服务器再将这个响应返回给 Web 客户端。浏览器使用 HTTP/HTTPS，HTML 语言与 Web 服务器进行交互，获取 Web 服务器上的信息和应用程序，并在本地执行、渲染和显示。

Web 应用程序（Web Application）是处于服务器端的业务逻辑，是现代 Web 应用的核心。早期静态 Web 应用程序只有一层，用于提供客户端浏览器显示的页面。随着 Web 技术的发展，Web 应用程序的功能越来越强大，同时结构也越来越复杂，出现了多层（n-tiers）体系结构的概念。

数据库也称为后台数据库，是 Web 应用程序多层体系结构的最后一层。目前，典型的后台数据库管理系统软件主要有 MS SQL、MySQL、Oracle 等，它们都支持统一的数据库查询语言 SQL。随着互联网技术的发展，数据库技术实现了与 Web 技术的融合，促使 Web 应用程序从早期由 HTML 为主体的静态应用向由各种 Web 应用技术所驱动的动态应用的转变，促进了支持信息检索和在线电子交易等 Web 应用的快速发展。

目前，在具体的应用中多采用如图 5-2 所示的由 B/S 和 C/S 组成的混合体系结构。其中，类似于信息发布和查询等满足大部分用户需要的应用以 B/S 方式实现，而一般由系统管理员负责的后台数据库管理与系统维护等操作采用 C/S 结构，通过 ODBC 连接。该结构充分发挥了 B/S 结构和 C/S 结构的优点，弥补了各自存在的不足。

2. B/S 结构的特点

（1）B/S 结构的主要优点。

① 统一了客户端应用软件。B/S 客户端只需要安装统一的浏览器软件，避免了 C/S 结构中安装功能各异的各类数据库客户端软件和应用软件带来的管理和维护上的困难。

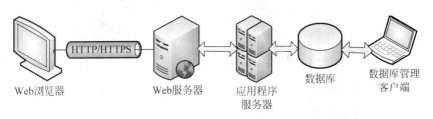

图 5-2 B/S 和 C/S 组成的混合体系结构

② 易于部署和维护。由于客户端不需要安装专用软件,应用系统的升级只需要考虑服务器端,用户在连接到服务器时只需要下载更新就可以实现升级,大大降低了总体拥有成本(Total Cost of Ownership,TCO)。

③ 可扩展性好。在 B/S 结构中,Web 浏览器和 Web 站点(由 Web 服务器、Web 应用程序及数据库所构成)之间的通信采用了标准的 HTTP/HTTPS,具有良好的可扩展性。

④ 信息共享度高。HTML 是一个开放的标准和规范,它通过标记符号来标记要显示的网页中的各个部分,网页文件通过在文本文件中添加标记符来告诉浏览器如何显示其中的内容,浏览器按顺序阅读网页文件,然后根据标记符解释和显示其标记的内容。这种模式提供了更加丰富的显示内容和便捷的信息交互方式。

(2) B/S 结构的主要缺点。

① 功能受限。由于浏览器只是为了进行 Web 浏览而设计的通用客户端软件,而对部分客户端需要进行的在线大数据量处理(如数据录入、特殊要求界面的显示等)等功能无法实现或实现起来较为困难。

② 复杂的应用构造困难。虽然可以使用 ActiveX、Java 等技术开发较为复杂的应用,但是实现起来较为复杂。

③ 安全隐患较大。根据软件任务的不同,有些应用在用户首次访问时需要通过安装"插件"来实现,这为计算机病毒、木马等恶意代码的入侵提供了便利条件。另外,在应用系统没有升级到 HTTPS 的情况下,HTTP 在传输敏感信息时存在安全隐患。

5.1.3 Web 应用安全结构概述

结合 Web 应用体系,本节从攻防的角度提供如图 5-3 所示的安全结构。其中,Web 浏览器安全主要涉及 Web 浏览器软件安全、Web 用户安全和客户端操作系统安全 3 个方面。有关操作系统的安全在第 2 章和第 3 章已经进行了介绍,在第 6 章将重点介绍 Web 浏览器软件安全和 Web 用户安全两部分内容。

Windows Server 和 Linux 是目前典型的两款 Web 服务器操作系统,从整体上来讲,Linux 的安全性要优于 Windows Server,但两类操作系统同样都存在着远程渗透攻击和本地渗透攻击等安全威胁。

严格地讲,涉及计算机网络安全的所有内容几乎都适用于 Web 应用环境,但是为了突出 Web 应用的特点,下面重点针对 HTTP 自身存在的安全威胁进行分析,并提出相应的解决办法。例如,针对 HTTP 明文传输带来的敏感信息被监听甚至被篡改这一安全威胁,可通过对重要数据(如用户名、密码等)进行加密,或者直接使用 HTTPS 等方式解决。针对

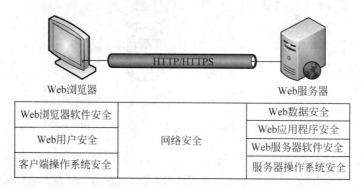

图 5-3　Web 应用的安全结构

网络层、传输层和应用层存在的拒绝服务攻击、假冒身份攻击等威胁，将在第 7 章进行介绍。

　　由于 Web 应用的安全同时涉及客户端、服务器端和网络各个环节，每一个环节又涉及具体的细节，因此，Web 应用安全是一个同时涉及计算机网络、操作系统、应用程序、数据库等方面的复杂的安全系统。本章重点讨论 Web 服务器的安全，主要包括 Web 数据安全、Web 应用程序安全、Web 服务器软件安全和服务器操作系统安全等，并结合具体应用介绍相应的安全防范方法。

5.2　针对 Web 服务器的信息收集

　　"知己知彼，百战不殆"，意思为如果要想打起仗来不会有危险，就需要事先对敌我双方的详细情况进行全面的了解和分析。攻击者在确定了攻击对象后，只有在实施攻击前全面掌握被攻击 Web 服务器的详细配置信息，才能从中发现可利用的安全漏洞，进而确定具体的攻击方法。

5.2.1　需要收集的信息内容

　　在实施攻击之前或攻击过程中需要收集的信息很多，不同的攻击目标需要收集的信息侧重点也不尽相同。针对 Web 服务器的攻击，可收集的信息主要包括以下几类。

　　(1) 地址信息：包括服务器的 IP 地址、DNS 域名、打开的端口号及对应的服务进程等。

　　(2) 系统信息：包括操作系统类型及版本、Web 服务器软件类型及版本、Web 应用程序及版本、Web 应用程序的开发工具及版本、Web 应用程序架构(是静态 HTML 页面，还是PHP、APS、JSP 动态页面等)、数据库管理系统的类型及版本等。

　　(3) 账户信息：包括操作系统的登录账户、数据库管理系统的账户、应用系统的管理账户等。

　　(4) 配置信息：包括网络拓扑结构、地址映射表(当 Web 服务器位于内部局域网中使用私有 IP 地址时)、服务配置信息、共享资源、防火墙类型及配置信息、身份认证与访问控制方式、加密及密码管理机制等。

　　(5) 其他信息：包括安全漏洞(软件漏洞和管理漏洞)、DNS 注册信息、网络管理员联系方式等。

5.2.2　网络踩点

针对被攻击对象信息的收集方法和途径很多,收集信息的效率和效果也各不相同。本章介绍常用的3类方法,即网络踩点、网络扫描和网络查点。

网络踩点(footprinting)是指攻击者对被攻击目标进行有目的、有计划、分步骤的信息收集和分析过程。通过网络踩点可以掌握被攻击目标的完整信息,并从中发现存在的安全隐患,为进一步实施攻击提供帮助。网络踩点常用的技术分为Web信息收集、地址信息查询和网络拓扑探测3种方式。

1. Web信息收集

Web信息收集是利用Web搜索引擎提供的功能,对被攻击目标(组织或个人)的公开信息进行收集并发现为进一步实施攻击有用的信息。对于攻击者来说,从互联网的海量信息中收集与攻击目标有关的信息是一种最为直接的网络踩点方法,强大的Web搜索引擎可以帮助攻击者实现这一目的。

目前,Google、Baidu、Yahoo、Bing等搜索引擎都提供了相应的信息搜索功能,综合运用这些功能可以帮助攻击者获得所需要的网上信息。例如,利用搜索引擎的基本搜索功能,攻击者可以方便地找到被攻击组织的Web主页或个人的博客等信息,这些页面一般会向攻击者提供大量的有用信息,为进一步挖掘相关信息提供帮助。

每一种搜索引擎都存在搜索功能、范围和效果上的差异性,为了能够综合不同搜索引擎的优势进行信息的收集,提出了"元搜索引擎"的概念。所谓元搜索引擎,又称为集合型搜索引擎,是指将多个单一搜索引擎集成在一起,提供统一的检索接口,将用户的检索提问同时提交给多个独立的搜索引擎,并进一步对多个独立搜索引擎的检索结果进行处理(包括去重、排序等),最后将处理结果提交给攻击者。

2. 地址信息查询

MAC、IP和DNS是互联网赖以运转的基础,MAC地址标识了物理设备的唯一性,IP地址用于标识互联网信息节点在全局范围内的位置,而DNS实现了网站域名与IP地址之间的映射。其中,由于MAC地址范围的局限性,其使用中的地址信息可以保存在所在局域网的设备数据库中,在需要时经授权后查询;而DNS和IP地址的相关信息都保存在互联网上的公共数据库中,以公开方式对外发布,供公众查询。

在网络踩点中多采用DNS和IP查询方法。利用DNS和IP地址信息,攻击者可以获得攻击目标的互联网位置信息及相关联的地理位置信息。例如,利用Whois可以在互联网上查询到DNS注册信息,一般包括注册人和注册商的详细信息,通过这些信息便可以获得注册人(单位或个人)的具体地理位置等信息。又如,利用IP Whois可以在互联网查询到DNS注册人所使用的IP地址、通信地址、联系电话等信息。有了这些信息,攻击者可以掌握攻击目标的网络空间和社会空间信息,为进一步实施物理攻击或社会工程学攻击提供帮助。

3. 网络拓扑探测

网络拓扑反映了网络中各信息节点之间的关系,网络边界如何部署,内部网络如何组织,这些信息都会反映在网络拓扑中。尤其在网络边界处是否部署了防火墙、IDS、IPS、网络态势感知等安全系统,对后续实施攻击的要求和步骤都会产生非常大的影响。

路由路径跟踪是实现网络拓扑探测的主要手段,Linux 操作系统中的 traceroute 和 Windows 环境中的 tracert 程序分别提供了不同平台上的路由路径跟踪功能。两者的实现原理相同,都是用 TTL(IP 生存时间)字段和 ICMP 错误消息来确定从一个主机到网络上其他主机的路由,从而确定 IP 数据包访问目标 IP 所采取的路径。当对目标网络中的不同主机进行相同的路由跟踪后,攻击者就可以综合这些路径信息,绘制出目标网络的拓扑结构,并确定关键设备在网络拓扑中的具体位置信息。

5.2.3　网络扫描

网络踩点确定的是攻击目标所在的网络和地理位置,而网络扫描则针对的是攻击目标的细微信息。网络扫描(scanning)是网络攻击的一个重要环节,首先通过"主机扫描"发现攻击目标网络中存在的活跃主机,然后通过"端口扫描"找出活跃主机上所开放的端口及对应的网络服务,接着通过"系统类型探测"确定攻击主机的操作系统类型及版本号,最后通过"漏洞扫描"找到攻击主机上存在的安全漏洞。

1. 主机扫描

主机扫描(Host Scan)是指通过对目标网络(一般为一个或多个 IP 网段)主机 IP 地址的扫描,以确定目标网络中有哪些主机处于运行状态。主机扫描的实现一般是借助于 ICMP、TCP、UDP 等协议的工作机制,以此来探测并确定某一主机当前的运行状态。

(1) 基于 ICMP 的扫描方法。ICMP(Internet Control Message Protocol,Internet 控制报文协议)是 TCP/IP 协议栈的网际层提供的一个为主机或路由器报告差错或异常情况的协议。PING(Packet InterNet Groper,分组网间探测)是 ICMP 的一个重要的应用功能,它是应用层直接调用网际层 ICMP 的一个特殊应用,通过使用 ICMP 回送请求与回送应答报文来探测两台主机之间网络的连通性。

目前,几乎所有的操作系统和路由器都集成了 PING 命令。如果要知道某一台主机当前是否处于运行状态,最简单的办法是用 PING 命令来探测从本机到目标主机之间的网络连通性是否正常。例如,如果要知道主机 www.sina.com.cn 是否处于运行状态,只需要在命令提示符下运行 ping www.sina.com.cn 命令,根据显示信息就可以做出判断,如图 5-4 所示。

PING 命令利用了 ICMP 中的 Echo Request(回送请求)报文进行连通性探测,如果目标主机处于运行状态,在收到 Echo Request 报文后将返回 Echo Reply(回送应答)报文;如果目标主机存在但当前未处于运行状态,则返回 Echo Request Timed Out(请求超时)报文;如果目标主机不存在,则返回 Destination Host Unreachable(目标主机不可达)报文。

PING 命令在小型网络中的应用效果较好,但由于需要对目标主机进行逐一探测,因此在大型网络中的应用效率较低。另外,当目标主机开启了防火墙(操作系统自带的防火墙功

```
管理员: C:\Windows\system32\cmd.exe

C:\Users\Administrator>ping www.sina.com.cn

Pinging spool.grid.sinaedge.com [61.155.142.250] with 32 bytes of data:
Reply from 61.155.142.250: bytes=32 time=8ms TTL=54
Reply from 61.155.142.250: bytes=32 time=8ms TTL=54
Reply from 61.155.142.250: bytes=32 time=8ms TTL=54
Reply from 61.155.142.250: bytes=32 time=8ms TTL=54

Ping statistics for 61.155.142.250:
    Packets: Sent = 4, Received = 4, Lost = 0 (0% loss),
Approximate round trip times in milli-seconds:
    Minimum = 8ms, Maximum = 8ms, Average = 8ms

C:\Users\Administrator>
```

图 5-4　使用 PING 命令来探测目标主机是否处于运行状态

能)或目标主机前端设置了防火墙,并启用了对 ICMP 报文的过滤策略时,PING 命令将失去功能。

(2) 基于 TCP 的主机扫描方法。TCP(Transmission Control Protocol,传输控制协议)是一种面向连接的、可靠的、基于字节流的传输层通信协议。每一个 TCP 通信都需要有连接建立、数据传输和连接释放这 3 个过程,其目的是让通信的双方都知道彼此的存在,并通过双方协商来确定具体的通信参数(如缓存大小、连接表中的项目、最大窗口值等)。

TCP 连接的建立采用 C/S 模式,且要通过三次握手过程,具体实现过程如图 5-5 所示。其中,Client 主动打开连接,希望与 Server 建立 TCP 连接,所以在此过程中 Server 是被动打开连接,并处于“监听”(LISTEN)状态,等待 Client 的连接请求。同时,Client 的客户进程和 Server 的服务器进程分别创建了 TCB(Transmission Control Block,传输控制模块),用于存储本次连接中的一些重要信息,如 TCP 连接表、指向发送和接收缓存的指针、指向重传队列的指针、当前的发送和接收序号等。在此基础上,Client 和 Server 将开始以下的三次握手过程。

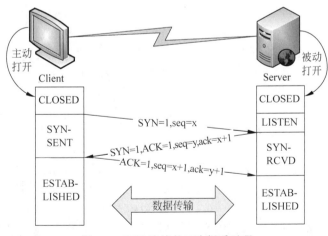

图 5-5　TCP 连接的三次握手过程

① 第一次握手:Client 向 Server 发送一个连接请求报文,该报文头部的“同步”(SYN)字段设置为 1,即 SYN＝1,同时选择一个初始序号 seq＝x。此时,TCP 客户端进程进入“同

步已发送"(SYN-SENT)状态。

② 第二次握手：Server 在接收到请求报文后,如果同意建立连接,则向 Client 返回一个确认报文。该确认报文中将头部的"确认"(ACK)和"同步"(SYN)字段都设置为 1,确认号为 ack＝x+1,同时为自己选择一个初始序号 seq＝y。此时,TCP 服务器进程进入"同步收到"(SYN-RCVD)状态。

③ 第三次握手：Client 在接收到 Server 的应答报文后,还要向 Server 进行确认。该确认报文头部的"确认"(ACK)字段设置为 1,确认号 ack＝y+1,而自己的序号 seq＝x+1。此时,TCP 连接已经建立,Client 进入"连接已建立"(ESTAB-LISHED)状态。当 Server 接收到 Client 的确认报文后,也进入"连接已建立"(ESTAB-LISHED)状态。

由 TCP 连接的建立过程可知,可以使用 TCP 的 ACK 和 SYN 功能来探测主机的运行状态,即针对主机的 ACK 扫描和 SYN 扫描。

一种是 ACK 扫描。在三次握手过程中,ACK 表示 Server 对 Client 请求建立的确认,但如果 Client 根本没有进行 SYN 请求(第一次握手),而是直接进行确认(第三次握手),Server 就会认为出现了一个重要的错误,便向 Client 发送一个头部"复位"(RST)字段为 1 的报文,告诉 Client 必须释放本次连接,再重新建立 TCP 连接。根据该工作机制,如果攻击者向目标主机发送一个只有 ACK 的报文,当接收到目标主机一个 RST 反馈报文时,就可以确认目标主机的存在。

另一种是利用三次握手过程的针对主机的 SYN 扫描。如果目标主机处于运行状态,但主机上的服务器进程没有打开,则目标主机将返回一个 RST 报文;如果目标主机上的服务器进程处于"监听"(LISTEN)状态,则会返回一个第二次握手的 ACK/SYN 报文。不管返回哪一种报文,都可以从中判断目标主机的当前状态。

(3) 基于 UDP 的主机扫描方法。UDP(User Datagram Protocol,用户数据报协议)是一个无连接(没有提供三次握手过程)的、尽最大努力交付(不可靠)的、面向报文(保留了报文的边界)的传输层通信协议。如图 5-6 所示,UDP 报文的头部只有源端口、目的端口、长度及校验和 4 个字段,每个字段 2 字节,共 8 字节。其中,"源端口"只有在需要对方回复时才选用,不需要时全部置 0;"目的端口"供在目的主机上交付报文时使用,如果接收方的 UDP 发现收到的报文中的目的端口号不正确(不存在该端口号对应的应用进程),就会丢弃该报文,并由 ICMP 向发送方返回一个"端口不可达"的差错报文。

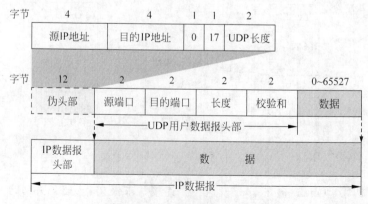

图 5-6 UDP 用户数据报的头部

基于 UDP 的工作原理,攻击者可以向一个开放的 UDP 端口发送一个带有"源端口"的报文,或者向一个未开放的 UDP 端口发送一个无法交付的 UDP 报文,根据返回的信息就可以判断目标主机的运行状态。

2. 端口扫描

端口扫描(Port Scan)是对正在处于运行状态的主机使用的 TCP/UDP 端口进行探测的技术。端口用于标识计算机应用层中的各个进程在与传输层交互时的层间接口地址,两台计算机间的进程在通信时,不仅要知道对方的 IP 地址,还要知道对方的端口号。因此可以将端口理解为进入计算机应用进程的窗口,端口在 TCP 和 UDP 中用 16 位表示,其值为 0~65535。传输层的端口分为服务器端使用的端口号和客户端使用的端口号两大类。其中,服务器端使用的端口号又分为两类:一类称为熟知端口号(Well Known Ports)或系统端口号,其值为 0~1023,可以在 http://www.iana.org 网站上查到;另一类称为登记端口号,其值为 1024~49151,使用这类端口时需要在 IANA(the Internet Assigned Number Authority,互联网数字分配机构)进行登记,以防止重用。客户端使用的端口号称为短暂端口号,其值为 49152~65535,仅在客户进程运行时临时使用,通信结束后收回。

由于 TCP 和 UDP 可以使用相同的端口号(如 DNS 同时使用了 TCP 53 和 UDP 53 两个端口号),因此端口扫描需要分别针对 TCP 和 UDP 的端口号进行扫描。同时由于 TCP 要比 UDP 复杂,因此 TCP 端口扫描也要比 UDP 端口扫描复杂。TCP 端口扫描包括连接(connect)扫描、SYN 扫描、TCP 窗口扫描、FIN 扫描、ACK 扫描等,下面主要介绍 TCP 的连接扫描和 SYN 扫描,以及 UDP 端口扫描。

(1) 连接扫描。如图 5-5 所示,攻击者(扫描主机)通过系统调用 connect()函数,可以与目标主机的每个端口尝试通过三次握手建立 TCP 连接,在攻击者发起连接请求(第一次握手)后,如果目标主机上对应的端口打开,则返回一个第二次握手的 ACK/SYN 报文,connect()调用将再发送一个 ACK 确认报文以完成第三次握手。如果目标端口是关闭的,那么目标主机将会直接返回一个 RST 报文。基于此工作原理,通过分析不同目标端口的返回报文信息,攻击者就可以判断哪些端口是开放或关闭的。该方法实现简单,但目标主机上会记录相关的尝试连接信息,容易被系统管理员或安全检测工具发现。

(2) SYN 扫描。SYN 扫描也称为半开连接扫描,是对连接扫描的一种改进。在连接扫描方法中,当被扫描端口打开时,目标主机会返回一个 SYN/ACK 报文。当攻击者收到第二次握手的 SYN/ACK 报文时,其实不需要进行第三次 ACK 握手,就已经能够判断出被扫描端口当前处于打开状态。不过,当目标主机(Server)向 TCP 连接请求者(Client)返回 SYN/ACK 报文后,目标主机将处于"半开连接"状态,等待请求者的 ACK 确认,以便完成第三次握手过程。此时,攻击者并没有向目标主机返回 ACK 确认报文,而是构造了一个 RST 报文,让目标主机释放该"半开连接"。

由于各类操作系统一般不会记录"半开连接"信息,因此 SYN 扫描的安全性要比连接扫描好。

(3) UDP 端口扫描。UDP 端口扫描用于探测目标主机上打开的 UDP 端口和网络服务。UDP 端口扫描的实现原理是:首先构造并向目标主机发送一个特殊的 UDP 报文,如果被扫描的 UDP 端口关闭,将返回一个基于 ICMP 的"端口不可达"差错报文;如果被扫描的 UDP 端口处于打开状态,处于"监听"状态的 UDP 网络服务将响应一个特殊格式的数据报文,并返回 UDP 数据。

UDP 端口扫描的实现原理简单,效率较高。但是,如果被探测的网络服务是一个未知的应用时,就可能无法返回 UDP 数据。

3. 系统类型探测

通过主机扫描和端口扫描,可以确定被攻击目标使用的 IP 地址及开放的端口。在此基础上,还需要对被攻击主机所使用的操作系统类型和具体的版本号及提供的网络服务进行探测,为攻击者下一步选择具体的攻击方法并实施具体的攻击做好准备。系统类型探测分为操作系统类型探测和网络服务类型探测两种类型。

（1）操作系统类型探测。操作系统类型探测（OS Identification）是通过采取一定的技术手段,通过网络远程探测目标主机上安装的操作系统类型及其版本号的方法。在确定了操作系统的类型和具体版本号后,可以为进一步发现安全漏洞和渗透攻击提供条件。

协议栈指纹分析（Stack Fingerprinting）是一种主流的操作系统类型探测手段,其实现原理是在不同类型和不同版本的操作系统中,网络协议栈的实现方法存在着一些细微的区别,这些细微区别就构成了该版本操作系统的指纹信息。通过创建完整的操作系统协议栈指纹信息库,将探测或网络嗅探所得到的指纹信息在数据库中进行比对,就可以精确地确定目标主机上操作系统的类型和版本号。

（2）网络服务类型探测。网络服务类型探测（Service Identification）的目的是确定目标主机上打开的端口及该端口上绑定的网络应用服务类型及版本号。通过网络服务类型探测,可以进一步确定目标主机上运行的网络服务及服务进程对应的端口。

操作系统类型探测主要依赖于 TCP/IP 协议栈的指纹信息,它涉及网络层、传输层、应用层等各层的信息,而网络服务类型探测主要依赖于网络服务在应用层协议实现所包含的特殊指纹信息。例如,同样是在应用层提供 HTTP 服务的 Apache 和 IIS,两者在实现 HTTP 规范时的具体细节上存在一些差异,根据这些差异就可以辨别出目标主机的 TCP 80 端口上运行的 HTTP 服务是通过 Apache 实现的,还是通过 IIS 实现的。

nmap 提供了强大的系统类型探测功能,可以精确地探测出目标主机的操作系统类型和版本号,以及网络服务类型和版本号。图 5-7 是利用 nmap 工具对一台内部主机进行探测后显示的信息,显示的内容包括主机名、开放的端口及版本号、操作系统类型及版本号等信息。

```
nmap -sV -T4 -O -F --version-light 172.17.200.27

Starting Nmap 7.70 ( https://nmap.org ) at 2018-05-01 16:10 ?D1ú±ê×?ê±??
Nmap scan report for www.jspi.cn (172.17.200.27)
Host is up (0.012s latency).
Not shown: 93 closed ports
PORT      STATE     SERVICE       VERSION
22/tcp    open      ssh           OpenSSH 4.3 (protocol 2.0)
80/tcp    open      http          Apache Tomcat/Coyote JSP engine 1.1
111/tcp   open      rpcbind
135/tcp   filtered  msrpc
139/tcp   filtered  netbios-ssn
445/tcp   filtered  microsoft-ds
8009/tcp  open      ajp13         Apache Jserv (Protocol v1.3)
Device type: general purpose
Running: Linux 2.6.X
OS CPE: cpe:/o:linux:linux_kernel:2.6
OS details: Linux 2.6.9 - 2.6.27

OS and Service detection performed. Please report any incorrect results at https://nmap.org/submit/ .
Nmap done: 1 IP address (1 host up) scanned in 22.09 seconds
```

图 5-7　nmap 工具对目标主机系统类型进行探测的结果

5.2.4 漏洞扫描

漏洞扫描是一种通过扫描方式发现目标网络或特定主机上存在已知安全漏洞的技术手段。漏洞扫描是网络扫描的最后一个环节,也是整个攻击过程中最关键的一个环节。漏洞扫描的目的是探测并发现目标网络中特定主机上运行的操作系统、网络服务与应用程序中存在的安全漏洞,并根据已确定的漏洞来选择相应的渗透工具,实施对目标主机的渗透攻击。

1. 漏洞扫描的原理

漏洞扫描除用于网络攻击外,还用于对网络的安全防御。系统管理员通过对网络漏洞的系统扫描,全面地了解网络的安全现状,并对发现的安全漏洞及时安装补丁程序,提升网络的安全性。

漏洞扫描技术的工作原理是基于目标对象(操作系统、网络服务、应用程序等)的特征码来实现的。例如,对于同一个类型和版本号的操作系统来说,针对某一安全漏洞,对于某些网络请求的应答,安装安全补丁前后会存在一些细微的差异,这些差异便构成了针对特定安全漏洞的特征码(指纹信息)。漏洞扫描技术正是利用了这些特征码来识别目标对象是否存在特定的安全漏洞。

2. 漏洞扫描器

网络漏洞扫描器对目标系统进行漏洞检测时,首先探测目标网络中的存活主机,再对存活主机进行端口扫描,确定系统已打开的端口,同时根据协议栈指纹技术识别出主机的操作系统类型。然后,扫描器对开放的端口进行网络服务类型的识别,确定其提供的网络服务。漏洞扫描器根据目标系统的操作系统平台和提供的网络服务,调用漏洞资料库(一般该资料库需要与业界标准的 CVE 保持兼容)中已知的各种漏洞进行逐一检测,通过对探测响应数据包的分析判断是否存在漏洞。

现有的网络漏洞扫描器主要是利用特征匹配的原理来识别各种已知的漏洞。扫描器发送含有某一漏洞特征探测码的数据包,根据返回数据包中是否含有该漏洞的响应特征码来判断是否存在漏洞。因此,只要在研究了各种漏洞且知道不同漏洞的探测特征码和响应特征码后,就可以利用软件来实现对各种已知漏洞的模拟。漏洞扫描器一般由以下几部分组成。

(1) 安全漏洞数据库。该数据库一般与 CVE(Common Vulnerabilities and Exposures,通用漏洞披露目录)保持兼容,主要包含安全漏洞的具体信息、漏洞扫描评估的脚本、安全漏洞危害评分(一般采用 CVSS 通用漏洞分组评价体系标准)等信息,新的安全漏洞被公开后,数据库需要及时更新。其中,CVSS(Common Vulnerability Scoring System,通用漏洞评分系统)是一个开放的并且能够被产品厂商免费采用的标准。

(2) 扫描引擎模块。作为漏洞扫描器的核心部件,扫描引擎模块可以根据用户在配置控制台上所设定的扫描目标和扫描方法,对用来扫描网络的请求数据包进行装配与发送,并将从目标主机接收到的应答包与漏洞数据库中的漏洞特征码进行比对,以判断目标主机上是否存在这些安全漏洞。为了提高效率,扫描引擎模块一般提供了主机扫描、端口扫描、操作系统扫描、网络服务探测等功能,供具体扫描时根据需要选用。

（3）用户配置控制台。供用户进行扫描设置的操作窗口,要扫描的目标系统、要检测的具体漏洞等信息都可以通过配置控制台来设置。

（4）扫描进程控制模块。为了让使用者更加直观地了解扫描过程的进展情况,漏洞扫描器都会提供扫描进程控制模块,以显示当前扫描进程任务的进展情况。

（5）结果存储与报告生成模块。根据漏洞扫描结果自动生成扫描报告,告知用户从哪些目标系统上发现了哪些安全漏洞。

5.2.5　网络查点

通过网络踩点,攻击者可以确定目标对象的网络位置及个人或组织的相关信息;通过网络扫描,攻击者可以发现目标网络中处于运行状态的主机、主机上运行的操作系统及网络服务的类型与版本号,并通过漏洞扫描发现目标对象存在的安全漏洞。这些信息为实施网络渗透攻击提供了依据。但是,对于一次具体的攻击过程来说,在实施渗透攻击之前,还需要系统地分析已经发现的弱点,对于已经识别出来的系统安全漏洞和服务还要进行更充分和有针对性的探测,以便从中找到可以攻击的入口。在攻击过程中,还需要提供哪些数据和辅助工具,也需要事先做好准备。为此,在网络踩点和网络扫描之后,具体实施渗透攻击之前,将该阶段所做的准备工作称为网络查点(enumeration)。

网络踩点一般是通过一些常用的技术和工具,在目标网络外围进行的信息收集行为。而网络查点主要对目标系统进行的主动连接与查询。从攻击者的角度来看,网络查点要比网络踩点的入侵程度深,而且网络查点行为可能会记入系统日志,并触发入侵检测系统的报警。网络扫描侧重于攻击者在较大范围内搜索、发现和确定攻击目标,而网络查点则是有针对性地收集攻击目标的详细信息。例如,用户账户、网络服务程序类型和版本号、错误或不当的系统配置等,这些看似并不重要的信息,一旦被恶意利用将会成为攻击者的利器。在得到了用户账户名后可以通过口令破解来获得对应的密码,在确定了网络服务程序类型和版本号后就可以进一步发现安全漏洞并准备渗透工具,错误或不当的配置为恶意程序上传提供了有效途径。

针对一些网络协议的工作原理,利用相关的工具远程探测并获取信息是网络查点常用的方法。HTTP、FTP、SMTP、POP、SNMP等广泛使用的网络协议,在使用相关的工具时都会不同程度地暴露出一些有关服务器端的配置信息。例如,Telnet是大部分操作系统和网络设备都支持的远程登录与管理工具,除此之外,还可以用来连接任意采用明文传输协议的网络服务。图 5-8 是利用 Windows 操作系统提供的 Telnet 工具尝试连接 www. sina. com. cn 80 时返回的信息,从中可以看到服务器类型"Server:nginxsServer:nginxs",即 www. sina. com. cn 的 Web 网站使用的是 nginxs 服务器。

NetBIOS是局域网中使用的一个非路由协议,其服务包括名字服务(UDP 137)、会话服务(TCP 139/445)和数据报服务(UDP 138)。在由 Windows 操作系统环境所组成的局域网中,BetBIOS名字服务提供了计算机名与 IP 地址之间的名字解析(类似于互联网中的DNS)。Windows 操作系统提供的 nbtstat 工具可以连接到指定的计算机远程查看其

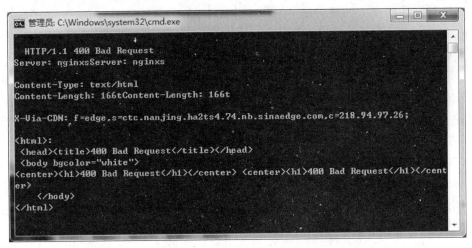

图 5-8 使用 Telnet 工具查看 www.sina.com.cn 80 的 Web 服务器

NetBIOS 名称表,包括计算机名、当前登录用户和运行的网络服务(针对 Windows Server 版本)、网卡的 MAC 地址等,如图 5-9 所示。

图 5-9 使用 nbtstat 工具查看 BetBIOS 远程计算机名称表

Windows 环境中的 SMB(Server Message Block,服务器信息块)是 NetBIOS 会话服务使用的用于进行文件与打印共享的协议。当用户在局域网中设置打印机或目录共享时要用到 SMB 协议,而早期 Windows 版本中的 SMB 协议在使用中很不安全,尤其是未经认证的用户也可以访问操作系统的默认隐蔽共享(包括逻辑盘符 C $、D $ 等,系统目录 winnt 或 windows 共享 admin $、进程间通信 IPC 共享 IPC $ 等),这些默认共享为网络查点提供了非常丰富的信息,所以 SMB 会话服务存在较大的安全隐患。

5.2.6 针对 Web 服务器信息收集的防范方法

针对 Web 服务器的网络踩点、网络扫描和网络查点等信息收集攻击,可通过以下方法进行必要的防范。

1. 针对网络踩点的防范方法

由于网络踩点攻击的目的是利用各类已有的工具和平台，从中收集与攻击目标相关的信息，然后对这些信息进行系统分析，从而确定攻击目标的网络位置、单位或个人信息等内容，为进一步实施网络攻击提供基础信息服务。因此，针对网络踩点的有效防范措施是加强单位或个人隐私的保护。将凡是不想让别人知道的信息都作为个人隐私进行有效保护，有些信息在单独出现时可能不会对隐私构成威胁，但是出现在不同时间和位置的多条信息在进行了有效关联后，有可能会将某人或单位的隐私暴露出来。

大数据技术的成熟和广泛应用，结合网络爬虫技术，使网络踩点攻击的实施越来越容易，而防御越来越困难。对于用户来说，应养成良好的上网习惯，不轻易在网上保留与个人或单位相关的信息，如果发现应尽快清除。随着网络实名制的推行及一些在线信息查询系统的使用，对于用户信息的保护提出了新的要求，从防范网络踩点攻击的角度，在不违反相关管理制定的前提下，应尽可能少地提供用户的真实信息。

2. 针对网络扫描的防范方法

针对网络扫描攻击中的主机扫描，可使用位于主机前端（如网关处）的网络入侵检测系统或运行在主机上的监测扫描软件来探测网络中发生的攻击行为，然后过滤掉正在发生的攻击报文，如许多个人防火墙软件都提供了对 ICMP、TCP、UDP 等报文的扫描和检测功能。目前，针对主机扫描的防范较为困难，因为大量的扫描报文可以绕过防火墙等安全设备，但通过网络安全产品制定严格的安全访问策略是防范主机扫描攻击的一种有效方法。以防火墙应用为例，网络管理员可以对进入网络的 ICMP 报文进行细致的评估，然后通过对防火墙上的 ACL(Access Control List，防火控制列表)的配置，决定哪些 ICMP 报文可以进入哪些网段，如只允许 ICMP Echo Reply(回送应答)、Echo Request Timed Out(请求超时)、Destination Host Unreachable(目标主机不可达)等响应报文进入防火墙的 DMZ(Demilitarized Zone，非军事区)网段并到达特定的主机，而其他的 ICMP 报文将被拦截。

针对 TCP 的主机和端口扫描，最有效的防范方法是在防火墙等安全设备或主机上关闭不需要的端口。系统管理员可以在网络中部署端口扫描监测工具来主动探测网络中正在发生的针对端口或系统服务的攻击行为，再有针对性地进行系统加固，防范针对主机端口和系统类型探查的攻击。

针对漏洞扫描攻击，最直接的防范方法是在安全漏洞和不安全配置被攻击者发现之前进行封堵。系统管理员可以通过漏洞扫描工具定期扫描网络中的主机，发现安全漏洞后及时安装补丁程序，如果发现不安全配置或安全弱点可及时进行调整。

3. 针对网络查点的防范方法

针对网络查点的攻击行为，可以通过以下方法进行防范。

(1) 关闭不需要的网络服务。一些缺乏安全意识和经验的网络管理员在部署网络应用系统时多采用系统默认的安装和配置方法，一些不需要的网络服务会自动安装和启用，留下了安全隐患。为此，系统管理员应坚持系统服务的最少开放原则，在不影响应用功能的前提下，关闭不需要的网络服务，防止不必要的网络访问。

(2) 加强网络服务的安全配置。在确定了系统中运行的网络服务后，需要对其安全性进行配置。例如,针对 FTP 服务,应根据不同用户类型限制其访问方式,防止某些用户无限制地上传文件;禁用系统默认口令,避免使用弱口令;禁用一些很可能造成用户信息泄露的服务功能等。

(3) 使用安全性高的网络协议。在不影响应用功能的前提下,尽可能使用安全性较高的网络协议。例如,使用安全加密的 SSH(Secure Shell)协议来替代使用明文传输的 Telnet 协议实现对系统的远程配置,针对 FTP 服务可以在众多的软件中选用安全性较高的软件等。

5.3　Web 数据的攻防

Web 数据主要包括保存在后台数据库中的数据和 Web 客户端以表单形式提交的数据,这些数据存在着被窃取、篡改及非法注入的威胁。

5.3.1　针对敏感数据的攻防

针对敏感数据的攻击是近年来最常见的、最具影响力的一种攻击方式。在针对敏感数据的攻击中,攻击者不是直接攻击密码,而是在传输过程中或从客户端(如 Web 浏览器)窃取密钥、发起中间人攻击,或者从服务器端窃取明文数据。

1. 敏感数据的定义

个人信息是用来直接或间接识别自然人情况的数据资料,它被认为具有特殊风险,从而通常受到特殊保护。将个人信息划分为个人一般信息与敏感信息(特殊信息、特殊数据),对个人敏感信息应坚持"使用限制原则"和"安全保护原则"。其中,使用限制原则是指个人数据不应该被披露和公开使用,除非在数据主体同意及法律授权情况下才能公开;安全保护原则是指个人资料应采取合理的安全保护措施,以防止资料的丢失、非法接触、毁损、利用、修改和泄露等危险的发生。

在 Web 应用环境中,由于系统配置上的不当,或者使用者缺乏必要的安全意识,导致敏感信息出现在 Web 站点上。通常情况下,这些信息包括大量的个人敏感信息(Personal Identifiable Information,PII),如个人的身份证号码、联系方式、银行信用卡账号、医疗记录等。另外,还包括员工通讯录、重要会议记录、重要技术资料等涉及单位的敏感信息,甚至涉及国家或企业秘密的信息等。

针对敏感数据,最常见的漏洞是不对敏感数据进行加密处理。在数据加密过程中,最常见的问题是不安全的密钥生成和管理,以及使用弱加密算法、弱协议和弱密码。特别是使用弱的 Hash 函数来保护密码。例如,一个应用程序使用自动加密系统加密信用卡信息,并存储在数据库中。但是,当数据被检索时会被自动解密,这就使得 SQL 注入漏洞能够以明文形式获得所有信用卡的信息。又如,密码数据库使用未加入盐值(salt)的 Hash 算法或弱 Hash 算法来存储每个用户的密码。一个文件上传漏洞使攻击者能够获取密码文件,所以这些未加入盐值(salt)的 Hash 密码就可以通过彩虹表来暴力破解。

2. 敏感数据的保护方式

对于互联网应用中产生和使用的海量数据,首先需要确认哪些属于敏感数据应进行加密保护。对于已经确定的敏感数据，还需要针对不同的保护要求和应用环境来确认使用的保护方式，主要包括以下几点。

(1) 在数据传输过程中是否使用明文传输，这与选择所使用的传输协议相关，如HTTP、SMTP、FTP 等。

(2) 当数据被长期存储时，无论存储在哪里，它们是否都被加密，是否包含备份数据。

(3) 无论默认条件还是在源代码中，是否还在使用一些陈旧的或脆弱的加密算法。

(4) 是否使用默认加密密钥，是否生成或重复使用脆弱的加密密钥，是否缺少恰当的密钥管理或密钥回转。

(5) 是否强制加密敏感数据，如用户代理（如 Web 浏览器）指令和传输协议是否被加密。

(6) 用户代理（如应用程序、邮件客户端等）是否未验证服务器端证书的有效性。

在确定了敏感数据的保护要求后，可以采取以下方式进行保护。

(1) 对系统处理、存储或传输的数据分类，根据分类进行访问控制。

(2) 熟悉与敏感数据保护相关的法律和条例，并根据每项法规要求保护敏感数据。

(3) 对于不需要保存的重要敏感数据，应当尽快清除。

(4) 确保存储的所有敏感数据被加密。

(5) 确保使用了最新的、强大的加密算法或密码、参数、协议和密匙，并且能够安全规范地对密钥进行管理。

(6) 确保传输过程中的数据被加密，如采用 TLS/SSL。确保数据加密被强制执行，如使用 HTTP 严格安全传输（HTTP Strict Transport Security，HSTS）协议。

(7) 禁止缓存包含敏感数据的响应。

3. Web 服务器端敏感数据的泄露和防御方式

在 Web 应用环境中，敏感信息一般可以通过目录遍历和错误的配置等途径或方式被泄露，可以有针对性地采取相应的防御方式。

(1) 目录遍历。由于发布 Web 网站的 Web 服务器配置不当，可能导致存放 Web 网站信息的目录存在遍历漏洞。目录遍历（路径遍历）是由于 Web 服务器或者 Web 应用程序对用户输入的文件名称的安全性验证不足而导致的一种安全漏洞，使得攻击者通过利用一些特殊字符就可以绕过服务器的安全限制，访问任意的文件（可以是 Web 根目录以外的文件），甚至执行系统命令。

目录遍历漏洞被利用的原理是程序在实现上没有充分过滤用户输入的类似于"../"的目录跳转符，导致恶意用户可以通过提交目录跳转来遍历服务器上的任意文件。例如，正常读取文件的 URL 为"http://www.abc.com/text.jsp?file=xyz.html"，而恶意 URL 输入可以设置为"http://www.abc.com/text.jsp?file=../../Windows.system.ini"。

对上面遍历攻击的防范方法有以下几种。

① 对用户的输入进行验证，特别是路径替代字符"../"。

② 尽可能采用白名单的形式来验证所有的用户输入。

③ 合理配置 Web 服务器的目录权限。

④ 程序出错时，不要显示内部相关细节。

(2) 上传目录配置错误。Web 网站一般都需要通过 FTP 方式远程上传数据或更新程序，由于配置上的不当，攻击者可以查看、修改或删除存放 Web 网站所在目录中的文件。攻击者也可以在发起攻击之前远程探测 FTP 服务器软件的类型和版本号，为进一步确定安全漏洞并实施渗透攻击收集基础信息。例如，当用户连接管理 Web 网站目录的 FTP 服务器时，出现了如下提示信息。

```
ftp172.16.32.105
Connected to 172.16.32.105
220 - Serv - U FTP Server v15.1.6 for WinSock ready...
220 S TEAM
```

从这条连接信息中，攻击就可以清楚地知道 FTP 服务器使用的是 Serv-U v15.1.6 软件。

在使用 FTP 服务来远程管理 Web 网站目录时，出于安全考虑，需要注意以下几个方面的问题。

① 未经授权的用户禁止在 Web 服务器上进行任何 FTP 操作，包括查看 Web 网站目录下的信息。

② FTP 用户只允许访问经系统管理员授权的目录和文件。

③ 未经允许，FTP 用户不能在服务器上创建文件或目录。

④ 提供翔实的 FTP 用户访问日志信息。

为了防止部分 Web 网站管理人员没有对安全问题引起足够的重视，可以从系统配置上强化安全管理。以 Linux 中的 FTP 服务为例，可以从以下几个方面强化安全设置。

① 除匿名用户之外的其他所有 FTP 用户账户必须添加在"/etc/passwd"文件中，并且口令不能为空。在没有正确输入用户名和口令的情况下，服务器拒绝访问。

② "/etc/FTPusers"是 FTP 守护进程 FTPd 使用的一个文件，如果将某一用户的账号添加在该文件中，在使用对应的账号登录时，FTP 服务器将拒绝。该功能相当于建立用户访问的黑名单，可以将存在安全风险的登录账号添加在该文件进行管理。

③ 当以"anonymous"或"FTP"作为用户名、以用户的互联网电子邮件地址作为保密字进行匿名登录时，FTP 服务器的"/etc/passwd"文件中需要添加"FTP"用户账号；否则 FTP 服务器不接受匿名 FTP 连接。出于安全考虑，可以禁用匿名 FTP 登录。

（3）泄露敏感数据。不管是出于技术或非技术原因，由于缺乏安全意识，在 Web 网站上可能会出现有关个人隐私、企业商业秘密，甚至是国家机密。对于可能出现在 Web 网站上的敏感信息，可以采用技术手段在发布之前进行过滤，也可以通过安全管理制度对需要在 Web 网站上发布的信息进行审核。尤其是对于提供留言、回复或发帖等功能的 Web 网站，一定要通过技术手段进行不良信息的过滤，并通过审核制度严把不良、不实甚至是违法信息的传播，更要从技术上防止 Web 网站被攻击者控制后上传一些不良或非法信息。

5.3.2　网站篡改

网站篡改(Website Defacement)是一类出现较早且经常发生的网络攻击形式，是一类不以谋求经济利益为目的网络攻击行为。

　　网站篡改是指攻击者在成功入侵网站发布服务器并控制了对 Web 网站目录的操作权限后,用预先编写好的带有攻击意图的页面替换掉原网站页面(一般为主页面),从而实现攻击者预谋的一种恶意攻击行为。

　　近年来,随着信息化进程的快速推进,政府机关、学校、企业等单位几乎都在互联网上创建了自己的门户网站,用于宣传或重要信息的发布。单位的门户网站是向用户提供各类信息的重要渠道和窗口,也成为黑客入侵的主要目标之一。网站存在的安全漏洞很容易被不法分子利用,进行页面篡改以达到传播反动、淫秽色情等内容的目的,影响用户正常获取信息的方式,并对网站拥有者造成很大的负面影响。

　　网站主页被直接篡改是最常见的一种针对网络篡改的攻击方式。网站主页被直接篡改,需要利用网站存在的漏洞侵入网站空间,然后对网站主页文件进行修改或替换。近年来,一些重要网站被入侵的事件频发,网站主页被篡改成赌博、色情和政治敏感内容等,不但损害了网站拥有者的形象,而且给用户使用带来了极大的不便,甚至是失去了用户的信任。例如,2013 年 5 月 12 日,一个只有 16 岁的江西高中生在入侵了兰州大学宣传部网站后,在主页上挂了十几条以“尊敬的兰大领导老师你们好”为标题的短文,强调向往兰州大学的信息安全专业,恳求学校给自己一个学习机会,为中国网络贡献自己的力量。又如,2013 年 5 月 24 日,有网友在微博称在埃及卢克索神庙的浮雕上看到“……到此一游”几个字,并称“我们试图用纸巾擦掉这羞耻,但很难擦干净,这是三千五百年前的文物呀”。因为此事,该生所在学校的网站于当月 26 日被黑。打开该学校网站后,最先显示的是“……到此一游”的弹出窗口,单击“确定”按钮后才能显示正常内容。

　　诸如此类安全事件,近年来发生的很多。由此说明,即使是学校和政府机关等重要网站的安全形势也非常严峻,网站安全建设亟待加强。网站被篡改一般可以分为以下 3 种类型。

　　① 来自境外黑客的以各种政治和宗教为目的的篡改攻击,主要针对对象是政府和知名高校的网站。攻击成功后,黑客会在被攻下的网站上留下一些宣传不同宗教信仰和政治立场的文字和图片。

　　② 攻击者以炫耀技术为目的,攻击成功后一般会留下一些调侃的文字或图片。

　　③ 以经济利益为目的,主要针对的是政府和知名高校网站,其目的是通过加入黑链以获得较高的搜索引擎权重。

　　针对网站被直接篡改的安全问题,只能加强对网站空间的安全管理,包括对网站服务器、网站远程管理账号、网站开发程序的安全管理等。

5.4　Web 应用程序的攻防

　　一个 Web 应用程序是由完成特定任务的各种 Web 组件(web components)构成的,在实际应用中,Web 应用程序是由多个 Servlet(server applet)、JSP 页面、HTML 文件及图像文件等组成的,所有这些组件相互协调为用户提供一组完整的服务。

5.4.1　Web 应用程序安全威胁

　　由于开发一个 Web 应用程序时,需要涉及需求分析、设计、选择架构、开发和发布等环节,每一个环节考虑不周,都可能留下安全隐患。例如,在选择开发架构时,可以在 ASP. NET、PHP、Python、Ruby on Rails 等方案中选择,每一种架构不存在绝对的安全或不安全,关键是在满足功能需求的前提下,开发人员要能够熟悉其安全上的薄弱环节并进行加固。

Web 应用程序是目前 Web 服务中安全性最为脆弱的一个组成部分。相比于底层的操作系统、主流应用软件和网络服务,由于 Web 应用程序的开发门槛相对较低,大量 Web 网站的编码质量相对不高,而且在正式上线发布之前并未进行安全性测试,这就导致许多 Web 应用程序中存在不同程度的安全隐患。同时,Web 应用程序的复杂性和实现方式上的多样性也是导致安全问题频发的关键因素。

针对复杂的 Web 应用程序安全问题,由安全专家、行业顾问和诸多组织的代表组成的国际团体 WASC(Web Application Security Consortium,Web 应用安全联盟)于 2010 年发布的 *WASC Threat Classification 2.0*(WASC 威胁分类 2.0)报告中,将 Web 应用所受到的威胁、攻击进行了说明,并归纳成具有共同特征的分类,如表 5-1 所示。

表 5-1　WASC 团队报告的安全威胁分类

攻 击 类 型	脆 弱 性 说 明
功能滥用	利用 Web 站点自身的特性和功能来使用、蒙骗或阻挠访问控制机制的一种攻击方法
暴力攻击	使用穷举测试来猜测个人的用户名、密码、信用卡账号或密钥的过程
缓冲区溢出	通过覆盖部分内存来改变应用程序流的攻击方式
内容电子欺骗	用于骗取用户相信 Web 站点上出现的某些内容合法且不是来自外部源的一种攻击方法
凭证/会话预测	是一种操纵或假冒 Web 站点用户的方法。推断或猜测识别特定会话或用户的唯一值,以完成攻击行为
跨站脚本	跨站脚本(XSS)是强制 Web 站点回传攻击者提供的可执行代码(加载在用户浏览器中)的一种攻击方法。受跨站脚本影响的用户账户可能会受操纵(cookie 盗用),其浏览器可能会重定向到其他位置,或者可能显示用户正在访问的 Web 站点所提供的欺骗性内容
拒绝服务	拒绝服务(DoS)是旨在阻止 Web 站点为正常用户活动提供服务的一种攻击方法
目录索引	自动目录列表/索引是一项服务器功能,在没有普通基本文件(index. html/home. html/default. htm)的情况下,该功能会列出所请求目录中的所有文件
格式化字符串攻击	会使用字符串格式化库功能来访问其他内存空间,以改变应用程序流
信息泄露	指 Web 站点显示可能会协助攻击者攻击系统的敏感数据(如开发者注释或错误消息)
抗自动化能力不足	指 Web 站点准许攻击者将应当仅手动执行的过程自动化
认证不充分	指 Web 站点准许攻击者访问敏感内容或功能而未对其访问许可权进行适当认证
权限不足	指 Web 站点准许访问应当需要提高访问控制限制的敏感内容或功能
不充分处理验证	指 Web 站点准许攻击者绕过或回避计划的应用程序流量控制
会话有效期不足	指 Web 站点准许攻击者复用旧会话凭证或会话标识以进行授权。会话有效期不足将增加 Web 站点受攻击(窃取或假冒其他用户)的可能性
LDAP 注入	是一种攻击方法,它通过用户提供的输入来构造 LDAP(Lightweight Directory Access Protocol,轻量级目录访问协议)控制语句,进而攻击 Web 站点

续表

攻 击 类 型	脆 弱 性 说 明
操作系统命令	是一种攻击方法，它通过操纵应用程序输入来执行操作系统命令，进而攻击 Web 站点
路径遍历	路径遍历攻击方法会强制访问可能位于文档根目录外的文件、目录和命令
可预测资源位置	是用于显示隐藏 Web 站点内容和功能的一种攻击方法。该攻击通过强行搜索，以查找不打算供公共查看的内容。临时文件、备份文件、配置文件和样本文件这些示例都是潜在的剩余文件
会话固定	该攻击方法会强制赋予用户的会话标识一个确定值
SQL 注入	是一种攻击方法，它通过用户提供的输入来构造 SQL(Structured Query Language, 结构化查询语言)语句，进而攻击 Web 站点
SSI 注入	SSI(Server Side Includes，服务器端包含)注入是一种服务器端攻击方法，该方法允许攻击者将代码发送到随后将由 Web 服务器在本地执行的应用程序
弱密码恢复验证	指 Web 站点准许攻击者非法获取、更改或恢复其他用户的密码
XPath 注入	是一种攻击方法，它通过用户提供的输入来构造 XPath 查询，进而攻击 Web 站点

另一个 Web 应用安全领域知名的研究团队 OWASP(Open Web Application Security Project，开放 Web 应用程序安全项目)在对普遍和流行的安全隐患进行长期跟踪研究中，于 2017 年公布了 OWASP Top 10 2017，其中有 10 项最严重的 Web 应用程序安全风险，如表 5-2 所示(排在表格最前面的安全风险等级最高)。

表 5-2　OWASP Top 10 2017 中确定的 10 项最严重的 Web 应用程序安全风险

安 全 风 险	说　明
注入	将不受信任的数据作为命令或查询的一部分发送到解析器时，会产生如 SQL 注入、NoSQL 注入、OS 注入和 LDAP 注入的注入缺陷。攻击者的恶意数据可以诱使解析器在没有适当授权的情况下执行非预期命令或访问数据
失效的身份认证	通常通过错误使用应用程序的身份认证和会话管理功能，攻击者能够破译密码、密钥或会话令牌，或者利用其他开发缺陷来冒充其他用户的身份
敏感信息泄露	攻击者可以通过窃取或修改未加密的数据来实施信用卡诈骗、身份盗窃或其他犯罪行为。未加密的敏感数据容易受到破坏，因此需要对敏感数据加密，这些数据包括传输过程中的数据、存储的数据及浏览器的交互数据
XML 外部实体(XXE)	攻击者可以利用外部实体窃取使用 URI 文件处理器的内部文件和共享文件、监听内部扫描端口、执行远程代码和实施拒绝服务攻击
失效的访问控制	攻击者可以利用安全缺陷，使用未经授权的应用功能或访问未经授权的数据，如访问其他用户的账户、查看敏感文件、修改其他用户的数据、更改访问权限等
安全配置错误	安全配置错误是最常见的安全问题，这通常是由于不安全的默认配置、不完整的临时配置、开源云存储、错误的 HTTP 头部配置及包含敏感信息的详细错误信息所造成的。因此，不仅需要对所有的操作系统、框架、库和应用程序进行安全配置，而且必须及时修补存在的安全漏洞，并及时升级程序
跨站脚本(XSS)	当应用程序的新网页中包含不受信任的、未经恰当验证或转义的数据时，或者使用可以创建 HTML 或 JavaScript 的浏览器 API 更新现有的网页时，就会出现 XSS 缺陷。XSS 让攻击者能够在受害者的浏览器中执行脚本，并劫持用户会话、破坏网站或将用户重定向到恶意站点

续表

安 全 风 险	说　　明
不安全的反序列化	把对象转换为字节序列的过程称为对象的序列化,把字节序列恢复为对象的过程称为对象的反序列化。不安全的反序列化会导致远程代码执行。即使反序列化缺陷不会导致远程代码执行,攻击者也可以利用它们来执行攻击,包括重播攻击、注入攻击和特权升级攻击
使用含有已知漏洞的组件	组件(如库、框架和其他软件模块)拥有和应用程序相同的权限。如果应用程序中含有已知漏洞的组件被攻击者利用,可能会造成严重的数据丢失或服务器接管。同时,使用含有已知漏洞的组件的应用程序和API可能会破坏应用程序防御,造成各种攻击并产生严重影响
不足的日志记录和监控	不足的日志记录和监控,以及事件响应缺失或无效的集成,使攻击者能够进一步攻击系统、保持持续性或转向更多系统,以及篡改、提取或销毁数据

5.4.2　SQL注入漏洞

视频讲解

动态网页技术在丰富了Web页面表现形式和应用功能的同时,因其后台数据库在技术自身和具体应用中存在的一些不足,为Web网站的安全带来了一些隐患。SQL注入(SQL Injection)便是近年来最受关注的一类针对Web站点的网络攻击类型。

1. 注入攻击的概念

几乎任何数据源都能成为注入载体,这些数据源包括环境变量、所有类型的用户和参数、外部和内部Web服务等。当攻击者向解释器发送恶意数据时,注入漏洞产生。目前,注入漏洞的存在非常广泛,通常存在于SQL、LDAP、XPath(或NoSQL)查询语句、OS命令、XML解析器、SMTP报文头部、表达式语句和ORM(Object Relational Mapping,对象关系映射)查询语句中,所以常见的注入有SQL注入、OS命令注入、ORM注入、LDAP注入、EL(Expression Language,表达式语言)注入、OGNL(Object Graphic Navigation Language,对象图导航语言)注入。注入攻击轻则导致数据丢失、破坏或泄露给无授权方,重则导致主机被完全接管。注入主要由以下原因产生。

(1) 用户提供的数据没有经过应用程序的验证、过滤或净化。

(2) 在没有上下文感知转义的情况下,动态查询语句或非参数化的调用被用于解释器。

(3) 在ORM搜索参数中使用了恶意数据,这样搜索将获得包含敏感或未授权的数据。

(4) 恶意数据直接被使用或连接,如SQL语句或命令在动态查询语句、命令或存储过程中包含结构和恶意数据。

在众多的注入攻击中,SQL注入是目前最常见、影响范围最广的一种攻击方式。为此,下面重点以SQL注入攻击为例,介绍其实现原理、方法、过程及相应的防范方法。

2. SQL注入的概念

SQL(Structured Query Language,结构化查询语言)是一种最常使用的用于访问Web数据以及进行Web数据查询、更新和管理的数据库查询和程序设计语言,是实现Web客户端与数据库服务器信息交互的重要工具。

SQL注入攻击需要具备两个前提条件:从软件系统自身来看,被攻击系统能够以"字符串"方式接收用户输入,可以利用输入"字符串"构造的 SQL 语句来执行数据库操作;从软件开发人员来看,对于用户输入的"字符串",虽然符合 SQL 语句的语法要求,但对其可能的执行结果未进行严格验证。当以上两个条件同时具备时,攻击者便将恶意代码注入"字符串"后,使其得以在数据库系统上执行,实现攻击目的。

SQL 注入是利用 Web 应用程序数据层存在的输入验证漏洞,将 SQL 代码插入或添加到应用程序(或用户)的输入参数中,再将这些参数传递给后台的 SQL 服务器加以解析并执行的攻击方式。如果 Web 应用程序未对动态构造的 SQL 语句所使用的参数进行正确性审查,那么攻击者很可能会修改后台 SQL 语句的构造。如果攻击者能够修改 SQL 语句,那么该语句将与该应用程序的使用者拥有相同的运行权限。

SQL 是访问 MS SQL、Oracle、MySQL 等数据库服务器的标准语言,大多数 Web 应用程序都需要与数据库进行交互,并且大多数 Web 应用程序的编程语言(如 ASP、C♯、.net、Java、PHP 等)均提供了通过编程来连接数据库并进行交互的功能。如果 Web 开发人员无法确保在通过 Web 表单、Cookie 及输入参数等方式中接收到数据并传递给 SQL 查询(该查询在数据库上执行)之前对其进行验证,那么通常会出现 SQL 注入漏洞。如果攻击者能够控制发送给 SQL 查询的输入,并且能够操纵该输入将其解析为代码而非数据,那么攻击者就很有可能在后台数据库执行该代码。

SQL 注入存在的危害主要表现在数据库信息泄露、网页篡改、网站挂马、数据库被恶意操作、服务器被远程控制等几方面。

3. SQL 注入攻击的原理

SQL 注入攻击主要是通过构建特殊的输入(这些输入往往是 SQL 语法中的一些组合)作为参数传递给 Web 应用程序,通过执行 SQL 语句而执行攻击者预期的操作。下面以一个动态 ASP 的 Web 应用系统的登录认证模块为例,具体介绍 SQL 注入攻击的实现原理。

约定:需要进行认证登录的 Web 网站的用户名和对应的登录密码保存在 MS SQL Server 数据库 UserDB 的 users 表中,对应的字段名分别为 id、username 和 password,典型的 SQL 查询语句如下。

```
SELECT * from users WHERE usename = 'wangqun' AND password = 'wq123456'
```

当该 SQL 语句提交给后台数据库执行时,如果用户"wangqun"和登录密码"wq123456"已保存在数据库 UserDB 的 users 表中,则将成功登录该 Web 系统。

但是,如果为 username 和 password 分别赋值为"'wangqun' OR '1' = '1'"和"'abc123456' OR '1' = '1'",那么将会构造一个 SQL 查询语句。

```
SELECT * from users WHERE usename = 'wangqun' OR '1' = '1' AND password = 'abc123456' OR '1 = 1'
```

由于在 SQL 中关系型运算符优先级从高到低为 NOT>AND>OR,因此上述语句等价于:

```
SELECT * from users WHERE usename = 'wangqun' OR ('1' = '1' AND password = 'abc123456') OR '1 = 1'
```

该 SQL 查询语句可以分为 3 个判断,只要有一个条件成立,就会成功执行。由于"1=1"在逻辑上是永恒成立的,因此无论 users 表中的 username 和 password 字段是何内容,攻击者都可以在不需要知道数据库中真实的用户名和登录密码的前提下,通过SQL注入攻击成功登录。

如果攻击者为username字段赋值"x' OR '1'='1'",为password字段赋值"'wq123456';DROP TABLE users;SELECT * from admin WHERE 't'='t'",将会构造如下的SQL查询语句。

```
SELECT * from users WHERE usename = 'x' OR '1' = '1' AND password = 'wq123456';
DROP TABLE users;
SELECT * from admin WHERE't' = 't'
```

当上述SQL查询语句提交给后台数据库时,将顺序执行3条不同的SQL操作:第1条是对users表进行查询操作;第2条是删除users表;第3条是查询admin表中的全部记录。

SQL注入攻击过程中有关SQL语句的构造方法较多,在此不再一一介绍。

4. SQL注入攻击的实现过程

SQL注入可以出现在任何系统或用户接收数据输入的前端应用程序中。在Web应用环境中,Web浏览器为前端应用程序,它负责向用户请求数据并将数据发送到远程服务器端。远程服务器使用提交的数据创建SQL查询。可以通过识别服务器响应中的异常来确定是否存在SQL注入漏洞。

(1)寻找SQL注入点。在互联网上寻找和确定SQL注入点是进行SQL注入攻击的前提。最常见的SQL注入点的判断方法是在动态网页中寻找如下形式的链接。

```
http://Website/ ** .asp?xx = abc
http://Website/ ** .php?xx = abc
http://Website/ ** .jsp?xx = abc
http://Website/ ** .aspx?xx = abc
```

下面以http://Website/ ** .asp? xx＝abc为例进行介绍。在实际应用中,参数xx字段的类型可能是整数型或字符串型。

当参数xx字段的类型为整数型时,SQL查询语句的形式为

```
SELECT * from users WHERE xx = abc
```

这时,攻击者可以将"abc"设置为如下3种不同类型的字符串,并通过返回的页面信息来确定该动态网页是否存在SQL注入点。

① 当原来的整数型输入"abc"修改为"abc'"时,由于输入后的数据类型不符合字段类型要求,将会导致SQL语句错误,并返回错误提示信息。

② 当原来的整数型输入"abc"修改为"abc and 1＝1"时,由于"1＝1"永恒成立,不对查询条件造成任何影响,因此动态网页将返回正常页面。

③ 当原来的整数型输入"abc"修改为"abc and 1＝2"时,由于"1＝2"永恒不成立,将查询不到任何信息,因此将会返回一个空白或错误提示页面。

当同时满足以上3个条件时,可以认定该Web应用程序存在SQL注入点。

当参数xx字段的类型为字符串参数时,SQL查询语句的形式为

```
SELECT * from users WHERE xx = 'abc'
```

这时，攻击者可以将参数取值"abc"设置为如下 3 种不同的字符串，并通过返回的页面信息来确定该动态网页是否存在 SQL 注入点。

① 当原来的字符串参数输入"abc"修改为"abc'"时，由于输入后的"'"（单引号）不符合字段类型要求，将会导致 SQL 语句错误，并返回错误提示信息。

② 当原来的字符串参数输入"abc"修改为"abc' and '1'='1'"时，由于"'1'='1'"永恒成立，不对查询条件造成任何影响，因此动态网页将返回正常页面。

③ 当原来的字符串参数输入"abc"修改为"abc ' and '1'='2'"时，由于"'1'='2'"永恒不成立，将查询不到任何信息，因此将会返回一个空白或错误提示页面。

当同时满足以上 3 个条件时，可以认定该 Web 应用程序存在 SQL 注入点。

（2）探测后台数据库的类型。不同 SQL 数据库软件在操作方法上存在着差异，只有了解了具体的数据库软件类型后才能有针对性地进行远程操控。一般情况下，后台数据库类型与所使用的开发语言有关，例如，ASP 和 .NET 一般使用 MS SQL Server 数据库，PHP 使用 MySQL 和 PostgreSQL 数据库，而 Java 使用 Oracle 和 MySQL 数据库等。也就是说，如果知道某一 Web 应用程序是使用什么语言开发的，就可以大体确定后台数据库的类型。

另外，还可以借助数据库的一些特征来探测其类型，最常见的是根据数据库服务器的系统表进行判断。例如，Access 的系统表为 msysobjects，在 Web 环境下没有访问权限；而 MS SQL Server 的系统表是 sysobjects，且在 Web 环境下有访问权限。为此，可以输入类似以下两条语句。

```
http://Website/ ** .asp?xx = abc and (select count( * ) from sysobjects)> 0
http://Website/ ** .asp?xx = abc and (select count( * ) from msysobjects)> 0
```

当第 1 条请求 URL 运行正常，而第 2 条不正常时，可以确定后台数据库为 MS SQL Server；当两条都不正常时，可以确定后台数据库为 Access。

（3）获取管理员账户信息。在绝大多数情况下，Web 网站的发布和日常维护管理都需要以远程方式进行，管理员通过在远程登录管理界面正确输入用户账户信息后，才能对 Web 应用程序进行上传/下载文件、修改配置、浏览目录等操作。在此过程中，如何获取管理员账户信息是非常关键的。

一般情况下，Web 应用程序管理员账户信息保存在后台数据库中。如果能够通过 SQL 注入攻击获取到管理员账户，就可以实现对 Web 网站的远程控制。然后，就可以根据攻击需要，上传后门程序（如 ASP 后门），对 Web 服务器软件甚至是 Web 服务器操作系统进行操控，实施攻击行为。

5. SQL 注入攻击的防范方法

由于大多数 SQL 注入攻击都是利用 Web 应用程序中对用户输入内容没有进行严格的转义字符过滤和类型查询这一漏洞而实施，因此对 SQL 注入的防范方法主要针对用户输入内容中特殊字符及参数类型与长度的严格检查。在具体的防范中，除部署专业的 Web 应用防火墙外，在代码层可以采取以下的方法进行防范。

（1）使用参数化语句。在 Web 应用程序中利用用户输入参数来构造动态 SQL 语句时,要注意参数类型的安全性,使用能够确保类型安全的参数化语句。在 ADO、ADO. NET 等数据库访问 API 时,可以明确输入参数的具体类型(如字符串、整数型、日期等),以保证用户输入内容符合该类型的格式,并被正确地进行转义和编码,进而避免 SQL 注入攻击的发生。

(2) 输入验证。输入验证是指验证用户输入的内容,确保其符合 Web 应用程序中已确定的标准,具体可分为白名单验证和黑名单验证两种方式。

① 白名单验证。白名单验证是指 Web 应用程序只接收记录中可信的输入内容。它在接收输入并做进一步处理之前,需要验证输入是否符合期望的类型、长度(或大小)、数据范围等标准或格式。例如,要验证输入值是用户身份证号码时,需要验证的输入内容可包含字符和总长度(一般为 18 位)。

② 黑名单验证。黑名单验证是指 Web 应用程序会自动阻止已经确认并保存在记录中的恶意内容输入。在黑名单验证过程中,由于潜在的恶意内容列表较大,检索效率较低,而且黑名单的维护和更新较为困难,因此使用效果不如白名单验证好。

(3) 实施最小权限原则。一旦攻击者获得执行 SQL 查询的能力,就会以一个数据库用户的身份进行查询。所以,可以为每一个数据库用户设置只能拥有完成自己的任务所必需的权限,而限制拥有超出自己操作范围的权限,以此通过实施最小权限来防止 SQL 注入攻击。如果一个数据库用户拥有很大的权限,攻击者在获取了该用户的权限后就可能删除数据表,操纵其他用户的权限,从而发起其他 SQL 注入攻击。为此,绝对不能以超级用户、其他权限较高或管理员级的用户身份访问网络应用程序的数据库,从而杜绝这种情况发生。最小权限原则的另外一个变体是区别数据库的读数据和写数据权限。具体可以设置一个拥有写数据权限的用户和另一个只有读数据权限的用户,这种角色区分可以确保在 SQL 注入攻击目标为只读用户时,攻击者无法写数据或操纵表数据。

(4) 使用存储过程。存储过程(Stored Procedure)是数据库中的一个重要对象,它是存储在数据库中的一组为了完成特定功能的 SQL 语句集,经过第一次编译后再次调用时不需要再次编译,用户通过指定存储过程的名称并给出参数(如果该存储过程带有参数)来执行它。将 Web 应用程序设计成专门使用存储过程来访问数据库是一种可以防止或减轻 SQL 注入攻击的技术。因为在大多数数据库中使用存储过程时都可以在数据库层配置访问控制,这就意味着如果发现了可利用的 SQL 注入攻击,则会通过正确配置许可来保证攻击者无法访问数据库中的敏感信息。

(5) 加强对 SQL 数据库服务器的安全配置。可以采用必要的方法加强对 SQL 数据库服务器的安全配置,尤其是加强 Web 应用程序与数据库之间的安全连接,以最小权限原则配置 Web 应用程序连接数据库的查询操作权限,避免敏感数据(如用户账户信息)以明文形式存储在数据库中。另外,通过设置不泄露任何有价值信息的默认出错机制(如 Web 查询结果出错、用户认证失败等)并以此来替代默认出错提示,避免为攻击者提供有用信息。

5.4.3　跨站脚本漏洞

跨站脚本(Cross Site Scripting,XSS)漏洞是一种经常出现在 Web 应用程序中的安全漏洞,是由于 Web 应用程序对用户的输入内容的安全验证与过滤不够严格而产生的。XSS 漏洞的最大特点是能够注入 HTML 和 JavaScript 代码到用户浏览器的网页上,从而达到劫

视频讲解

持用户会话的目的。

1. 跨站漏洞及跨站脚本攻击

跨站漏洞的产生是由于网站开发人员在编写网站程序时对一些变量没有做充分的过滤，直接把用户提交的数据送到 SQL 语句里执行，导致用户可以提交一些特意构造的语句，如 JavaScript、VBScript 和 ActionScript 等脚本代码。在此基础上，攻击者利用跨站漏洞输入恶意的脚本代码，当恶意代码被执行后就产生了跨站脚本（Cross Site Scripting，XSS）攻击。

跨站脚本攻击是指攻击者通过向 Web 页面中插入恶意的脚本代码，当用户打开该页面时，嵌入其中的恶意代码就会被执行，从而达到恶意攻击的目的。为了提高用户的体验、丰富网站的功能，现在许多网站采取动态网页技术，即根据用户提供的数据（通过数据库或手工输入方式），Web 应用程序会动态地显示输入内容。动态网站技术为实现 XSS 攻击提供了便利，当攻击者输入隐藏了恶意目的的代码时，攻击就会发生。攻击者会在网站页面文件中植入恶意代码，当用户打开该网页时，这些恶意代码就会注入客户端的浏览器中并执行，使用户受到攻击。

在 XSS 攻击中，攻击者利用跨站漏洞可以在网站中插入任意代码，这些代码的功能包括获取网站管理员或普通用户的 Cookie、隐蔽运行网页木马、格式化浏览者的硬盘等，只要脚本代码能够实现的功能，跨站攻击都能够实现，如窃取用户隐私、钓鱼欺骗、偷取密码、传播恶意代码等。

与前文介绍的 SQL 注入攻击不同的是：XSS 攻击的最终目标不是提供服务的 Web 应用程序，而是使用 Web 应用程序的用户。随着 Web 技术的快速发展，大量的主流浏览器及其插件普遍支持对 JavaScript、Flash Action Script、Silverlight 等客户端脚本代码的本地执行，为 XSS 攻击提供了所需要的环境。攻击者可以利用 Web 应用程序中的安全漏洞，在 Web 服务器网页中插入经过精心构造的客户端脚本代码，形成恶意攻击页面。当 Web 客户端访问这些网页时，所使用的浏览器就会自动下载并执行这些网页中的恶意客户端脚本，对其进行解析和执行，从而遭受攻击。

需要说明的是，层叠样式表（Cascading Style Sheets，CSS）网页开发技术出现于 1994 年，而在 1996 年 XSS（Cross Site Scripting，跨站脚本）出现后，为了便于区别，则将其英文缩写确定为 XSS。

2. XSS 攻击的分类

根据攻击特征和对安全漏洞利用方法的不同，可以将 XSS 攻击分为反射式 XSS 攻击、存储式 XSS 攻击和基于 DOM 的 XSS 攻击 3 种类型。

（1）反射式 XSS 攻击。反射式 XSS 攻击也称为非持久性 XSS 攻击或参数型 XSS 攻击，是一种最常见的 XSS 攻击类型，主要用于将恶意脚本附加到 URL 地址的参数中。例如：

```
http://WebSite/home.php?id=<script>alert(/xss/)</script>
```

在 Web 交互操作中，当 Web 浏览器在 HTTP 请求参数或 HTML 表单中接收到信息时，则由服务器端脚本为该用户产生一个结果页面。在此过程中，由于服务器端脚本缺乏对请求数据的安全验证与过滤机制,就会因存在的 XSS 漏洞遭受到攻击。

反射式 XSS 攻击的实现过程中一般为:攻击者发现存在 XSS 安全漏洞网页(URL)后,根据输出点的环境构造 XSS 攻击代码并进行编码,然后通过特定手段(如发送电子邮件)发送给受害者,诱使受害者去访问一个包含恶意代码的 URL,当受害者单击这个经过专门设计的 URL 链接后,攻击代码会直接在受害者的浏览器上解析并执行。

需要说明的是,反射式 XSS 攻击一般需要欺骗用户自己去单击链接才能触发 XSS 代码(服务器中没有这样的页面和内容),一般容易出现在搜索页面中。

(2) 存储式 XSS 攻击。存储式 XSS 漏洞是危害最为严重的 XSS 漏洞,它通常出现在一些可以将用户输入内容持久性地保存的 Web 服务器端,并在一些看似正常的页面中持续性地显示,从而能够影响所有访问这些页面的 Web 用户。因此将存储式 XSS 攻击也称为持久性 XSS 攻击,通常针对留言板、论坛、博客等 Web 应用,攻击者通过以输入留言信息的方式注入包含恶意脚本代码的内容后,当其他用户访问该网页时,站点即从 Web 服务器端读取攻击代码,然后显示在页面中,并在受害者主机上的浏览器中解析并执行恶意代码。

存储式 XSS 攻击的攻击代码持久性地保存在 Web 服务器中,不需要用户单击特定的 URL 就能够执行跨站脚本,并在用户端执行恶意代码。另外,利用存储式 XSS 漏洞可以编写危害性更大的 XSS 蠕虫,XSS 蠕虫会直接影响到网站的所有用户,当一个地方出现 XSS 漏洞时,相同站点下的所有用户都可能被攻击。

(3) 基于 DOM 的 XSS 攻击。DOM(Document Object Model,文档对象模型)是一个与平台和语言无关的接口,可以使程序和脚本动态访问和更新文档的内容、结构和样式,处理后的结果能够成为显示页面的一部分。DOM 中有很多对象,其中一些(如 URL、location、refelTer 等)是用户可以操纵的。客户端的脚本程序可以通过 DOM 动态地检查和修改页面内容,它不依赖于提交数据到服务器端,而从客户端获得 DOM 中的数据并在本地执行。期间,如果 DOM 中的数据没有经过严格验证和过滤,就会产生基于 DOM 的 XSS(DOM-based XSS)漏洞。

传统的 XSS 漏洞都存在于用来向用户提供 HTML 响应页面的 Web 服务器中,而基于 DOM 的 XSS 漏洞则发生在客户端处理内容的阶段。基于 DOM 的 XSS 攻击源于 DOM 相关的属性和方法,在实现过程中被插入用于 XSS 攻击的脚本。下面是一个典型的例子。

HTTP 请求 http://Website/welcome.html? name=wangqun 使用以下的脚本打印出登录用户 wangqun 的名称,即

```
< SCRIPT >
var pos = docmnent.URL.indexOf("name = ") + 5:
document.write (document.URL.substring(pos,document.URL.1ength));
< /SCRIPT >
```

如果这个脚本用于请求 http://Website/welcome.html? name=< script > alert("XSS")</script>,就会导致 XSS 攻击的发生。当用户单击这个链接时,Web 服务器返回包含上述脚本的 HTML 静态文本,用户端浏览器把 HTML 文本解析成 DOM,DOM 中的 document 对象 URL 属性的值就是当前页面的 URL。在脚本被解析时,这个 URL 属性值的一部分被写入 HTML 文本,而这部分 HTML 文本便是 JavaScript 脚本,这使得< script >

alert("XSS")</script>成为页面最终显示的 HTML 文本,从而导致基于 DOM 的 XSS 攻击的发生。

3. XSS 攻击的防范方法

虽然 XSS 的表现形式多种多样,利用方法又灵活多变,但恶意脚本执行都是在客户端的浏览器上,危害的也是客户端的安全。可以从以下几个方面重点加强对 XSS 攻击的防范。

(1) XSS 过滤。虽然 XSS 攻击的对象是客户端,但 XSS 的本质是 Web 应用服务的漏洞,所以必须同时对 Web 服务器和客户端进行安全加固才能避免攻击的发生。XSS 过滤需要在客户端和服务器端同时进行。

由于 XSS 攻击是利用一些正常的站内交互机制来实现的,如通过发布评论、添加文章等方式来提交含有恶意 JavaScript 的内容,服务器端如果没有过滤或转义掉这些脚本,反而作为内容发布到页面上,那么当正常用户访问该页面时就会运行这些恶意攻击脚本。因此需要针对"< >""JavaScript"等敏感字符串进行过滤,如果发现用户输入的信息中包含有可疑字符串,在保存到服务器端之前需要对其进行转义或直接禁用。

由于 XSS 攻击的目标是客户端,具体在浏览器上解析和执行,因此客户端防范 XSS 攻击的有效方法是提升浏览器的安全性。一方面,可以使用自带 XSS 过滤插件的安全浏览器,只允许受信任的网站启用 JavaScript 等脚本;另一方面,通过对浏览器的安全设置(如提高访问非受信网站时的安全等级、关闭 Cookie 功能等),尽量降低浏览器的安全风险。

(2) 输入验证。输入验证就是对用户提交的信息进行有效性验证,仅接收有效的信息,阻止或忽略无效的用户输入信息。在对用户提交的信息进行有效性验证时,不仅要验证数据的类型,还要验证其格式、长度、范围和内容。

在进行输入验证时,需要对所有输入中的 script、iframe 等字样进行严格的检查。这里的输入不仅仅是用户可以直接交互的输入接口,还包括 HTTP 请求报文中的变量等。

大部分 Web 应用程序会依靠客户端来验证用户提交给服务器的数据,从而提高程序的可用性。不过,仅仅在客户端对非法输入进行验证和测试是不够的,因为客户端组件和用户输入不在服务器的控制范围内,用户能够完全控制客户端及提交的数据,从而绕过客户端的检查而将信息直接提交给服务器。为此,对客户端提交数据的安全性进行检查,还必须依靠服务器的防范措施,如 CSS 过滤。

(3) 输出编码。由于大多数 Web 应用程序都会把用户输入的信息完整地输出到页面中,因此导致 XSS 漏洞的存在。为解决这一问题,当需要将一个字符串输出到 Web 网页,但又无法确定这个字符串是否包含 XSS 特殊字符时,为了确保输出内容的完整性和正确性,可以使用 HTML 编码(HTML Encode)进行处理。

HTML 编码通过用对应的 HTML 实体编号来替代字符串(如将字符串"<"替换为实体编号"<"),可使浏览器安全处理可能存在的恶意字符,将其当作 HTML 文档的内容而非结构加以处理,通过编码转义可有效防范 XSS 攻击的发生。

总体来说,相对于其他网络漏洞攻击,因跨站漏洞而引起的 XSS 攻击显得更隐蔽和难以防范。XSS 攻击过程是用户浏览器与网站服务器 Web 程序的交互过程,因此安全管理和防范也同时涉及网站和浏览器两个方面,但防范重点应放在网站程序的编写上。要求网站开发者在编写程序代码时要检测其安全性,如过滤用户提交数据中的代码,不再将数据作为代码直接来处理,限制输入字符的类型和长度,限制用户上传 Flash 文件等;同时要求用户浏览时也应采用安全的浏览方式,如不轻易单击网站的链接、提高浏览器的安全等级等。

5.5　Web 服务器软件的攻防

IIS(Internet Information Services)和 Apache 是目前应用较为广泛的两款典型的 Web 服务器软件,除此之外,还有 IBM WebSphere、Oracle IAS、BEA WebLogic 和 Tomcat 等。每一款软件都有其应用优势和最佳应用环境,同样也都不同程度地存在着安全隐患,攻击者可以利用存在的安全漏洞对 Web 服务器实施渗透攻击或窃取敏感信息。

5.5.1　Apache 攻防

近年来,虽然 Nginx、LightHttpd 等 Web 服务器软件得到了快速发展,也逐渐得到了用户的青睐,但 Apache HTTP Server(简称 Apache)在这一领域的主导地位仍然没有被撼动。如今,互联网上大多数的 Web 应用仍然运行在 Apache Httpd(httpd 是 Apache HTTP 服务器的主程序)上。目前,虽然在互联网上存在各种类型的 Web 服务器软件,但不管采用哪种软件,基本的安全问题主要集中在 3 个方面:不必要的服务带来的安全威胁、基础安全认证机制和协议存在的安全缺陷及 Web 服务器自身存在的安全漏洞。

1. 针对 Apache 模块的攻防

一般情况下,Web 服务器的安全主要集中在两点:一是 Web 服务器自身的安全;二是 Web 服务器是否提供了可供使用的安全功能。与其他服务器软件一样,Apache 同样也因出现一些高危安全漏洞导致系统服务出现安全问题,但通过对近年来发生的大量安全漏洞的统计分析,Apache 的高危漏洞主要集中在 Apache 模块(Apache Modules),而非 Apache 核心程序。这是因为 Apache 核心程序的设计是非常安全的,但大量的官方和非官方模块的出现,在丰富了 Apache 应用功能的同时,也带来了大量的安全隐患。尤其在安装了 Apache 后,默认安装和启动的模块中存在不少安全漏洞。

出于安全防范,首先要检查 Apache 模块的安装情况。最小权限原则同样也适用于 Apache 模块的安装,应该不安装或尽可能少地安装不必要的模块,以减少系统出错的机会。对于已经安装的模块,也要确保升级为最新版本,防止安全漏洞的出现和被利用。

2. 针对 Apache 管理员账户的攻防

首先需要说明的是,以 root 或 admin 身份运行 Apache 进程是非常不安全的。这是因为 root 或 admin 是服务器管理员在管理计算机系统时使用的身份,一般具有最高的权限,可以在系统中从事管理脚本、访问配置文件、读取日志等操作。这时,如果攻击者以管理员身份登录系统,将直接获取一个最高权限的 Shell。同时,应用程序本身将具有较高权限,当应用程序存在漏洞时,将会带来安全风险,如删除本地硬盘上的重要文件、终止服务进程等,其中有些操作带来的后果是灾难性的。

正确的配置和防范方法是:为 Apache 进程的运行使用专门的用户账户(user/group),而且这个用户账户唯一的作用是运行 Apache 进程,而不应具有 Shell 权限。

3. 正确配置 Apache 服务器

错误的或不恰当的配置是导致 Apache 服务器软件存在安全问题的一个主要原因。由于 Apache 是一个较为复杂的系统，因此下面举例来对常用的配置内容进行说明。

（1）Apache 服务器配置文件。Apache 服务器主要有 3 个配置文件，位于"/usr/local/apache/conf"目录下。这 3 个配置文件分别为 httpd. conf（主配置文件）、srm. conf（添加资源文件）和 access. conf（设置文件的访问权限）。其中，每一个配置文件都涉及大量的参数，许多参数的配置都与安全直接相关。

例如，文件 access. conf 中包含着一些指令用于控制允许哪些用户能够访问 Apache 目录。应该把 deny from all 设为初始化指令，再使用 allow from 指令打开访问权限。

```
order deny,allow
deny from all
allow from abc.net
```

通过该设置，可允许来自某个域（如 abc. net）、IP 地址或者 IP 地址段的访问。

（2）Apache 服务器的密码保护。htaccess 文件是 Apache 服务器中的一个配置文件，它负责相关目录下的网页配置。例如，通过 htaccess 文件可以帮助用户实现文件夹密码保护、用户自动重定向、自定义错误页面、改变用户的文件扩展名、限制特定 IP 地址的用户访问、只允许特定 IP 地址的用户访问、禁止目录列表，以及使用其他文件作为 index 文件等一些功能。

管理员可以通过对.htaccess 文件的配置，把某个目录的访问权限赋予某个用户。需要启用.htaccess 文件时，管理员首先要通过修改 httpd. conf 来启用 AllowOverride，并可以用 AllowOverride 限制特定命令的使用。如果需要使用.htaccess 以外的其他文件名，可以用 AccessFileName 指令来改变。

5.5.2 IIS 攻防

针对任何一台提供互联网应用服务的 Web 服务器，管理员必须建立一套完善的完全管理策略，而且必须熟悉策略中每一项设置的功能。Windows Server 中的 IIS 采用模块化设计，默认只会安装基本的功能组件，其他功能在用户需要时由系统管理员自动添加，以此减少 IIS 网站的被攻击面，减少系统管理员所要面对的不必要的安全挑战。同时，IIS 也提供了一些安全措施来强化网站的安全性。

1. 安全漏洞

虽然 IIS 提供了必需的安全管理措施，但由于 IIS 存在的各类安全漏洞及一些系统管理员缺乏必要的安全管理意识，长期以来一直是攻击者首选的攻击对象。

与其他的网络服务守护进程一样，IIS 同样也面临着缓冲区溢出、不安全代码和指针、格式化字符串等一系列攻击，这类攻击是基于数据驱动安全漏洞的远程渗透攻击，往往能够让攻击者在 Web 服务器上直接获得远程代码的执行权，并执行一些操作。IIS 6.0 之前的多个版本都存在该安全漏洞。

作为 HTTP1.1 的扩展,WebDAV(Web-based Distributed Authoring and Versioning,Web分布式创作和版本控制)已经成为重要的 Web 通信协议。对于使用 WebDAV 的客户端可以进行如下的操作:在 WebDAV 目录中复制和移动文件、修改与某些资源相关联的属性、锁定并解锁资源以便多个用户可同时读取一个文件、搜索 WebDAV 目录中的文件的内容和属性等。由于使用 WebDAV 较为方便,因此经常用于对 IIS 网站的远程管理,如图 5-10 所示。

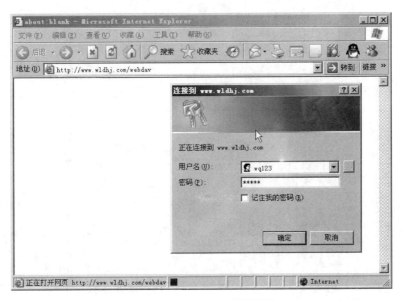

图 5-10   WebDAV 登录界面

然而,针对 WebDAV 的安全漏洞频繁出现。例如,WebDAV 本地提权漏洞(CVE-2016-0051)就是一个针对客户端验证输入不当而存在的特权提升漏洞,攻击者利用该安全漏洞可以使用提升的特权执行任意代码。又如,CVE-2017-7269 是 IIS 6.0 中存在的一个栈溢出漏洞,在 IIS 6.0 处理 propfind 指令时,由于对 URL 的长度没有进行有效的控制和检查,导致执行 memcpy 对虚拟路径进行构造时引发堆栈溢出,该漏洞可以导致远程代码执行。

针对 IIS 安全漏洞最有效的防范方法仍然是及时安装补丁程序,并坚持最小权限原则对系统进行管理和安全配置。例如,针对 IIS 写文件漏洞,除升级最新补丁程序外,还需要对 WebDAV 组件进行安全配置。如果没有用到 WebDAV 功能,建议直接将其禁用。如果一定要使用该组件时,可以对其权限(尤其是"写入"和"脚本资源访问"权限,如图 5-11 所示)进行严格管理。

2. IIS 的安全配置

作为一款应用广泛(尤其是中小单位广泛使用)的 Web 服务器软件,可以从以下几个方面加强对 IIS 的安全配置和管理。

(1)禁用默认网站。IIS 中的"默认网站"是系统提供的用于对 IIS 运行状态进行测试的网站,如图 5-12 所示。由于该网站仅仅是用于性能测试,没有过多的考虑其安全性,因此出于安全考虑,在 IIS 安装结束并测试运行正常后将"默认网站"禁用。更不能直接在默认网站的基础上,通过修改代码和配置来发布自己的网站。

(2)防止资源解析攻击。Web 服务器软件在处理资源请求时,根据不同 Web 客户端的

图 5-11　设置 WebDAV 文件夹的访问权限

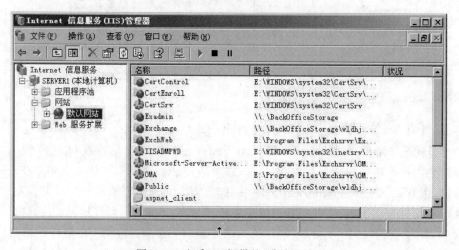

图 5-12　查看 IIS 提供的"默认网站"

要求,针对同一资源(如 Web 页面)需要解析为不同的标准化名称,将这一过程称为资源解析。例如,HTTP 的资源请求 URL 可以用 Unicode 方式进行编码,而 Web 服务器软件在接受 Unicode 编码方式的 URL 时,就需要进行标准化的解析。但是,一些 Web 服务器软件可能在资源解析过程中缺乏对一些输入的合法性验证,从而导致目录遍历、敏感信息泄露、代码注入等攻击现象的发生。IIS 软件中的"ASP∷＄DATA"漏洞是一种典型的资源解析安全漏洞,它允许攻击者下载 ASP 源代码而不是把它们提交给 IIS ASP 引擎进行动态渲染。解决此安全问题的主要途径仍然是及时安装补丁程序。

(3) 正确选择验证方式。IIS 网站默认允许所有用户连接(匿名验证)。如果网站只对特定的用户开放,就需要启用网站登录用户验证方式,即当用户正确输入用户名和密码后才能够访问。在 IIS 8.0(Windows Server 2012)中用来验证用户名和密码的方式主要有匿名身份验证、基本身份验证、摘要式身份验证和 Windows 身份验证。4 种身份验证方式的比较如表 5-3 所示,管理员可以根据安全要求进行选择和配置。

表 5-3　IIS 提供的 4 种身份验证方式的比较

身份验证方式	安全等级	密码传输方式	是否能够通过防火墙或代理服务器
匿名身份验证	无		是
基本身份验证	低	明文	是
摘要式身份验证	中	Hash 处理	是
Windows 身份验证	高	Kerberos(Kerberos Ticket) 或 NTLM(Hash 处理)	Kerberos:可通过代理服务器,但一般会被防火墙拦截 NTLM:无法通过代理服务器,但可开放其通过防火墙

（4）通过 IP 地址限制连接。根据应用要求,可以允许或拒绝某台(某个 IP 地址)或某组(某段 IP 地址)特定计算机连接指定的网站,如图 5-13 所示。例如,单位内部网站可以被设置成只允许内部计算机访问,拒绝所有外部的网络连接。这时可以在 IIS 中针对特定网站进行设置,当管理员通过 IP 地址限制某台或某组客户端计算机不可以连接网站后,所有来自被限制计算机的 HTTP 连接请求都会被拒绝,增加了系统应用的安全性。

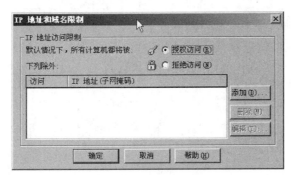

图 5-13　设置 IP 地址和域名限制

另外,IIS 还提供了"动态 IP 限制"功能,可以根据连接行为来决定是否允许客户端的连接。该功能的实现主要基于以下两个策略。

（1）基于并发请求数量拒绝 IP 地址。如果同一个客户端的并发连接数量超过此处的设置值,就拒绝其连接。

（2）基于一段时间内的请求数量拒绝 IP 地址。如果同一个客户端在指定时间内的连接数量超过此处的设置值,就拒绝其连接。

习题

1. 简述 C/S 结构和 B/S 结构的特点。

2. Web 应用安全涉及哪些具体内容,简述其安全防范方法。

3. 为什么在对 Web 服务器实施攻击之前需要进行信息的收集？具体应收集哪些内容？如何收集？

4. 简述网络踩点、网络扫描和网络查点的功能，并通过具体操作掌握其应用。

5. 简述 PING 命令的功能，并简述如何使用 PING 来探测一台主机的连通性。

6. 在熟悉 TCP 和 UDP 工作原理的基础上，分别简述基于 TCP 和 UDP 进行主机扫描的方法。

7. 在熟悉端口概念和应用分类的基础上，简述端口扫描的功能及常见的 TCP 和 UDP 端口扫描的实现方法。

8. 什么是系统类型探测？分别简述操作系统类型和网络服务类型探测的实现原理，并借助工具软件（如 nmap 等）进行实验测试。

9. 漏洞扫描的工作原理是什么？漏洞扫描器是如何工作的？简述漏洞扫描器各组成部分的功能。

10. 什么是网络查点？它与网络踩点、网络扫描之间存在什么关系，简述常见的网络查点方法。

11. 针对 Web 服务器的各类信息收集攻击，如何进行有效防范？

12. 互联网环境中的敏感数据主要包括哪些内容？如何加强对敏感数据的管理？

13. 什么是网站篡改？如何进行防范？

14. 什么是内容注入和 SQL 注入？简述 SQL 注入攻击的实现原理和具体过程，并简述其防范方法。

15. 什么是跨站脚本漏洞与跨站脚本攻击？XSS 攻击分为哪几类？如何有效防范 XSS 攻击？

16. 针对 Web 服务器软件的攻防，分别简述 Apache 和 IIS 服务器的安全配置方法。

第6章

Web浏览器的攻防

随着博客(blog)、微博(microblog)、社交网站(Social Networking Site,SNS)、Web 2.0 等一系列新型应用的产生,基于 B/S(Browser/Server,浏览器/服务器)架构的 Web 应用越来越广泛。同时,随着移动互联网应用的不断普及,Web 功能也在随着应用环境的变化而不断发展和完善,以满足用户的新需求。与此同时,Web 应用需求的迅速发展也引起了攻击者的强烈关注,攻击者利用 Web 前端(Web 浏览器)和 Web 后端(Web 网站操作系统、Web 应用程序和 Web 服务器软件)的安全漏洞实施攻击,已经对正常的 Web 应用安全构成了严重威胁。本章主要关注 Web 浏览器的安全,在介绍 Web 浏览器相关知识的基础上,重点介绍 Web 浏览器的攻防技术。

6.1 Web 浏览器技术

目前,用户间的交流、文件上传与下载、网上交易、信息检索与浏览等操作都集中在 Web 浏览器(Web Browser)上实现,Web 浏览器成为互联网中应用最为广泛的客户端软件。

6.1.1 万维网

1989 年 12 月,蒂姆·伯纳斯-李(Tim Berners-Lee)发明了万维网(World Wide Web,WWW),他指出:HTTP(Hyper Text Transfer Protocol,超文本传输协议)和 HTML (Hyper Text Markup Language,超文本标记语言)是计算机之间交换信息时所使用的语言,即当用户在计算机上单击一条链接时,用户的计算机会自动进入想要查看的页面,之后它就会利用这种计算机之间的语言与其他计算机进行沟通。随后,他又将 WWW 的发明称为:这是新时代的敲门声,这是新生命的呼吸和心跳,这是全人类的你、我、他。

WWW 并非某种特殊类型的计算机网络,而是在互联网(Internet)上通过 HTTP 和 HTML 等协议实现的一个大规模的、联机式的分布式信息应用。所以,WWW 是基于互联网的一类应用。WWW 的应用具有以下明显的特点。

（1）超链接。通过超链接（Hyper Link）实现了一个网页与另外一个网页的关联，能够方便地从一个网页访问另一个网页（即网页之间的链接），这些网页文件可以在同一个站点，也可在不同的站点。

（2）超文本和超媒体。通过超链接将多个文本组合起来形成超文本（Hyper Text）。早期的超文本已经发展为后来的超媒体（Hyper Media），因为早期的 WWW 应用大都包含着文本信息，而后来在此基础上增加了图形、图像、声音、动画、视频图像等内容，即通过超链接将多媒体或流媒体文件链接起来，组合成了超媒体。

（3）客户服务器方式。WWW 以客户服务器方式工作，其中浏览器就是在用户计算机上的 WWW 客户端程序，保存 WWW 文档并运行服务软件的计算机称为服务器。客户端程序向服务器端程序发出请求，服务器端程序向客户端程序返回所需要的 WWW 文档。在一个客户端程序提供的窗口中显示出的 WWW 文档称为网页（page）。

（4）统一资源定位符（Uniform Resource Locator，URL）。为了标志分布在互联网上的WWW 文档，使用了 URL。通过 URL 能够使每一个文档在整个互联网的应用范围内具有唯一的标识。URL 的一般语法格式如下。

```
<协议>://<主机>[:端口]/<路径>/[;参数][?查询]
```

其中，带方括号[]的为可选项。

（5）超文本传输协议（HTTP）。为了实现 WWW 上文档之间的链接，使客户端程序能够与服务器端程序之间进行交互，提出了超文本传输协议。HTTP 是一个应用层协议，它使用 TCP 连接进行可靠的数据传输。

HTTP 传输的数据都是未加密的明文数据，存在安全隐患。为了保证用户隐私数据在传输过程中不被泄露，网景公司设计了 SSL（Secure Sockets Layer，安全套接层）协议用于对HTTP 传输的数据进行加密，从而出现了 HTTPS。简单地讲，HTTPS 是由"SSL＋HTTP"协议构建的可进行加密传输、身份认证的具有安全加密特征的网络协议。

（6）超文本标记语言（HTML）。超文本标记语言（HTML）实现了不同功能和风格的WWW 文档在互联网不同计算机上的显示，并且可以使网页设计者方便地以"链接"方式从一个页面的指定位置关联到互联网上任何一个页面。HTML 不是应用层的协议，而是一种制作 WWW 网页的标准语言，它消除了不同计算机之间信息资源存在的障碍。发布于2014 年 9 月的 HTML 5.0 增加了在网页中嵌入音频、视频以及交互式文档等功能，目前一些主流的浏览器都支持 HTML 5.0。

下面是与 HTML 有关的两种语言。

① XML（eXtensible Markup Language，可扩展标记语言）。XML 和 HTML 都是标准通用标记语言的子集，其中 HTML 被设计用来显示数据，而 XML 被设计用来传输和存储数据。具体地讲，XML 用于标记电子文件，可以对文档和数据进行结构化处理，是一种允许用户对自己的标记语言进行定义的源语言。XML 不是替代 HTML，而是对 HTML 应用功能的补充。

② XHTML（eXtensible Hyper Text Markup Language，可扩展超文本标记语言）。XHTML 是一个基于 XML 的标记语言，它综合了部分 XML 的强大功能及大多数 HTML

的简单特性,是一个扮演着类似 HTML 角色的 XML。更具体地来讲,XHTML 的功能与 HTML 类似,只是语法结构更加严格,是作为一种 XML 被重新定义的 HTML,并将逐渐取代 HTML。目前新的浏览器都支持 XHTML。

6.1.2　Web 浏览器

1990 年,蒂姆·伯纳斯-李推出了第一款被称为"World Wide Web"的命令行的 Web 浏览器软件。1991 年 5 月,WWW 结合了 Web 浏览器后在诞生于 19 世纪 60 年代的 Internet 上首次露面,立即引起轰动,获得了极大的成功,被广泛推广应用。

1. 国外 Web 浏览器的发展

1993 年 2 月被称为"Mosaic"的全球第一个图形界面浏览器(Browser)推出。Mosaic 项目的负责人 Marc Andreessen 在大学毕业后创办了网景公司,并在 Mosaic 的基础上研发了 Netscape 浏览器。

在网景公司的 Netscape 浏览器取得成功的同时,微软公司意识到了 Web 浏览器在互联网快速发展中所起的巨大作用,所以从 Spyglass 公司取得了 Mosaic 源代码授权,在 1995 年推出了 Internet Explorer(IE)浏览器,通过 Windows 操作系统捆绑推广,并迅速抢占了 Netscape 的市场份额,成为市场占有率最高的 Web 浏览器。

网景公司与微软公司在 Web 浏览器竞争中失利后,开放了 Netscape 浏览器的源代码,成立了非正式组织 Mozilla,并推出了 Firefox 浏览器(也称为"Mozilla Firefox 浏览器"),继续与 IE 浏览器进行竞争。

2008 年 9 月,Google 公司推出了 Chrome 浏览器,以快速、简单、安全的特点很快赢得了用户的青睐。基于开源内核的 Chrome、Firefox、Safari(Mac OS 中的浏览器)等浏览器丰富了 PC 端用户上网的应用需求。与此同时,微软公司意识到了开源内核浏览器带来的竞争压力,在频繁更新 IE 版本(2011 年发布 IE 9,2012 年发布 IE 10,2013 年发布 IE 11)之后,重新开发了名为"Edge"的浏览器来取代 IE。

2. 国产 Web 浏览器的发展

1999 年一个网名为"changyou"(畅游)的程序员在论坛上发布了一款名为"MyIE"的浏览器,标志着国产 Web 浏览器的诞生。MyIE 基于 IE 开发,并进行了性能优化和功能扩展。在 MyIE 源代码的基础上,开发了 TheWorld(世界之窗)浏览器,该浏览器后来被 360 公司收购后发展为现在的 360 安全浏览器。目前,国产浏览器主要有 360 安全浏览器、猎豹安全浏览器、傲游浏览器、百度浏览器、QQ 浏览器等。

自从 Web 浏览器出现后,国内用户长期以来主要使用 IE,尤其是网上银行、各类在线支付系统以及大多数网站的页面显示都是在 IE 的基础上开发的,部分使用新内核的浏览器则无法正常浏览。在此情况下,一方面为了继续使用原来在 IE 下开发的系统,同时能够使用到新内核浏览器带来的功能,便出现了"双核浏览器"。所谓双核,是指一个浏览器同时拥有两个内核,用户可以根据应用需要进行切换。由于 IE 在国内用户中特殊的地位,"双核"中的一个内核一般是 Trident(IE 使用的内核),其他内核可采用 Webkit(Safari、Chrome 使用该内核)、Chromium(Google 创建的基于 Webkit 内核的开源浏览器引擎)、Gecko

（Firefox 使用该内核）、Presto（Opera 7.0 及以上版本使用该内核）等。其中，使用 Trident 内核时称为"兼容浏览模式"，而使用其他内核时称为"高速浏览模式"。

需要说明的是：国内双核浏览器是迫于网络应用环境而产生的一个过渡产物，随着 Web 标准的普及，双核浏览器自然会失去存在的意义。

6.1.3　Web 浏览器的安全

Web 浏览器应用的广泛性和产品的多样性在丰富了用户上网体验的同时，也增加了安全风险。与其他应用软件相比较，由于网上银行、在线支付等应用都通过 Web 方式进行，Web 浏览器存在的安全风险已对用户财产和个人隐私构成严重威胁。

由于 B/S 结构同时涉及 Web 客户端（主要包括客户端操作系统和 Web 浏览器）、Web 服务器端（主要包括服务器端操作系统、Web 服务器软件和 Web 应用软件）和应用层协议（主要包括 HTTP/HTTPS 和 FTP），系统运行过程中涉及的环节较多，环境相对复杂，所以涉及的安全问题较多，而且部分安全威胁可能同时涉及 B/S 的多个方面。例如，针对 Web 浏览器的攻击与渗透，具体实施时可能同时涉及客户端操作系统和运行在该操作系统上的 Web 浏览器。

仅 Web 浏览器自身来说，由于不同的浏览器采用的内核存在着差异，而且每一款浏览器都几乎通过功能扩展来体现各自的特色，因此 Web 浏览器缺乏一个可供大家遵循的严格的安全规范，这成为 Web 浏览器安全隐患产生的根源。同时，HTML、XHTML、CSS 等语言和规范存在的安全漏洞，以及 JavaScript、Flash、PHP、SilverLight 等客户端运行环境存在的安全风险，都会使 Web 浏览器的安全变得非常复杂。

大多数 Web 浏览器用户都希望浏览器能够通过扩展程序、插件和浏览器帮助对象（Browser Helper Objects，BHO）提供一些便利。但是，这些附加产品在通过将组件添加到浏览器的默认功能来提高用户感受的同时，也成为恶意攻击者的首要攻击目标。因为用户在修补和更新插件和扩展程序方面的能力普遍较差，而且第三方扩展插件的开发过程一般缺乏安全保障，同时浏览器插件一般也不具备版本自动更新的机制，安全漏洞被利用的时间周期要比系统软件和浏览器软件本身长。虽然很多主流的附加组件是由知名供应商所开发的，但是任何人都可以写一段代码让这些组件成为传递恶意软件的潜在工具。因此，浏览器就成为了终端最脆弱的攻击目标。另外，软件漏洞的利用一般需要在软件运行状态下进行，而浏览器长期处于联机运行状态，为攻击提供了便利。

Web 浏览器旨在为用户提供一些扩展程序的权限控制，但是通常会因为粗粒度访问控制而被攻击。另外，用户总是对各种附加产品授予权限，防风险意识不强。很多用户认为一个附加产品托管在官方扩展程序库中就想当然认为它是安全的，尽管大多数附加产品在推出之前都要经过审查，但是违反浏览器开发者意图的恶意扩展程序并不少见。例如，提交给苹果扩展程序库的苹果 Safari 扩展程序其实托管在一个外部位置，而 Mozilla Firefox 允许来自第三方网站扩展程序的安装等。

Web 浏览器的安全风险主要涉及浏览器 URL 地址栏欺骗攻击、浏览器 URL 状态栏欺骗攻击、浏览器页面标签欺骗攻击、浏览器页面解析欺骗攻击、浏览器插件安全、浏览器本地存储安全、浏览器安全策略被绕过、浏览器隐私安全、浏览器差异带来的安全风险等方面。

6.1.4　Web 浏览器的隐私保护

隐私保护是网络攻防领域一个备受大家关注的问题。虽然在网络攻击过程中不会直接利用到用户的隐私,但隐私是攻击前信息收集的主要内容。为此,有效保护隐私对加强网络防范是非常有必要的。本节重点介绍 Web 浏览器应用中的隐私泄露与保护问题。

目前,许多 Web 浏览器自身存在着严重的隐私泄露问题。浏览器会收集用户的上网行为(如什么时候访问过什么网站),并且把用户的上网行为信息保存在自己的服务器上,然后通过大数据分析来了解每一位上网用户的个人爱好、上网习惯等信息。因为用户上网信息中蕴藏着大量的商业利益,所以一些公司和商业机构出于自身利益会大量收集用户的上网信息。其中,一些浏览器厂商的绝大部分收益依靠"在线广告"。要实现广告的在线精准投放,自然要收集用户的信息,只有浏览器厂商在对用户的上网信息收集并分析后,才知道哪些上网用户对哪些内容(广告)感兴趣。这期间就涉及了隐私问题。

与隐私有关的另一个问题是 Web 浏览器会记录用户的上网行为。例如,某一用户平时喜欢访问某一网站或在网上搜索了某一内容(如某本书,某款式的服装等),但在操作了浏览器后没有消除浏览器的历史缓存,当下一次打开该 Web 浏览器时,就会发现之前查看的信息显示在页面中。

DNT(Do Not Track,请勿跟踪)是浏览器提供的一项禁止对用户上网行为进行跟踪的功能。DNT 功能可以在 HTTP 头部进行设置,当用户通过浏览器选择了这个功能(见图 6-1)后,就可以免于被第三方网站跟踪网络痕迹。在 IE 11 中,也可以在"安全"选项卡下,选取"启用 Do Not Track 请求"和"启用跟踪保护"来实现此功能。目前,IE、Firefox、Safari、Chrome、Opera 浏览器都支持该功能,但一般需要在用户选取后才会生效。

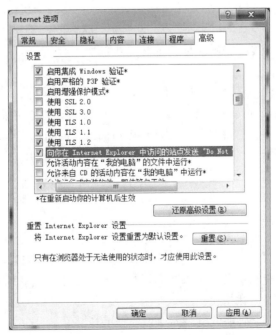

图 6-1　IE 11 中对 Do Not Track 功能的设置

保护用户隐私的另一种方法是使用浏览器的"隐私浏览模式"。当浏览器处于"隐私浏览模式"时，浏览器将不会保存相应的历史记录，在用户关闭了浏览器后所有浏览信息将自动消失。例如，当用户临时需要使用别人的计算机上网，但不想让别人知道自己访问过哪些网站时，就可以使用"隐私浏览模式"。目前，大部分浏览器都支持"隐私浏览模式"，在 IE 11下，可以通过选取"安全"选项卡中的 InPrivate 来启用"隐私浏览模式"，将打开如图 6-2 所示的浏览窗口。

图 6-2　浏览器处于"隐私保护模式"

不过，如果用户的浏览器安装了插件，可能会导致"隐私浏览模式"下某些插件照样会留下上网痕迹。

6.1.5　Web 开放数据挖掘形成的安全威胁

互联网自身所具有的开放特质使得大量不同结构类型的数据暴露在互联网上，可以利用爬虫等工具采集、存储、追踪特定行为或人员的细节数据，即可实现开放数据挖掘。这种方法一旦被不法分子应用到对网站的攻击中，将构成巨大的安全威胁。

攻击者盗取网站后台数据库后，便可利用其中的注册信息、用户个人信息、隐私信息等牟取非法利益，甚至实施犯罪。近年来，不法分子利用互联网的开放特点，将目光转向挖掘网站上的公开数据，从而实施对所掌握数据的验证、确认等，某种程度上为辅助实施网络欺诈等侵害行为提供便利。

过去，不法分子搜集获取网民信息需要拖库或撞库等操作，其过程较为复杂。尤其是目前越来越多的网站对安全程度的重视明显提升，使得拖库和撞库越来越困难。而利用互联网上开放的数据，攻击者利用爬虫可以抓取用户的留言数据，"别有用心"的不法分子可以了解很多需要的信息。此外，微博上的个人信息、QQ 及 QQ 空间、微信及微信"个人相册"上的某些信息也是可以开放访问的，这些都为社会工程学手段提供了唾手可得的数据来源。

随着"互联网＋"行动战略的实施，一方面传统互联网公司业务快速扩展，另一方面将线下的商业机会与互联网结合的 O2O(Online to Offline,在线离线/线上到线下)新兴公司一批批上市,网民用户下载并注册的 App,加上常用的大型购物、社交网站,已经达到几十甚至百余个。用户大量的隐私、非隐私但有识别身份价值的数据,都已暴露在公共互联网的开放环境中。

以手机号码为例,微信、淘宝、支付宝、QQ、微博、网易邮箱、360 手机卫士等都支持使用手机登录、修改密码。如果要测试一个手机号码是否在目标网站注册过,只要在登录系统使用一下该号码即可。有些攻击者还可以利用网站查询端口批量测试一组号码是否在目标网站上注册,甚至可综合其他信息推测用户的大致偏好。

开放数据保护与利用是镜子的两面,就像隐私保护和让渡隐私增强个性化体验一样,需要网站所属企业、安全厂商,以及监管三方共同努力。而从技术角度来讲,网站的防护思路也需要转变,例如,及时检测和避免公开数据被恶意抓取,采取技术手段强化数据安全存储与传输等。这些都将成为研究者和安全厂商未来的研究方向。

6.2　Web 浏览器插件和脚本的攻防

Web 浏览器被称为是访问互联网的入口,是当前使用最为广泛的客户端软件。伴随着Web 浏览器的发展,其功能也在不断扩展。Web 浏览器有些功能的扩展是通过业界共同遵循的标准来实现的,这类功能扩展方式具有普遍性,而有些功能的扩展因 Web 浏览器的不同而不同,具有差异性。

6.2.1　Web 浏览器插件的攻防

插件(Plug-in 或 Add-in)又称为外挂,是针对某一特定系统平台、按照一定的规范编写的程序。插件一般不能单独运行,只能运行在程序规定的特定系统平台(某些插件可能同时支持多个平台)下,这是因为插件在运行时需要调用宿主程序提供的函数库或者数据。

1. 插件的特点

浏览器插件能够丰富浏览器的上网功能,是对浏览器应用功能的一种补充,如 Flash 插件能够让浏览器更好地展现网页中的动画内容,视频类插件为浏览器带来观看网络视频的功能,网银插件能够帮助用户在浏览器上方便完成支付等。然而,种类繁多的浏览器插件是一把双刃剑,在给用户带来上网便利和浏览网页效果的同时,也会带来严重的安全问题,其中基于浏览器插件的安全漏洞便是最严重的安全隐患。

为什么会存在插件呢? 主要目的是扩展 Web 浏览器的功能,但该功能只是针对某一或某些特定系统或平台,而不具备普遍性。应用软件(如 Web 浏览器)为插件的加载和运行提供了应用程序接口和相关的服务功能,通过插件加载功能可以将插件安装到应用程序中,并实现应用程序与插件之间的数据交换。插件必须依赖于应用程序(宿主程序)才能发挥自身功能,单独依靠插件是无法正常运行的。反之,应用程序并不需要依赖插件就可以运行。

使用插件技术,可有利于应用程序的设计、开发和功能扩展,主要表现在以下几方面。

(1) 结构清晰,易于理解。由于不同插件之间是相互独立的,因此结构非常清晰,也更容易理解。

（2）可维护性强。由于插件与宿主程序之间通过接口联系，根据需要进行删除、插入或修改，结构较为灵活，软件的升级和维护较为方便。

（3）可移植性好。因为插件本身就是由一系列功能模块组成的，并通过接口向外部提供自己的服务，所以插件可移植性好。同时，插件可以直接调用操作系统的 API，以动态链接库（Windows 操作系统上为 dll 文件）方式加载到浏览器的进程中。

（4）便于功能扩展。实现应用程序功能的扩展，只需相应地增删插件，而不影响整个体系结构。

（5）插件之间的耦合度较低。插件之间、插件与宿主程序之间的信息交换都是通过插件与宿主程序间的通信来实现的，所以插件之间的耦合度更低。

（6）插件的开发方式较为灵活。可以根据资源的实际情况来调整开发方式，资源充足时可以开发所有的插件，资源相对匮乏时可以选择开发部分插件，可以请第三方的厂商开发，也可以让用户根据自己的需要进行开发。

Web 浏览器能够直接调用插件程序，用于处理特定类型的文件。常见的 Web 浏览器插件有 Flash 插件、RealPlayer 插件、MMS 插件、MIDI 五线谱插件、ActiveX 插件等。根据插件在 Web 浏览器中的加载位置，可以分为工具条（Toolbar）、浏览器辅助（BHO）、搜索挂接（URL Searchhook）和下载 ActiveX 等方式。以 IE 为例，常见的插件程序的扩展名主要有 .ocx、.dll、.cab 和 .exe 几种类型，其中以 .exe 为扩展名的插件在安装前需要得到用户的授权，只有授权同意后才能下载安装，而其他 3 种扩展名的插件一般在浏览网页时由后台自动安装，用户可能无法察觉。

由于插件是用操作系统的本地代码编写的，并调用操作系统的 API，因此插件的行为浏览器是无法控制的。以 Flash 插件的 Cookie 为例，网页中的 Flash 文件可以利用 Cookie 在操作系统中保存一些信息，这时，即使浏览器使用了"隐私浏览模式"，因为浏览器无法限制插件的 Cookie，插件的 Cookie 同样会记录用户的部分上网信息，从而带来隐私问题。

2. 恶意扩展程序

浏览器是用户使用计算机上网的主要工具。为了增强浏览器的灵活性和易用性，很多浏览器都开放了一些标准扩展接口，供第三方开发者开发各种实用的扩展程序和浏览器插件。以 360 浏览器为例，可支持视频、邮件、截图、游戏、社交、阅读、抢票、购物、网银等多种类型的个性化功能扩展（见图 6-3），开发者可以通过 360 安全浏览器应用开放平台提交自己开发的各种扩展应用，通过审核后即可在 360 浏览器的扩展中心发布。

与正常的扩展程序不同，恶意扩展程序通常具有某些特定的攻击功能，一旦被植入浏览器，就会恶意篡改浏览器设置，劫持浏览器主页或劫持新建标签页，甚至篡改浏览器的扩展功能，而用户又无法卸载这些恶意扩展。恶意扩展程序的这些恶意行为对用户正常上网构成了严重的骚扰和安全威胁。

早期的恶意扩展程序主要是针对 IE 内核的浏览器，它们又被称为恶意插件。而随着 Chrome 内核浏览器及国内流行的双核浏览器应用的普及，针对 Chrome 内核的恶意扩展程序开始出现。从现有的恶意扩展案例看，这些恶意扩展主要以篡改浏览器主页为主要目的。

从恶意扩展程序的恶意行为可以看出，商业利益是催生恶意扩展程序的主要原因。某些正规合法企业也在从事恶意扩展程序的研发和推广，或者是借助恶意扩展程序来强制用户使用自己的产品。

图 6-3 360 浏览器提供的个性化功能扩展

3．恶意插件的防范方法

有些插件程序能够帮助用户更方便地浏览网上信息或调用上网辅助功能，但也有部分程序被称为恶意插件，常见的有广告软件（adware）和间谍软件（spyware）。此类恶意插件程序监视和收集用户的上网行为，并将收集到的信息自动发送给插件程序的开发者或攻击者，以达到投放广告、盗取银行账号密码等非法目的。以插件的安全防范为主，下面介绍几种有关 Web 安全的防范技术和方法。

1）沙箱

为了防止攻击者通过浏览器对用户本地硬盘和注册表等进行访问，可以采用沙箱技术进行有效防范，从而消除对系统的危害。沙箱（sandbox）是一个基于虚拟机技术的系统程序，允许用户在沙箱环境中运行浏览器或其他程序，程序运行过程和结果都被隔离在指定的沙箱环境中，运行所产生的变化可以随后删除。沙箱通过虚拟出一个独立作业环境，使其内部运行的程序不会对沙箱外的环境（如硬盘）产生永久性的影响。运行在沙箱中的程序不能运行任何本地的可执行程序，不能从本地计算机文件系统中读取任何信息，也不能向本地计算机文件系统中写入任何信息。

沙箱技术最早用来测试不受信任的应用程序，目前还广泛应用于 Web 页面的安全浏览。当沙箱技术应用到安全访问 Web 网页时，无论何时加载远程网站上的代码并在本地执行，都不会威胁到用户本地的安全。

2）自动更新

如果没有特殊的应用要求，浏览器应该始终开启自动更新功能。不过，并不是所有插件都会自动更新。例如，许多浏览器会自动更新 Adobe Flash 插件，但是大部分其他扩展程序需要通过运行相关产品的安装程序进行更新。

出于安全考虑，可以禁止运行已经过时的插件。目前，有些浏览器插件检测工具（如Qualys 公司的 BrowserCheck）可以检查用户浏览器安装的插件，确定哪些插件需要更新，并针对过期插件提供更新下载链接。

3）利用黑白名单

为了有效降低 Web 浏览器扩展程序的安全风险，可以将所有的插件先添加到指定的黑名单，然后选择性地添加一些必要的插件到白名单。为了尽可能降低安全风险，可以通过安全评估，将经常遭到攻击的安全性较差的插件从计算机中完全卸载，如果某些业务应用程序必须使用该插件，可以创建一个虚拟机，让这些不安全的插件在相对隔离的虚拟机环境中运行。例如，针对安全漏洞较多的 Adobe Reader，可以使用集成在浏览器的 PDF 阅读器（如Firefox 浏览器的 Mozilla PDF 阅读器）来替代 Adobe 版本。

另外，因为插件程序由不同的发行商发行，其技术水平也良莠不齐，插件程序很可能与其他运行中的程序发生冲突，从而出现各种页面错误、运行时间错误等现象，影响了正常的网页浏览。

对于安全要求较高的用户来说，可以通过以下方式加强对 Web 浏览器插件的防范（以IE 为例）。

（1）在位于网络边界的防火墙上进行安全配置，限制文件类型为 .ocx、.dll、.cab 的文件通过防火墙进入内部网络。

（2）屏蔽调用 nwscript.exe、cscript.exe、wscript.exe、regedt32.exe、regwiz.exe、regsvr32.exe、reg.exe、regini.exe 等程序的网页代码。

6.2.2 脚本的攻防

随着互联网应用的快速发展，各类脚本语言广泛应用到 Web 网站的开发中，在丰富了Web 应用功能的同时，带来了安全风险和威胁。

1. 脚本语言

首先通过脚本语言与高级语言之间的比较来说明脚本语言的功能特点。高级程序设计语言（如 C、C++等）是从最简单的计算机基本元素开始构造数据结构和算法的，而脚本语言（如 Perl、VBScript 等）是以"粘贴"方式将系统已经存在的一组功能强大的构件连接起来。高级程序设计语言是一种强类型的用于复杂处理的语言，而脚本语言是一种无类型的只需在构件之间简单地建立连接，实现快速应用开发的工具语言。脚本语言与高级程序设计语言的另一个不同点是，脚本语言通常是被解释执行，而高级程序设计语言大多是编译执行。

简单地说，脚本语言由一组文本形式的命令组成，脚本程序在执行时由系统中的解释器将其逐条翻译成机器可识别的指令，并按程序顺序执行。正因为脚本程序在执行时多了一个翻译的过程，所以它比高级程序设计语言开发的二进制程序的执行效率要低。

脚本（Script）通常可以由应用程序临时调用并执行。各类脚本被广泛地应用于 Web 网页设计中，因为脚本不仅可以减小网页的规模和提高网页浏览速度，而且可以丰富网页的显示方式（如动画、声音等）。例如，为了方便联系，一些单位喜欢在单位网站的显眼位置显示单位或领导邮箱的链接，当用户单击网页上的邮箱地址时会自动调用本地计算机上的电子邮件客户端软件(如 Outlook Express、Foxmail 等),这一功能就是通过脚本来实现的。

目前使用的脚本语言(如 JavaScript、VBScript、ActionScript、MAX Script、ASP、JSP、PHP、SQL、Perl、Shell 等)较多,但脚本语言的执行一般只与相应的解释器有关,所以只要系统中存在相应语言的解释器程序,就可以运行对应的脚本程序。

2. 脚本的攻防

也正是因为脚本具有语法和结构较为简单、脚本程序编写容易及不需要事先编译等特点,往往被攻击者利用。例如,在脚本中加入一些破坏计算机系统的命令,这样当用户浏览网页时,一旦调用这类脚本,便会使用户的系统受到攻击。

用户可以根据对所访问网页的信任程度选择安全等级,特别是对于那些信任度较低的网页,更不要轻易允许使用脚本。以 IE 浏览器为例,可通过"安全设置"对话框,禁用"脚本"选项下的部分功能,如图 6-4 所示。

图 6-4　管理 IE 浏览器中的脚本

3. 脚本病毒及防范方法

脚本病毒是计算机病毒的一种新形式,主要采用脚本语言编写,它可以对系统进行操作,包括创建、修改、删除,甚至格式化硬盘,具有传播速度快、危害性大等特点。借助脚本语言的特点,脚本病毒的编写形式灵活,容易产生变种。目前网络上存在的脚本病毒绝大多数都用 VBScript 或 JavaScript 编写。

脚本病毒的检测与防范思路与传统病毒的检测与防范方法基本相同。传统的病毒检测方法包括特征代码法、校验和法、行为监测法、软件模拟法等。特征代码法提取病毒的某一小段特征代码进行识别,所以对未知病毒几乎无法预测,另外在新增病毒的数量不断加大的情况下,病毒特征代码的数量也在加大,会影响检测速度;校验和法是对文件做校验和并将其保存,一旦校验和改变就视为异常,这种检测方法依赖文件长度和内容,预警过于敏感,容易产生误报;行为监测法从理论上讲可以监测到未知病毒,但是实现复杂,速度较低。

6.3　针对 Web 浏览器 Cookie 的攻防

视频讲解

Cookie 是用来在服务器上存放用户信息的小文件。Cookie 的提出是为了解决 HTTP 的无状态性，使得 HTTP 可以识别上网的用户。但是，这一功能的实现却为网络攻击提供了一条便捷的通道。

6.3.1　Cookie 介绍

Web 应用的实现基础是应用层协议 HTTP，而 HTTP 本身是一种无状态(stateless)、面向非连接的协议，采用 HTTP 无法实现 Web 站点之间的交互。为弥补 HTTP 存在的不足，推出了 Cookie 这一状态管理机制。Cookie 是对 HTTP 功能的扩展，可以实现对 Web 客户端与 Web 服务器端连接状态的管理。Cookie 一经推出便引起了用户的普遍关注，目前已广泛应用于用户身份认证、网上购物、广告投放、定制用户喜欢的页面等网络活动中。例如，当用户进行网购时，一般一个用户需要同时购买多个商品，所以服务器需要记住用户的身份，在完成所有物品选购(放入"购物车")后统一进行结算。

Cookie 技术最先被网景公司引入 Navigator 浏览器中。之后，World Wide Web 协会支持并采纳了 Cookie 标准，微软公司也在其浏览器 Internet Explorer 中使用了 Cookie。现在，绝大多数浏览器都支持 Cookie 或兼容 Cookie 机制的使用。根据网景公司的定义，Cookie 是指在 HTTP 下，服务器或脚本可以维护客户端计算机上信息的一种方式。具体来讲，Cookie 是用户在浏览 Web 站点时，由 Web 服务器的 CGI(Common Gateway Interface)、ASP(Active Server Pages)等脚本创建并发送给浏览器的体积很小的纯文本信息，在 Web 浏览器未关闭之前保存在客户端计算机的内存中(此种 Cookie 称为 Session Cookie)，当 Web 浏览器关闭后可作为文件保存在客户端的硬盘中(此种 Cookie 称为 persistent Cookie)。当 Web 服务器创建了 Cookie 后，只要在其有效期内，当用户访问同一个 Web 服务器时，浏览器首先要检查本地的 Cookie，并将其原样发送给服务器。这种状态信息称为 "Persistent Client State HTTP Cookie"，简称为 Cookie。

Cookie 的工作机制为：当某一用户浏览某个使用 Cookie 的网站时，该网站的服务器就会为该用户产生一个唯一的标识符，并以此作为索引在服务器的后端数据中产生一个项目。接着，在给该用户的 HTTP 响应报文中添加一个称为 Set-cookie 的首部行，首部字段名为 "Set-cookie"，其"值"为服务器为该用户生成的标识符。下面是一个首部行。

```
Set-cookie: cdniid5dd45dfdfddd
```

当该用户收到这个响应时，所使用的浏览器就在它管理的 Cookie 文件中添加一行，其中包括分配标识符的服务器的主机名和 Set-cookie 后面给出的标识符。当该用户继续浏览这个网站时，每发送一个 HTTP 请求报文，其浏览器就会从其 Cookie 文件中取出这个网站的标识符，并放到 HTTP 请求报文的 Cookie 首部行中，内容形式如下。

```
Cookie: cdniid5dd45dfdfddd
```

于是,这个网站就能够跟踪该用户(其标识符为 cdniid5dd45dfdfddd)在该网站上的活动,并以时间先后顺序进行记录。这时,如果该用户所访问的是一个购物网站,服务器就会记录并维护一个购物列表,供用户最后进行结算。

如果该用户在一段时间内再次访问该网站,其浏览器会在 HTTP 请求报文中继续使用首部行"Cookie:cdniid5dd45dfdfddd",服务器在收到该请求报文后,会根据该用户之前浏览网站的行为,为其推荐相关的商品。如果该用户在该网站上使用过信用卡支付,该网站服务器也会记录并保存该用户的姓名、信用卡号码、联系方式等信息。这样,当该用户在该网站上购物时,只要使用了相同的计算机,由于浏览器产生的 HTTP 请求报文中包含的 Cookie 首部行与之前的相同,服务器就可以利用 Cookie 来识别出用户,以后该用户访问该网站时就不再要求输入用户名、密码等信息,从而实现了一次认证多次登录的功能。

6.3.2 Cookie 的组成及工作原理

存储在硬盘中的 Cookie 文件格式为"用户名@网站地址[数字].txt",如"abc@mail.jspi[2].txt"。Cookie 文件的存放位置与操作系统和浏览器相关,这些文件在 Windows 操作系统中称为 Cookie 文件,在 Macintosh 操作系统中称为 Magic Cookie 文件。在 Windows XP 操作系统中,Cookie 文件存放在 C:\Documents and Settings\用户名称(用户登录账号)\Cookie 文件夹下。

1. 由 Web 服务器端生成的 Set-Cookie 格式

服务器生成的 Cookie 称为 Set-Cookie Header,其内容由"名称-值"对(name-value pairs)组成,其基本格式如下。

```
NAME = VALUE;Expires = DATE;Path = PATH;Domain = DOMA IN_NAME;Secure
```

其中,不同的项之间以";"分开,在所有的项中,除了第一项 NAME＝VALUE 是必选项外,其他部分均为可选项。每一项的说明如下。

(1) NAME＝VALUE。该项是每一个 Cookie 都必须有的组成部分。其中,NAME 是该 Cookie 的名称,VALUE 是该名称的值。需要注意的是,在 NAME＝VALUE 项中不含分号、逗号和空格等字符。

(2) Expires＝DATE。该选项是一个只写变量,它确定了 Cookie 时间的有效期。该选项的书写格式为"星期几,DD-MM-YY HH:MM:SS GMT",其中,GMT 表示格林尼治时间。

需要强调的是,该变量可以省略。如果省略该变量时,则 Cookie 的属性值不会保存在用户的硬盘(称作 Persistent Cookie)中,而是保存在内存(称为 Session Cookie)中,Cookie 信息将随着浏览器的关闭而自动消失。

(3) Domain＝DOMA IN_NAME。Domain 是指该 Cookie 所在的主机名或域名,一般为域名。Domain 确定了哪些 Intranet 或 Internet 域中的 Web 服务器可读取客户端 Web 浏览器中所存取的 Cookie 信息。该选项是可选的,默认时系统自动设置 Cookie 的属性值为该 Web 服务器的域名。

(4) Path=PATH。Path 定义了 Web 服务器上能够获取 Cookie 的路径,即 Web 服务器上的哪些页面可获取服务器设置并创建 Cookie。如果 Path 属性的值为"/",则该 Web 服务器上所有的 WWW 资源均可读取该 Cookie。该选项的设置是可选的,默认时 Path 的属性值为 Web 服务器传给浏览器的资源的路径名。通过对 Domain 和 Path 这两个变量的有机结合,可有效地控制 Cookie 文件被访问的范围。

(5) Secure。当 Cookie 中存在该变量时,表明只有当浏览器和 Web 服务器之间的通信协议为加密认证协议时浏览器才向服务器提交相应的 Cookie。目前所采用的安全加密协议为一般为 SSL/TLS。

在具体操作中,一个 HTTP 响应报文中可以同时发送多个 Set-Cookie 信息。例如,CGI 程序通过调用 GetCookie()函数读取 HTTP 报头中的 Cookie,通过调用 SetCookie()函数对 HTTP 报头中的 Cookie 进行设置。

2. 由 Web 客户端生成的 Cookie 格式

客户端生成的 Cookie Header 由"NAME=VALUE"对组成,其格式如下。

```
NAME1 = VALUE1[;NAME2 = VALUE2]…[;NAMEi = VALUEi]
```

其中,NAMEi 表示第 i 个 Cookie 的名称,VALUEi 表示其值。这里的 NAME 和对应的 VALUE 与 Set-Cookie 中的相同。

Web 客户端可以通过 VBScript、JavaScript 等脚本程序来对 HTTP 报文中的 Cookie 进行读/写操作。例如,在 ASP 中,Cookie 是附属于 Response 对象和 Request 对象的数据集合,使用时只需要在前面加上 Response 和 Request 即可。

Cookie 机制对 Web 客户端存放的 Cookie 在数量和文件大小上都进行了限制。其中,每一个 Web 客户端存放的 Cookie 数量不超过 300 个,每一个 Cookie 不超过 4KB,针对每一个域名最多保存 20 个 Cookie。

3. Cookie 的工作原理

Cookie 使用 HTTP 头部(Header)来传递和交换信息。Cookie 机制定义了两种 HTTP 的报文头部:Set-Cookie Header 和 Cookie Header。其中,Set-Cookie Header 存放在 Web 服务器站点的响应头部(Response Header)中,当用户通过 Web 浏览器首次打开 Web 服务器的某一站点时,Web 服务器先根据用户端的信息创建一个 Set-Cookie Header,并添加到 HTTP 响应报文中发送给 Web 客户端;Cookie Header 存放在 Web 客户端的请求头部(Request Header)中,当用户通过 Web 浏览器再次访问 Web 服务器的站点(其实是 Web 页面)时,Web 浏览器根据要访问的 Web 站点的 URL 从客户端的计算机中取回 Cookie,并添加到 HTTP 请求报文中发送给 Web 服务器。Cookie 的工作过程如图 6-5 所示,具体描述如下。

(1) Web 客户端通过浏览器向 Web 服务器发起连接请求,通过 HTTP 报文请求行中的 URL 打开某一 Web 页面。

(2) Web 服务器接收到请求后,根据用户端提供的信息产生一个 Set-Cookie Header。

(3) 将生成的 Set-Cookie Header 通过 Response Header 存放在 HTTP 报文中,并将其回传给 Web 客户端,建立一次会话连接。

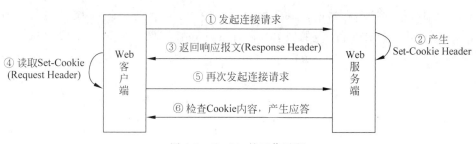

图 6-5　Cookie 的工作过程

（4）Web 客户端在收到 HTTP 应答报文后，如果要继续已建立的这次会话，则将 Cookie 的内容从 HTTP 报文中取出，形成一个 Cookie 文本文件储存在客户端计算机的硬盘中或保存在客户端计算机的内存中。

（5）当 Web 客户端再次向 Web 服务器发起连接请求时，Web 浏览器根据要访问站点的 URL，在本地计算机中寻找对应的 Cookie 文本文件，或在本地计算机的内存中寻找对应的 Cookie 内容。如果找到，则将此 Cookie 内容存放在 HTTP 请求报文中发给 Web 服务器。

（6）Web 服务器在接收到包含 Cookie 内容的 HTTP 请求后，检索其 Cookie 中与用户有关的信息，根据检索结果生成一个客户端所请求的页面应答，并将该应答传递给客户端。

Web 浏览器的每一次页面请求（如打开新页面、刷新已打开的页面等）都会与 Web 服务器之间进行 Cookie 信息的交换。

6.3.3　Cookie 的安全防范

尽管 Cookie 能够简化用户访问授权网站时的操作过程，不需要在每次访问网站时都输入登录信息，使用户的上网过程更加便捷。但是，Cookie 的使用为网络安全带来了隐患，主要是 Cookie 的存在泄露了用户信息。例如，当网站服务器在记录了用户的上网信息后，可能会将这些信息提交给地下黑色产业链，以牟取更大的经济利益。

其中，在 Set-Cookie 内容的组成中，只有 NAME 项是必选的，而 Expires、Path、Domain、Secure 等项是可选的。对 Cookie 内容可选项的灵活应用，可以使 Cookie 适用于各种不同的应用环境，满足不同条件下用户的需求。例如，通过 Path 值的设置可以限制 Cookie 在服务器上的访问路径，通过对 Expires 值的设置可以决定 Cookie 是否写入本机的硬盘或设置 Cookie 的有效期，通过对 Secure 项的设置决定 Cookie 在传输中是否采用加密方式等。对于 Cookie 的这些可选项，开发人员在使用时必须注意其安全性设置，否则将会存在安全隐患，导致各类安全问题的发生。

1. Cookie 域的安全防范

域（Domain）是 Set-Cookie 的可选项，用于确定哪一个 Web 服务器上的站点能够访问 Cookie 中的信息。如果该项为空，则产生该 Cookie 的 Web 服务器上的所有站点都会访问 Cookie 中的信息。为了仅让 Web 服务器上的指定站点能够访问对应 Cookie 中的信息，Cookie 中的域值不能为空。

Cookie 的另一个特点是允许对所有匹配域名的 Web 站点进行访问，如果将域值设置为 jspi.cn，那么根据域名自右向左的匹配原则，所有像 lib.jspi.cn、media.jspi.cn、str.pic.top.jspi.cn 等凡符合 *.jspi.cn 的域名都匹配 jspi.cn。如图 6-6 所示，假设在域名 jspi.cn 上分别创建了 lib.jspi.cn 和 media.jspi.cn 两个 Web 站点，其可能出现的安全问题描述如下。

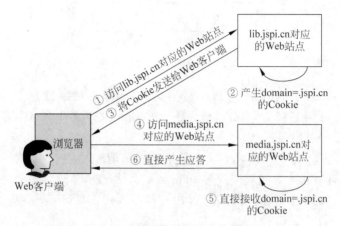

图 6-6　因 Cookie 的域值设置不当引起的安全问题

（1）用户首先访问 lib.jspi.cn 对应的 Web 站点。

（2）lib.jspi.cn 站点创建了一个如下的 Set-Cookie。

```
Set-Cookie:ASP.NET_SessionID=cdniid5dd45dfdfddd;domain=.jspi.cn.
```

（3）将生成的 Cookie 添加到 HTTP 响应报文中，并保存在 Web 客户端。

（4）该用户需要访问 media.jspi.cn 对应的 Web 站点，这时浏览器发现主机名 media.jspi.cn 也匹配 jspi.cn，所以它给 media.jspi.cn 站点发送一个从上次登录 lib.jspi.cn 时接收到的 Cookie：

```
Cookie:ASP.NET_SessionID=cdniid5dd45dfdfddd
```

（5）media.jspi.cn 站点在接收到该 Cookie 信息时，由于域名是匹配的，因此没有对用户身份进行验证，而是简单接收了该 Cookie。

（6）根据 Cookie 信息直接返回所访问的 Web 页面。

此类型的缺陷可能会将服务器完全暴露给攻击者，攻击者可以非常容易地通过模拟一个具有相同后缀（jspi.cn）的域名站点来窃取合法用户的 Cookie 信息。具体的解决方法是在 Web 站点上创建 Set-Cookie 时，尽可能使用完整的域值，确保 Web 站点对应的域值是唯一的。在实际应用中，切记不要直接为域设置类似于.com、.net、.org 等值。

2. Cookie 信息在站点上存储时的安全防范

当用户首次进行认证时，在应用系统和身份认证服务器上分别生成了相应的 Cookie。之后，在整个单点登录的认证过程中，Cookie 会存储在身份认证服务器、应用系统的 Web 站点和 Web 客户端计算机中，这些 Cookie 都以明文方式存储，存在安全隐患，尤其是存储在 Web 客户端计算机中的 Cookie 的内容有可能会被篡改或窃取。为解决这一安全问题，对于存放在计算机中的 Cookie 可进行加密处理,一般可以采用 DES 或 3DES 等对称加密技术。

另外,在使用浏览器访问网站时,可以选择拒绝使用 Cookie 功能。以 IE11 为例,可以通过依次选择"工具"→"Internet 选项"命令,打开如图 6-7 所示的"Internet 选项"对话框,在"隐私"选项卡中,通过拖动标尺位置来确定是否或在什么程度上接收 Cookie。

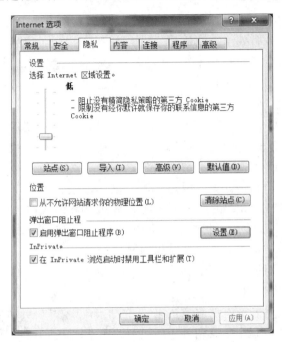

图 6-7　设置是否或在什么程度上接收 Cookie

6.4　网页木马的攻防

随着 Web 浏览器的发展,其功能不断丰富,但安全威胁越来越突出。其中,自从在 Web 浏览器中引入了 JavaApplet、VBScript、JavaScript 等客户端执行脚本语言之后,这些脚本代码可以在浏览器端执行,以此丰富了浏览器的功能。与此同时,攻击者利用浏览器所具有的这一机制编写一些攻击脚本,来对 Web 客户端实施攻击。如果这些攻击脚本再利用客户端软件存在的安全漏洞获取到对客户端计算机的访问权限,存在的安全威胁将会更加严重。网页木马就是通过在浏览器中植入木马程序从而实现对 Web 客户端进行攻击的一项技术。

本节在第 4 章有关木马和网页木马相关知识的基础上,从攻防角度继续介绍网页木马的相关内容。

6.4.1　网页木马的攻击原理

早期的网络攻击对象主要针对的是操作系统和网络服务。近年来,一方面由于 Web 应用得到快速发展,原来大量的基于传统 C/S 模式的应用逐渐迁移到了 B/S 模式,Web 浏览器成为客户端应用软件的主流;另一方面由于防火墙、入侵检测和入侵防御等安全系统的部署,针对网络服务器的攻击难度逐渐加大。在此情况下,利用 Web 浏览器存在的安全漏洞的攻击行为更加普遍。

1. 网页木马攻击的基本特征

从技术本质来看,网页木马主要利用了 Web 浏览器软件中所支持的客户端脚本执行能力,通过对 Web 浏览器软件安全漏洞的利用而对客户端实施渗透攻击,在获取了对客户端主机的远程代码执行权限后再植入木马程序,进而发起有针对性的攻击。从发展历程来看,网页木马是针对网络服务的一种攻击行为,只是早期的攻击主要针对的是服务器软件,而网页木马则主要针对的是 Web 浏览器软件。

为此,可以将网页木马定义为对 Web 浏览器软件进行客户端渗透攻击的一种恶意代码,一般通过网页脚本语言来实现,这些脚本语言主要有 JavaScript 和 VBScript,也包括以 Flash、PDF 客户端应用软件而恶意构造的 Web 文件,通过对 Web 浏览器软件中安全漏洞的利用来获得客户端计算机的控制权限,并植入恶意程序。

需要说明的是:本节所介绍的网页木马是指 Web 脚本形式的木马,而不是传统意义上的可执行文件形式的木马,也不是指嵌入网页中的木马。因为嵌入式木马最终还是下载和调用传统的木马来执行。随着人们安全意识的增强,可执行文件形式的木马受到 Web 服务器的限制,致使这种形式的木马已无用武之地。而网页木马比传统的木马更简洁和灵活,而且隐蔽性好,存在的危害性更大。

网页木马本身是一种新形态的恶意代码,目的在于使客户端自动下载、执行恶意程序。在网页木马典型的攻击流程中涉及两种不同类型的恶意代码形态:一种是作为攻击对象的 JavaScript、VBScript、CSS 等页面元素;另一种是最终被下载、执行的恶意程序。这两种形态分别对应于客户端感染的两个阶段:漏洞利用阶段和恶意程序执行阶段。

(1) 漏洞利用阶段。网页木马被客户端加载后,攻击代码利用内存破坏类漏洞将执行流跳转到 ShellCode 或者直接利用任意下载 API,在客户端下载、执行盗号木马或僵尸程序等恶意程序。

(2) 恶意程序执行阶段。下载的盗号木马或僵尸程序等恶意程序,窃取客户端的账号等隐私信息或使客户端成为"肉鸡"加入僵尸网络。

网页木马以 HTML 页面作为攻击代码的载体,在浏览器加载、渲染 HTML 页面时利用浏览器及其插件的漏洞实现恶意程序的下载、执行。近年来,攻击者开始在 PDF 和 Flash 等文档中嵌入恶意脚本,利用 PDF 和 Flash 阅读器的漏洞来下载、执行恶意程序。攻击代码的载体已经从 HTML 页面扩展到 PDF 和 Flash 等文档。通过 PDF 文档进行的客户端攻击方式已经呈现出上升的趋势。虽然 PDF 和 Flash 在文档格式上与 HTML 页面有所区别,但攻击手段本质上都是在文档中嵌入恶意脚本等攻击代码,再利用浏览器或阅读器中存在的安全漏洞实现恶意程序的自动下载和执行。

攻击者在网页中嵌入恶意代码,当用户访问该网页时,嵌入的恶意代码利用浏览器本身或者 Flash 等插件的漏洞,在用户不知情的情况下下载并执行恶意木马。例如,2015 年被发现的针对 Flash 的高危安全漏洞 CVE-2015-5122 和 CVE-2015-5119,已经成为大量挂马程序的"靶子"。与微软漏洞不同,作为一种浏览器插件,Flash 版本的更新和漏洞修复并没有有效的定期推送机制,往往只能依赖于浏览器及相关软件厂商(很多软件自带网页播放功能),或者是用户自主的手动更新,而且即便是有的浏览器给出了 Flash 插件的升级提示,很多用户也会视而不见。这就使得 Flash 漏洞的潜伏时间可能比微软漏洞的长,给攻击者留下了充分的空间。

2. 网页木马的攻击模式

网页木马是一种基于 Web 的客户端攻击方式,是在传统木马、计算机病毒等基础上发展而来的一种新形态的恶意代码。但与传统木马和计算机病毒相比,网页木马是一种基于 Web 的被动攻击模式。

针对服务器端的渗透攻击属于一种主动攻击行为,攻击者需要事先对服务器进行扫描,在收集到被攻击对象的漏洞信息后再实施下一步的攻击过程。而针对 Web 浏览器的攻击属于一种被动攻击行为,需要事先构造恶意的 Web 页面内容,然后通过一些技术手段或社会工程学方法诱使用户来访问网页木马页面。攻击者通过网页挂马手段将网页木马广泛植入 Web 服务器端的 HTML 页面中,并采用"守株待兔"的被动方式等待客户端在浏览被挂马页面时加载网页木马。

随着互联网的快速发展,Web 应用成为主流,网页访问量呈爆炸式增长,这种基于 Web 的被动攻击模式使网页木马能够十分隐蔽并有效地感染大量客户端。网页木马以 JavaScript 等页面元素作为攻击对象,以 HTML 页面作为攻击代码的载体发起对客户端的攻击。攻击者通过灵活多变的手段来隐蔽自身,如对脚本进行混淆以掩盖攻击意图并躲避检测,并采用人机识别、动态域名解析等手段来躲避防御方的检测与反制。

恶意 Web 页面的构造主要借助于脚本语言来实现,它是实施网页木马攻击的最核心部分。除此之外,还需要将用户诱导到该页面,只有在用户访问了该页面后才会执行木马程序。一般情况下,攻击者会在选取了存在安全漏洞的 Web 站点后植入网页木马程序(一般还会同时植入其他的木马程序,如盗号木马),将其作为攻击过程中的木马宿主站点,然后通过在大量网站中嵌入恶意链接将用户访问重定向到网页木马,从而构成一个网页木马攻击网络。当不明真相的用户在访问了含有木马程序的网站后,就会自动地链接网页木马并遭受攻击,成为网页木马的受害者。

另外,随着近年来敲诈者病毒在国内的快速增长,攻击者已经将网页挂马和敲诈者病毒进行结合形成一种新的组合攻击模式。由于敲诈者病毒的攻击门槛低、溯源难、收益高,造成了敲诈者病毒的大量传播,而挂马攻击又是各类木马传播的最常用的方式,因此敲诈者病毒的攻击者开始大量地向挂马攻击者购买挂马服务,从而间接推动了挂马黑色产业的活跃度,并使得挂马攻击成为敲诈者病毒发动攻击的主要方式。

6.4.2　网页挂马的实现方法

视频讲解

网页挂马是通过内嵌链接将攻击脚本或攻击页面嵌入一个正常页面,或利用重定向机制将对正常页面的访问重定向到攻击页面。

1. 内嵌链接

内嵌链接是 HTML 页面中一类特殊的超链接形式,其特点是:当浏览器访问页面时,无论用户是否进行了单击,页面中的内嵌链接指向的内容都会被自动加载,被加载的对象如 < img >标签等。

攻击者进行网页挂马时,经常利用的内嵌链接为带有 src 属性的< iframe >、< frame >和 < script >标签。浏览器访问页面时,< script >标签的 src 属性指向的脚本将作为内嵌脚本 被自动加载并执行,< iframe >、< frame >等标签的 src 属性指向的页面也将作为内嵌页面被 自动加载。

由于 Web 实现技术的多样性,基于内嵌链接方式的网页挂马实现方法较多,最常见的 有以下 3 种。

1）内嵌 HTML 标签

HTML 标签是 HTML 语言中最基本的单位,主要格式如下。

```
< html >
  < head >
   * 文档的头部,...
   ...
  </ head >
  < body >
   * 文档的主体,...
   ...
  </ body >
</ html >
```

在内嵌 HTML 标签中,frame 和 iframe 的应用具有特殊性,都可以在一个 HTML 文 档中嵌入另一个 HTML 文档,例如(以 iframe 为例):

```
< html >
  < head ></ head >
    < body >
      < iframe src = "abc.html"></ iframe >
    </ body >
</ html >
```

利用此功能,攻击者可以将网页木马链接嵌入网站首页或其他页面中。为了更好地隐 蔽被嵌入的网页木马,攻击者一般会利用层次嵌套的内嵌标签,引入一些中间的跳转站点并 进行混淆,为网页木马的检测和追踪增加难度。

由于在 HTML5 中不再支持< frame >标签,因此目前内嵌标签中大量使用 iframe。 iframe 的功能是在页面中创建一个内嵌框架(框架将网页画面分成几个窗口,每个窗口对应 一个 URL,利用框架可以在一个页面中同时访问多个 URL),用于包含和显示其他 HTML 文档的内容,当在浏览器中打开包含内嵌框架的 HTML 页面时,被包含在内嵌框架中的 URL 也会在各自的框架中被自动打开。攻击者利用< iframe >标签的这一特征,可以直接 或间接地嵌入网页木马,并将标签的 width 和 height 属性设置为 0(不可见)来避免被挂马 页面在视觉效果上发生变化。例如:

```
< iframe src = "abc.html" width = "0" height = "0" frameborder = "0"> </iframe>
```

其中,abc.html 为被挂马页面的 URL。

2) 内嵌对象链接

内嵌对象链接是利用 Flash 等工具内嵌对象中的特定功能来实现指定页面加载的一种方法。例如,利用 Flash 脚本中的 LoadMovie() 函数可以动态地从外部加载 SWF、JPG 等图片文件,从而减少主文件的大小,有利于快速浏览,还可以对被加载的图片文件根据需要进行修改或更换。这样,只需要把主文件和待加载的图片文件上传到指定的空间,就可以方便地实现只下载主文件,当需要浏览图片文件时再单独下载,以提高网页浏览的效率,提升用户的体验。

如果整个 Flash 网页不分主次,全部集中在一个达到几兆字节大小的 Flash 文件中,即使内容再好的页面,也很难让使用者耐心地等待。使用 LoadMovie() 函数可以将外部 SWF 文件载入某一层上,或将外部 SWF 文件载入时间轴的某个影片剪辑中。基于此功能,攻击者可以编写一些包含网页木马链接的 SWF 或 JGP 等文件,再将其作为被 LoadMovie() 函数加载的外部文件,从而实现挂马攻击。

3) 恶意 Script 脚本

利用 Script 脚本标签通过外部引用脚本的方式来实现网页木马是网页挂马中最常用的一种方法。例如,< script src= "URL to abc.html">,其中 abc.html 为被挂马页面的 URL。另外,跳转脚本通常使用 document.write 动态生成包含网页木马链接的 iframe 内嵌标签,或使用 window.open() 函数弹出一个新 HTML 窗口链接网页木马进行攻击。例如:

```
< html >
  < head >
  < script type = "text/javascript">
  function open_win()
  {
  window.open("http://www.abc.com.cn")
  }
</script>
</head>
< body >
< input type = button value = "Open Window" onclick = "open_win()" />
</body>
</html>
```

可以在新浏览器窗口中打开 www.abc.com.cn,如果 www.abc.com.cn 是一个网页木马,就可以在新浏览器窗口弹出的过程中进行攻击。

2. 网页动态视图

网页动态视图是指浏览器处理被访问页面时所加载的所有内嵌页面、内嵌脚本的层次关系图。在传统的针对 Web 服务器的攻击中,攻击者通常利用网站服务器的漏洞获得相应权限来篡改页面、嵌入攻击脚本或攻击页面,但这种方式很难适用于那些安全防御比较严密的网站。

由于浏览器在访问页面时会加载其整个动态视图,攻击者可将攻击脚本或攻击页面挂载到页面动态视图中的任意位置来进行网页挂马。在第三方流量统计、广告位等处嵌入攻击脚本或攻击页面是攻击者对一些门户网站页面进行挂马的常用手段。如图 6-8 所示,网站 C 的一个提供流量统计服务的页面是网站 A 的首页动态视图的一部分,攻击者通过 <iframe> 标签将攻击页面挂载到这个流量统计页面中(图 6-8 中的虚线箭头)。如果网站 A 的首页被挂马,由于内嵌链接的自动加载存在递归性(即内嵌页面中的内嵌链接也会被自动加载),客户端在访问网站 A 的首页时会自动加载流量统计页面,随后也会加载流量统计页面中嵌入的攻击页面。

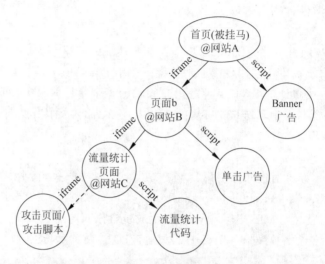

图 6-8　基于网页动态视图的木马感染途径

虽然网页挂马是对网站服务器中的页面进行篡改,但攻击者进行网页挂马的目的在于攻击客户端,浏览器在访问被挂马页面时,依照感染链将攻击脚本或攻击页面加载到客户端,最终让客户端自动下载、执行恶意程序。

网页挂马已经成为攻击者在部署网页木马时普遍采用的手段。一方面,与通过社会工程学手段诱使用户直接访问攻击页面相比,网页挂马使客户端在访问被挂马页面时按照网页木马感染途径自动加载攻击脚本或攻击页面,有更好的隐蔽性;另一方面,攻击者通过一定的挂马策略可以很好地保证攻击脚本或攻击页面在客户端的加载量。例如,对热点事件有关页面进行挂马,对门户网站首页等访问量大的页面进行挂马等。

6.4.3　网页木马关键技术

网页木马以页面为攻击对象,是一种基于 Web 的客户端攻击方式。从恶意代码的特征来分析,网页木马是一种新形态的恶意代码,其组成和结构与蠕虫、计算机病毒等恶意代码有很大区别。在这种新的攻击形态中,攻击者经常使用一些灵活多变的技术和手段来提高网页木马攻击的成功率,并可以躲避防御方的检测与反制。

1. 提高网页木马攻击性的技术

网页挂马虽然使客户端访问被挂马页面时自动加载攻击脚本或攻击页面,但却无法保证攻击脚本或攻击页面被客户端加载后一定能攻击成功。这是因为：一方面，攻击页面或攻击脚本针对的漏洞一般只存在于特定版本的浏览器和插件中，而客户端浏览环境各异，如果攻击对象与客户端浏览环境不匹配，就会导致攻击失败；另一方面，即使客户端浏览环境中存在相关漏洞，但操作系统防御技术在不断升级，使得该漏洞被成功利用变得更加困难。

在攻击过程中，攻击者为了应对客户端浏览环境的多样性，需要采用一种 all-in-one（一体化）的方式将针对不同漏洞的攻击代码全部包含在单个攻击页面中。但这种方式导致大量攻击代码在浏览器中执行，会使浏览器反应较正常状态下迟缓，容易引起用户的警觉。

为了在提高网页木马的攻击效率和成功率的同时保证攻击的隐蔽性，攻击者采用了"一个探测页面＋多个攻击脚本/攻击页面"的"环境探测＋动态加载"模式。在这一模式中，一个攻击脚本或攻击页面仅攻击单个漏洞，攻击者拥有针对不同漏洞的攻击脚本或攻击页面。探测页面中的脚本能够利用浏览器提供的 JavaScript API 对客户端浏览器版本、插件版本等进行探测，并使用 DOM（Document Object Model，文档对象模型）API（如 document.write 等）动态加载与探测结果相对应的攻击脚本或攻击页面。

"环境探测＋动态加载"型网页木马中充分利用了 JavaScript 等客户端脚本的灵活性，能够根据客户端的不同配置动态地、有选择地加载不同的攻击脚本或攻击页面。这种方式提高了网页木马对不同客户端浏览环境的攻击成功率，同时也保证了攻击的效率和隐蔽性。

2. 增强网页木马自身隐蔽性的技术

网页木马是一个或一组有链接关系、含有用 JavaScript 等脚本语言编写的恶意代码的 HTML 页面，页面间通过复杂的结构与多种灵活机制相关联，更容易隐蔽自身以绕过检测。通常情况下，攻击者通过混淆免杀、人机识别、动态域名解析等技术手段来躲避检测与追踪。

（1）混淆免杀。为了躲避专业软件的检测，攻击者经常对攻击脚本进行混淆处理，以消除其原有的特征。具体的混淆方式主要有以下几种。

① 在字符串中填充大量垃圾字符。

② 采用十六进制编码。

③ 采用 Unicode 编码。

④ 采用 escape 函数编码。

⑤ 采用一些字符串处理函数。

除采用以上单一方式外，还可以对一段脚本进行多次混淆。网页木马利用脚本的动态特性，在解释执行混淆脚本的过程中逐步还原出攻击脚本的真实形态，如用正则表达式来代替或去掉垃圾字符。攻击者经常使用混淆免杀机制来对抗一些基于静态特征的检测。

（2）人机识别。为了躲避防御方的自动化检测，网页木马还常常采用一些人机识别手段，认定客户端是人工浏览行为（如用户单击某按钮后才触发攻击）后再触发进一步的感染。

（3）动态域名解析。对于缺乏固定公网 IP 地址的网站来说，动态域名解析是目前比较常见的一种 DNS 解析技术，即将一个域名解析到一个动态变化的 IP 地址上。攻击者滥用动态域名解析服务，一般会申请大量免费动态域名，再根据动态域名解析机制随意改变网页木马宿主站点的位置而不影响用户通过域名对攻击页面的访问。采用动态域名解析的这种"流窜作案"方式增加了防御方的追踪难度。网页木马为了躲避检测并增加隐蔽性，还采用了多种其他机制。例如，使用随机的 URL 参数来躲避黑名单过滤，将 JavaScript 和 VBScript

混用来躲避基于单一脚本分析的检测等。

相比传统的计算机病毒,网页木马具有独特的、复杂的结构和多种灵活机制,更容易绕过检测与追踪,能够更隐蔽地进行大规模的感染,因此具有更大的危害性。

6.4.4 网页木马的防范方法

网页木马是一种部署在网站服务器中的针对客户端实施的攻击。如何在网页木马部署、实施攻击的各个阶段对其进行有效处置,是防范网页木马的研究重点。

攻击者通过网页挂马将网页木马挂载到可信度较高的页面中,客户端在访问这些被挂马页面时,攻击页面或攻击脚本作为被挂马页面动态视图的一部分被自动加载,并利用浏览器的漏洞在客户端下载、执行僵尸程序等各类恶意可执行代码。整个感染过程由客户端访问被挂马页面时开始,并隐蔽在用户正常的页面浏览活动中,这种感染方式与蠕虫等相比,能够更加隐蔽、有效地将恶意程序植入客户端。

1. 网站服务器端网页挂马的防范方法

为了提高攻击脚本或攻击页面在客户端的加载量,并增强其隐蔽性,最大范围地发挥攻击能力,攻击者就需要对互联网上的大量页面进行网页挂马。为此,网站服务器端的挂马防范就成为网页木马防范中一个非常重要的环节。目前,有许多途径可以实现在网站服务器端的挂马,同时也可采用相应的措施对其进行防范,本节主要介绍常见的 3 种方法。

(1) 利用网站服务器系统漏洞。利用网站服务器端系统漏洞来篡改网页内容是最常见的一种网页挂马途径。在这一挂马方式中,攻击者首先通过漏洞扫描方式发现网站服务器上的系统漏洞,然后利用该漏洞获得了相应网站服务器操作权限后,再进行页面的篡改。网站服务器端可以通过及时安装系统补丁程序和部署一些入侵检测系统来增强自身的安全性。

(2) 利用内容注入等应用程序漏洞。攻击者经常利用应用程序中的 XSS(Cross Site Script,跨站脚本)、SQL 注入等漏洞,将恶意内嵌链接嵌入页面中。由于 XSS、SQL 注入等内容注入攻击是由于网站服务器与浏览器对用户提交的内容理解不一致所造成的。因此最有效的防范方法是使浏览器直接按照网站服务器对用户输入的理解进行页面渲染。有关 XSS 和 SQL 注入的防范方法可参考第 5 章中的相关内容。

(3) 通过广告位和流量统计等第三方内容挂马。随着 Web 应用功能越来越丰富,攻击者挂马的途径也在不断发生变化。目前,除了利用网站服务器本身的系统漏洞和应用服务中的注入漏洞实现网页挂马外,攻击者还可通过网页中的广告位和流量统计等第三方内容进行网页挂马。为了有效防范通过网页中的广告位和流量统计方式实现网页挂马,除了应关注系统和应用程序存在的安全漏洞外,还需要对页面中的第三方内容进行必要的安全审计。

2. 基于代理的网页木马防范方法

基于代理的网页木马防范是在页面被客户端浏览器加载前,在一个代理空间(相当于一个大容量的缓存)中对页面进行必要的检测或处理,在确保安全后再传给 Web 浏览器进行内容显示。

客户端访问的任何页面都应首先在该代理处用基于行为特征的检测方法进行网页木马检测，如果判定访问的页面被挂马，就给客户端返回一个警告信息。目前，基于代理技术的网页木马防范技术发展非常迅速，具体的实现方法也比较多，其中"检测-阻断"式是常见的一种。"检测-阻断"即通过基于反病毒引擎扫描、基于行为特征的检测、基于漏洞模拟的检测等网页挂马检测方法，在代理处进行网页木马检测，如果发现页面存在网页木马，则阻断客户端对该页面的加载。

通过"检测-阻断"式的网页木马防范方法，如果要做到检测的有效性和用户体验的透明性，就必须在代理处有效检测出被挂马页面并阻止客户端浏览器加载该页面的同时，也不能使客户端在用户体验上有明显差别。也就是说，代理技术的存在对用户来说是透明的。

3. 客户端网页木马的防范方法

从技术上讲，客户端网页木马的防范可以采用以下方法实现。

(1) 设置 URL 黑名单。以 Google 搜索引擎的安全应用为例，Google 将基于页面静态特征进行机器学习的检测方法与基于行为特征的检测方法相结合，对其索引库中的页面进行检测，生成一个被挂马网页的 URL 黑名单，Google 搜索引擎会对包含在 URL 黑名单中的搜索结果做标识。

基于 URL 黑名单过滤的最大问题在于时间上的非实时性和范围上的不全面性。挂马页面的数量存在快速增加的态势，虽然 Google 周期性地检测页面，但一个页面很可能在被 Google 判定为良性后又被挂马，用户随后浏览该页面时就可能遭到攻击。尽管 Google 爬取了大量页面并对其进行检测，但仍无法保证100%的覆盖面。

(2) 浏览器安全加固。目前，浏览器安全加固主要是在浏览器中增加网页木马检测和已知漏洞利用特征检测等功能，以此来实现浏览器应用的安全性。不同类型的浏览器实现安全加固的方法不尽相同，读者可参阅相关浏览器的安全加固技术说明。

(3) 操作系统安全扩展。由于存在大量的漏洞，因此浏览器是一个不安全的应用环境。但是与浏览器相比较，客户端的操作系统是一个相对安全的环境。一般可以对操作系统做一定的安全扩展，以此来阻断网页木马攻击流程中未经用户授权的恶意可执行文件下载、安装或执行。例如，通过采用虚拟隔离存储空间技术，任何通过浏览器进程下载的可执行文件都被放入一个虚拟的、权限受限的隔离存储空间，只有经过用户确认的下载文件才会被转移到真实的文件系统中。这种方法在一定程度上阻断了恶意可执行文件在客户端的下载和执行。

除以上介绍的基本技术外，客户端网页木马防范的有效途径是提升客户端操作系统和浏览器的安全性，具体方法是采用操作系统本身提供的在线更新功能和第三方软件所提供的对常用软件的更新机制，以此来确保所使用的 Web 客户端计算机始终处于一种相对安全的状态。与此同时，安装一款功能较强的反病毒软件并对其实时更新，这是应对网页木马威胁必不可少的一个环节。另外，用户还要养成良好的上网习惯。

6.5 网络钓鱼的攻防

人们日常生活中对"钓鱼"一词理解为一种欺诈行为。钓鱼网站可简单地理解为不法分子为了实施网络攻击精心构建的具有欺诈性的特殊类型的网站，利用钓鱼网站实施的网络攻击称为网络钓鱼攻击。

6.5.1　网络钓鱼的概念和特点

网络钓鱼(phishing)由钓鱼(fishing)一词演变而来。在网络钓鱼的过程中，攻击者将诱饵(如电子邮件、手机短信、QQ链接等)发送给大量用户，期待少数安全意识弱的用户"上钩"，进而达到"钓鱼"(如窃取用户的隐私信息)的目的。

网络钓鱼的具体实施过程为：不法分子利用各种手段，仿冒真实网站的URL地址及页面内容，或利用真实网站服务器程序上的漏洞在站点的某些网页中插入危险的HTML代码，以此来骗取用户银行或信用卡账号、密码等私人资料。

1. 网络钓鱼的概念

国际反网络钓鱼工作组(Anti-Phishing Working Group, APWG)给网络钓鱼的定义是：网络钓鱼是一种利用社会工程学和技术手段窃取消费者的个人身份数据和财务账户凭证的网络攻击方式。采用社会工程学手段的网络钓鱼攻击往往是向用户发送看似来自合法企业或机构的欺骗性电子邮件、手机短信等，引诱用户回复个人敏感信息或单击其中的链接访问伪造的网站，进而泄露凭证信息(如用户名、密码、账号ID、PIN码或信用卡详细信息等)或下载恶意软件。而技术手段的攻击则是直接在个人计算机中移植恶意软件，采用某些技术手段直接窃取凭证信息，如使用系统拦截用户的用户名和密码、误导用户访问伪造的网站等。

网页挂马和钓鱼网站是恶意网址的两个主要形式。但是，单纯的钓鱼网站由于本身不包含恶意代码，所以很难被传统的安全技术方法所识别。加之绝大多数钓鱼网站设在境外，因此很难通过法律手段进行有效的打击。

2. 攻击者实施网络钓鱼的主要目的

攻击者实施网络钓鱼攻击的方法较多，但其攻击目的主要有以下两点。

1) 获取经济利益

获取经济利益是指攻击者通过将窃取到的用户身份信息卖出或者直接使用窃取到的银行账户信息获得经济利益。在此类网络钓鱼中，虚假购物、仿冒银行、投资理财、网游交易、虚假兼职占了很大的比例。以假冒京东网站为例(见图6-9)，此类假冒网站利用伪造商品页面诈骗买家支付，实际付款对象是不法分子的账户。另外，此类钓鱼网站还会套取受骗者的账号密码。

随着移动互联网的广泛应用，网络钓鱼已开始向移动终端过渡，出现了大量针对移动终端的"假冒网站"，这类网站不仅适配各种屏幕尺寸，而且可以进行动态更新，通过手机打开后，很难判断与真实网站的差别。图6-10所示的是运行在移动终端上的假冒银行网站。

2) 展示个人能力

展示个人能力是指网络钓鱼攻击者为了获得同行的认同而实施网络钓鱼活动。通过技术手段入侵正规网站，篡改链接内容，躲避安全软件的检测和发现，正在成为部署钓鱼

图 6-9 假冒京东网站

图 6-10 运行在移动终端上的假冒银行网站

网站的重要技术手段,也成为一些攻击者展示个人技术能力的一种方法。图 6-11 所示的是某单位的网站被攻击后变成一个广告网站。此类网络钓鱼攻击有时也与经济利益关联起来。

近年来,网络钓鱼攻击已经成为互联网用户、组织机构、服务提供商所面临的最严重的威胁之一。

3. 网络钓鱼攻击的特点

伪装性高、时效性强、存活时间短和钓鱼目标广泛等是网络钓鱼攻击的主要特点。网络钓鱼总是与其仿冒的目标有很强的关系,并存在一定的迷惑性。例如,与合法链接相似的域名、使用指向合法页面的链接和视觉上相似的内容等,才能诱导用户输入自己的敏感信息。

网络钓鱼者首选的策略是通过短信(有些会利用伪基站)、邮件等方式大量发送诈骗信息,冒充成一个可信的组织机构,引诱尽可能多的网络用户。钓鱼者会发出一个让用户采取

图 6-11　某单位的网站被攻击后变成一个广告网站

　　紧急动作的请求,告诉用户应根据提示来保护自己的利益免受侵害,其中这些欺骗性的电子邮件或短信中都会包含一个容易混淆的链接,指向一个假冒可信组织机构的网页。钓鱼者希望受害者能够被欺骗,从而在这个假冒的、但看起来几乎没有任何破绽的所谓可信组织机构的"官方"网站的页面中输入他们的个人敏感信息。被钓鱼者所青睐的可信组织机构包括银行、电子商务平台(淘宝、京东等)、高校、政府机关等。这里以退款骗局为例进行说明。此类钓鱼欺诈的总体特点是:钓鱼者会通过一些渠道获取到受害者的网购信息,利用受害者付款后等待收货的时间段假冒卖家或客服,通过打电话的方式联系买家,以支付系统出现故障等说辞诱导受害者进行退款操作。随后,钓鱼者会给受害者发去链接,受害者打开后看到的是高仿各知名电商的钓鱼网页。钓鱼网页会诱导受害者输入支付宝账号、密码、银行卡号、身份证号、手机验证码等诸多资料,盗刷用户支付宝和银行卡。

　　下面以一个真实案例进行说明。

　　2018 年 5 月的一天,某地的吉先生在国内某知名网店购买了一个移动充电器后不久,就接到一个自称是该知名网店第三方卖家客服的电话。该"客服"告诉吉先生,因为该知名网店的系统临时维护升级,吉先生的订单失效,需要他填写退款协议办理退款。不明真相的吉先生并不知道该知名网店退款是没有这一流程的,于是打开了对方通过 QQ 发来的退款链接。吉先生回忆说,当时没有多想,因为打开的页面跟该知名网店一模一样,看起来非常真实,以至于他被骗后都不敢相信那是钓鱼网站。图 6-12 所示的是吉先生提供的钓鱼网站的界面截图。网络钓鱼者发来的退款协议、操作过程跟绑定快捷支付时的流程差不多,这也使得吉先生没有引起警惕之心。按照提示,吉先生依次输入了自己的银行卡号、密码、身份证号、预留手机号码和短信验证码等信息。没想到,刚提交完,他就收到了短信,显示他的银行卡被消费了 3000 元。

图 6-12　钓鱼网站的界面截图

　　此类以"退款"为由发送钓鱼链接的案例很常见。此类退款钓鱼的最大威胁来自于钓鱼者可快速获取受害者的购物信息,继而能够冒充卖家诈骗受害者。由于受害者刚刚完成购物操作,因此极易相信钓鱼者的话,从而被诱导上当受骗。所以,从安全角度而言,个人信息泄露带来的危害是最大的,远远大于木马、计算机病毒等传统恶意代码。另外,钓鱼者设计的高仿钓鱼网站非常逼真,受害者很难辨别真伪。图 6-13 所示的是曾经非常流行的假冒淘宝的退款欺诈网站页面,与真实的网站页面非常相似。

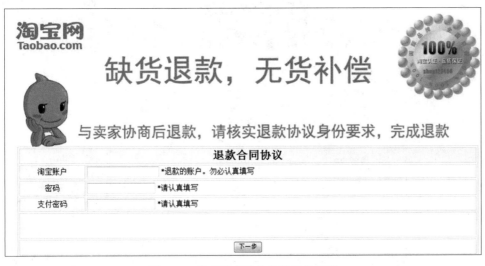

图 6-13　假冒淘宝退款欺诈网站页面

　　此类网络钓鱼者非常精通支付规则,而且采取了连环骗局的方式:首先是钓鱼网站,然后利用受害者急于要回付款的心理,设下电信骗局,一步一个陷阱,陷阱之间环环相扣,普通人很难看出破绽。

为了逃避安全厂商对于钓鱼网站的封杀,钓鱼网站不仅要快速更换网址,而且需要变换传播的手法,如利用云盘服务、短信、社交平台(微博、QQ 等)和一些新的通信方式的分享功能来传播链接,并最终通过网址跳转将受害者引诱到钓鱼网站上进行诈骗。利用分享功能尤其是移动端进行分享,受害者很难看到网址信息,使得网络钓鱼攻击更加具有隐蔽性。

6.5.2　典型钓鱼网站介绍

根据安全机构的统计分析,影响较大的钓鱼网站主要分为虚拟购物、虚假中奖和模拟登录几类。另外,假冒银行、虚拟招聘、虚拟医药、虚假金融证券、境外彩票等钓鱼网站,也成为互联网应用的安全风险类型。

1. 虚假购物网站

虚假购物网站是指攻击者通过伪造商品页面来诱骗用户进行网上购物和支付,但实际付款对象却是不法分子的账户。另外,有些钓鱼网站也会设置种种信息输入和验证,以此来套取受骗者的银行账号和密码等信息。假冒淘宝是目前最常见的虚假购物网站之一。

用户在进行网上购物时,当打开购物网站时一定要仔细辨认网站的地址(URL)。如图 6-14 所示,虽然用户当前打开的虚拟网站地址中也具有 taobao(淘宝)字符,但仔细辨认整个地址,就会发现该网站的地址很不规范,在"taobao.cn"后面还带有"fgjfnv.co.cc",尤其是"co.cc"在国内网站域名注册中没有出现过。如果再与淘宝网的官方网站地址进行比较,就会发现并进一步证实漏洞的存在。

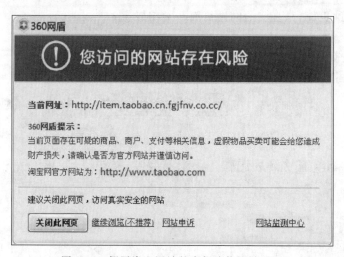

图 6-14　假冒淘宝网站的虚假购物网站地址

此外,网游交易欺诈、手机充值欺诈、仿冒品牌官网、仿冒网银、销售假药、虚假票务网站等都是典型的虚假购物网站的范畴。

2. 虚假中奖网站

虚假中奖网站是指不法分子假冒某些知名公司,通过各种渠道(如 QQ 聊天信息、QQ 空间回帖、邮件、假冒的系统信息、假冒的腾讯活动网站等)散布虚假中奖信息,以骗取用户信息或相关费用等。这类网站所提供的信息大意为用户被系统自动抽取为某活动中奖幸运用户,想要领奖需要先填写个人详细资料及支付相关费用(如押金、运费、手续费、税收等),并要求用户按提示的联系方式进行汇款等。

图 6-15 所示的是一个假冒"淘宝周年庆典感恩大回馈"的虚假中奖网站。该中奖网站首页与官方网站几乎一模一样,但它有一个很明显的缺陷就是网址和官方网站的网址不同,只要仔细辨认网址就可以识破对方的欺骗性。为此,当用户对此类网站有疑问时,可通过对方官网查看具体地址或号码(QQ 号码、电话号码或手机号码等),再进行相应的验证,一般能够发现可能存在的问题。总之,只要平时提高警惕,增强自我保护意识,就不容易上当受骗。

图 6-15　假冒淘宝周年庆典的虚假中奖网站

3. 模仿登录网站

模仿登录网站是指通过仿冒真实网站页面,或利用真实网站服务器程序上的漏洞植入木马程序,以此来骗取用户银行或信用卡账号、密码等私人资料。模仿登录网站往往会通过精良的页面制作,模仿 QQ 空间、支付宝、银行等知名网站,普通用户仅凭肉眼一般难以分辨,一旦误信在该网站"登录"处输入正确的账号和密码(网站还会提醒用户输入错误,请用户重复输入,以确保用户输入信息的正确性),所输入的账号和密码将通过后台程序发送给攻击者,攻击者将会利用盗来的账号和密码实施各类诈骗或消费账号中的资金。

图 6-16 所示的是一个模仿中国建设银行的登录网站。乍一看,与官方的信息似乎很符合,但当用户在激动的心情下填写完自己的账号和密码时,就已经陷入骗子设计好的陷阱。对于该类网站,用户同样要仔细辨别和核对网站的地址,在没有安全防护工具或没有认真核对信息时,千万不要着急填写任何账号和密码信息。

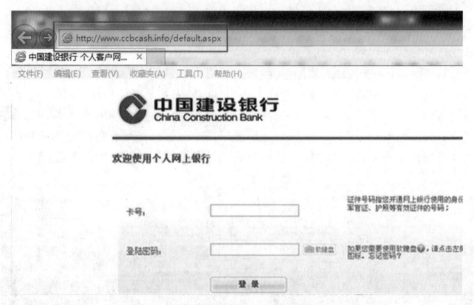

图 6-16　模仿中国建设银行登录的网站首页

6.5.3　网络钓鱼攻击的实现方法

在本节前面的介绍中，读者已经对网络钓鱼的基本实现方法有了一定的了解。本节在介绍网络钓鱼流程的基础上，主要从技术角度分析网络钓鱼的实现过程。

1. 网络钓鱼攻击的实现流程

网络钓鱼攻击者进行网络钓鱼的流程如图 6-17 所示。首先，攻击者架设一个钓鱼网站或使合法网站携带恶意代码，并部署一些必需的后台脚本用于处理并获取用户的输入数据；然后，攻击者利用社会工程学手段制作诱饵，并通过邮件、电话、短信、即时通信工具等途径发送诱饵；最后，在用户被引诱访问钓鱼页面并上传隐私信息后，攻击者即可利用事先设计的后台程序得到这些信息，并利用用户隐私信息牟取利益。

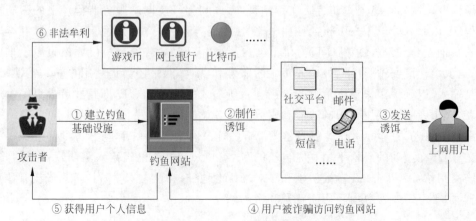

图 6-17　网络钓鱼攻击的实现流程

通过图 6-17 所示的攻击流程可以看出,网络钓鱼攻击的实施主要有以下几个环节。

1）建立钓鱼基础设施

网络钓鱼攻击首先要建立钓鱼基础设施。钓鱼网站为了隐藏自己,需要躲避安全工具和安全人员的追踪,攻击者一般通过从互联网上寻找被攻陷的服务器来搭建钓鱼网站。攻击过程通常会扫描互联网的 IP 地址空间,以寻找潜在的存在安全漏洞的主机,并攻击那些缺乏安全防护的服务器或个人计算机。

2）架设钓鱼网站

在互联网上通过扫描找到可被攻陷的服务器资源后,攻击者就可以根据诈骗需要在上面架设钓鱼网站,包括假冒银行、假冒电子商务平台、假冒证券机构等。这些前台假冒钓鱼网站,后台用于收集、验证和发送用户输入敏感信息的脚本,使用最新的 HTML 页面编辑工具就可以快速地模仿出一个与可信组织机构相近的页面。对于一些有组织的网络钓鱼不法分子来说,为了能够诱骗更多的上网用户,他们会实时跟踪被模仿网站的更新情况。同时,不法分子会在一台或多台服务器上存放所有假冒的钓鱼网站建站内容及脚本,以便在攻陷了一台新的服务器后,能够通过从集中服务器上复制网站内容来快速架设一个新的钓鱼网站。

3）诱骗用户访问钓鱼网站

在完成钓鱼网站的部署后,攻击者必须想办法通过欺骗的方式将大量用户诱导到钓鱼网站。为了实现此目的,攻击者除在技术上采用 DNS 缓存区中毒或网络流量重定向等方式外,更多地采用社会工程学手段来构造欺骗性的垃圾邮件、QQ 链接、群发短信等信息,以此来实施撒网式的钓鱼攻击。攻击者一般多采用境外的开放邮件服务器或租用僵尸网络来发送欺骗邮件,或在 QQ、微信群中发送欺骗性的网络链接,或采用伪基站来群发欺骗短信,这为网络监管带来了一定的难度。例如,在群发欺骗邮件时,邮件头部中的源地址往往是冒充假冒钓鱼网站相对应的可信组织机构官方网站地址,发送内容中经常以各种安全性理由、紧急事件或中奖信息来欺骗用户去访问其中包含的钓鱼网站链接,进而诱骗用户给出个人敏感信息内容。

2. 网络钓鱼攻击采用的主要欺骗方式

网络钓鱼主要利用社会工程学手段来诱骗安全意识弱的用户,通过在线提交方式来骗取个人敏感信息,进而非法获得经济利益。下面介绍网络钓鱼攻击主要采用的欺骗方式。

1）用 IP 地址代替域名

在用户接收到的欺骗信息中,相关链接通常使用 IP 地址来指向所谓的可信组织机构,而没有使用 DNS 域名。如果用户不对 IP 地址的指向(是否为所声称的域名使用的 IP 地址)进行检查和验证,很容易会被误导,从而访问钓鱼网站。

2）使用发音相近或拼写相似的域名

攻击者一般会通过免费的域名注册机构来注册发音相近或拼写相似的 DNS 域名,用以指向钓鱼网站,通过混淆视觉的方式来欺骗用户访问钓鱼网站。例如,工商银行官网主页的DNS 域名应该为 www.icbc.com.cn,但网络钓鱼攻击者会注册使用类似于 www.1cbc.com.cn(见图 6-18)或 www.lcbc.com.cn 的域名,仅一个字母之差,造成了拼写和视觉上的混淆。

根据部分字符之间的相似性,攻击者可以注册一个和可信网站差不多的域名。例如,以

图 6-18 使用 www.1cbc.com.cn 解析的假冒工商银行网站主页

数字 0 伪装字母 O，以 i 的大写 I 或数字 1 伪装 l（L 的小写），以 r n 伪装 m 等。

3）泛域名解析攻击

通过泛域名解析实现对网站的攻击是近年来出现的一种网络攻击方法，在不对网站进行任何修改的前提下，就可以实现对网站的攻击。

泛域名解析是指利用通配符 ∗（星号）来作为二级域名，以实现所有的二级域名均指向同一个 IP 地址。例如，通过在域名服务器上添加"∗.abc.cn"记录，并将解析结果指向特定的 IP 地址"a.b.c.d"，那么当用户在浏览器中随便输入 http：//∗.abc.cn（其中，∗ 代表任意字符）时，都会打开"a.b.c.d"对应的网站。

利用泛域名解析，可以让域名支持无限的二级域名，也可以防止用户输入不正确的二级域名时也能够访问网站。

利用泛域名解析原理，黑客在对被攻击网站不进行任何修改操作的情况下，只需要通过篡改 DNS 服务器的域名解析记录，就可以实现攻击目的。例如，当用户在浏览器输入"www.sina.com"时，将会访问新浪的官网。现假设黑客入侵了 DNS 服务器，将泛域名"∗.sina.com"解析记录指向了一个钓鱼网站的 IP 地址。这时，当用户不小心输入了类似"ww.sina.com"时，将会打开该钓鱼网站。

如图 6-19 所示，"edu.cn"是我国高校和科研机构的专用域名，但当用户在搜索引擎中通过输入"site：edu.cn 资源"搜索该域名下包含"资源"的内容时，就会发现排在最前面的 3 个网站中有两个并非高校网站。这两个网站的共同特点是冒充了高校网站的域名"edu.cn"，但前面的二级域名却是编造的。攻击者通过篡改 DNS 解析记录，就可以使这些在高校域名范围内本来不该存在的网站被打开。

4）IDN 欺骗

早期的 DNS 系统只使用 ASCII 字符作为域名，这给非英语国家的用户造成了极大的不便。2003 年，负责互联网国际技术标准制定的 IETF 正式公布了 IDN（Internationalized Domain Names，国际化域名）的实现方案（Internationalizing Domain Names in Applications，IDNA）。

IDNA 技术方案采用 Unicode 组织制定的全球统一编码标准（即 Unicode 编码）来表示 IDN，其描述的 IDN 处理过程主要分为以下几个步骤：Web 浏览器等应用程序首先将本地编码（如 GB、GBK、BIG5 等）表示的 IDN 翻译成 Unicode 编码形式，然后通过一个编码转换工具 Nameprep 的处理，获取一个规范的 IDN。经过 Nameprep 处理过的 IDN 是以

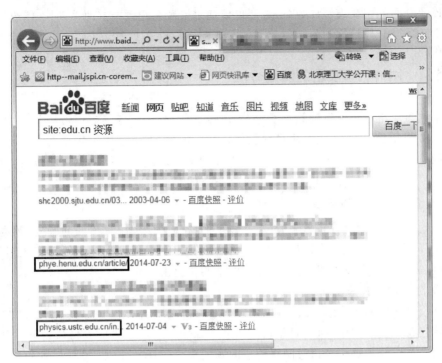

图 6-19　利用泛域名解析进行的攻击

Unicode 形式表示的,但现有的 DNS 系统只支持 ASCII 域名,因而还需采用 ASCII 兼容的编码方式(ASCII Compatible Encoding,ACE)将 Unicode 表示的域名转换成使用 ASCII 字符来表示的域名。常用的 ACE 编码方式是 Punycode 算法,例如,域名"中国建设银行. cn"的 Punycode 为"xn—fiqs8skzg6u8b8udunr. cn"。最后 ACE 格式的域名由应用程序递交给域名解析器,进行域名解析。IDNA 方案无须修改 DNS 服务器端,可无缝实现现有域名系统到 IDN 系统的升级。

　　IDN 允许互联网用户使用本国文字作为域名,从而方便了用户,同时也产生了安全隐患。由于 Unicode 字符集中存在许多字形或语义上相似的字符,因而可构造出大量相似的 Unicode 字符串。所谓 IDN 欺骗,就是指网络欺诈者利用 Unicode 字符集中的相似字符,注册与合法网站域名非常相似的 IDN,伪造网站来欺骗用户的行为。

　　IDN 欺骗手段多种多样,使用不同语种文字实施欺骗是常见的一种。使用 Unicode 编码的 URL,在 Web 浏览器的地址栏中显示看似相同的网站地址,但实际上指向了不同的网站页面。

　　5) 后台数据收集

　　网络钓鱼的主要目的是收集用户在线提交的敏感数据。所以,攻击者会将钓鱼网站配置成能够在用户不知情的情况下自动记录用户在线提交的所有数据,而且该操作不会记录在日志文件中。一般情况下,钓鱼网站会要求用户在线输入用户名、银行账号、密码、身份证号码等个人敏感信息,当单击"提交"按钮后,会产生一个类似于"口令输入错误,请重试"的错误页面,随后用户被重定向到真实的网站。在此过程中,大部分用户相信是自己输入错误,而不会想到是被骗了。

除以上介绍的主要方法外，攻击者还可以通过安装恶意浏览器助手工具、修改用户端计算机的 DNS 与 IP 地址之间的映射等方式实现网络钓鱼攻击。

6.5.4　网络钓鱼攻击的防范方法

网络钓鱼攻击对快速发展的电子金融、在线支付、电子商务等应用带来了巨大的危害，已严重威胁着互联网安全，大量用户敏感信息被窃取后，不但侵害了用户的个人经济利益，而且为地下黑色产业链源源不断地输入着重要的资源。防范网络钓鱼攻击，成为维护互联网金融环境、保护用户信息和财产、打击网络犯罪的有效手段。

1. 建立协作机制和组织

网络钓鱼攻击涉及面广，影响大，单一技术的应用无法解决具体的问题，必须立足互联网应用实际，在充分掌握网络钓鱼攻击实现方法的基础上，借助反网络钓鱼相关组织，通过协作机制，采取教育和技术双重措施，防范网络钓鱼攻击。

1）国际反网络钓鱼工作组

国际反网络钓鱼工作组（Anti-Phishing Working Group，APWG）成立于 2003 年，是专注于消除日益严重的网络钓鱼、犯罪软件和电子邮件诈骗所带来的身份盗窃和欺诈问题的行业协会。该组织提供一个讨论网络钓鱼问题的平台，在硬件成本、软件成本和导致后果方面定义了网络钓鱼问题的范围，并分享信息和消除问题的最佳做法。

已有超过 1800 家公司、政府机构、金融机构、网上零售商、互联网络服务提供商、社会执法机构和安全解决方案提供商加入 APWG。APWG 提供了对网络钓鱼攻击的在线协调应对机制，对网络钓鱼攻击的案例数据进行汇总，并对网络钓鱼攻击的趋势进行分析。

2）中国反钓鱼网站联盟

中国反钓鱼网站联盟（Anti-Phishing Alliance of China，APAC）成立于 2008 年 7 月 18 日，由国内银行证券机构、电子商务网站、域名注册管理机构、域名注册服务机构、专家学者共同组成，是国内唯一为解决钓鱼网站问题而成立的协调组织，拥有会员单位 500 多家。中国反钓鱼网站联盟已建立快速解决机制，借助停止 CN 域名或非 CN 域名钓鱼网站解析或警示等手段，及时终止其危害，构建可信网络。

中国反钓鱼网站联盟旨在建立反钓鱼网站协调机制，推动反钓鱼网站综合治理体系的建设，增进相关企业在反钓鱼网站工作方面的合作与交流，共享反钓鱼网站方面的有关信息，组织成员单位共同预防、发现和治理钓鱼网站。中国反钓鱼网站联盟借鉴国际反钓鱼网站的经验和惯例，针对钓鱼网站"存活期短，危害巨大"的特点，协调各方力量建立一个快速处理钓鱼网站的解决机制，防患于未然，从域名这一互联网应用之根上打击遏制钓鱼网站的危害，致力于构建一个可信网络。

3）网站的备案登记

2005 年 2 月 8 日，信息产业部发布了《非经营性互联网信息服务备案管理办法》，该办法要求从事非经营性互联网信息服务的网站进行备案登记。按照该管理办法，国内非经营性的网站均需在工业和信息化部进行 ICP/IP 备案（备案网站地址为 http://www.miibeian.gov.cn/），备案类别主要分为军队、政府机关、事业单位、企业、社会团体和个人几种。ICP/IP 备案信息实际上就是政府颁发给网站的一张身份证，这些信息均可以在工业和信息化部网站进行查询。

网站的身份认证信息可以有效帮助用户识别安全软件暂时没有加入"恶意网址库"的钓鱼网站。例如,当用户的计算机中突然弹出自称是"某一银行网上银行"页面时,如果身份认证信息显示的是个人备案的网站或根本没有备案,则可以断定这是身份造假的钓鱼网站。

需要说明的是,某些企业或政府网站虽然进行了 ICP/IP 备案,但由于网站存在漏洞,可能遭遇黑客攻击或页面被篡改,仍然会被黑客利用,在备案网站上发布虚假信息。为此,对于钓鱼网站的防治,需要综合各方面的信息加以判断。

2. 基于黑名单的检测和防范方法

基于黑名单的网络钓鱼攻击检测方法,通过维护一个已知的钓鱼网站的信息列表,以便根据列表检查当前访问的网站。这份需要不断更新的黑名单中包含已知网络钓鱼的 URL、IP 地址、DNS 域名、证书和关键词等信息。

黑名单方法的应用广泛,是主要的网络钓鱼过滤技术之一,如 Google Chrome、Mozilla Firefox 和 Apple Safari 中使用的 Google Safe API 就是根据 Google 提供的不断更新的黑名单,通过验证某一 URL 是否在黑名单中来判断该 URL 是否为钓鱼网页或恶意网页。

一方面,通过使用黑名单进行网络钓鱼检测,可以准确地识别已被确认的网络钓鱼,大大降低了误检率;另一方面,黑名单方法还具有主机资源需求低的优点。但是,由于大多数网络钓鱼活动的存活周期短,基于黑名单的方法在防御新出现的网络钓鱼攻击方面的有效性并不高,其主要原因有两点。一是黑名单的加入存在滞后性。一个新钓鱼活动的 URL、IP 地址等信息必须在确认其为网络钓鱼后才能加入黑名单,而判定一个可疑的活动是否为网络钓鱼,需要取证和分析等过程,势必带来一定的延时。这一延时极大地影响了黑名单方法检测的准确率。二是黑名单的更新造成延迟。黑名单的更新有两种方法:第一种方法是将更新的黑名单列表推送到客户端,第二种方法是服务器检查所访问的 URL 是否为钓鱼网站,然后将结果通知给客户端。这两种方法都存在一定的问题。如果黑名单服务器广播更新的网络钓鱼黑名单,广播的频率低会产生延迟问题,频率过高又会增加服务器的负载。而第二种方法需要每个客户端联系黑名单服务器获取结果,虽然没有延迟问题,但必须与服务器之间建立实时联系,以便下载和更新黑名单列表。

为了克服黑名单机制在应对新出现的网络钓鱼攻击方面存在的不足,目前已经将机器学习、自然语言处理等技术和方法应用到检测和防范网络钓鱼攻击中。

3. 日常的防范措施

针对网络钓鱼攻击的主要特点,对于普通互联网用户来说,还需要在日常上网时增强安全意识,提高警惕性。

1) 检查是否使用 HTTPS 协议

网上银行、证券基金、知名电子商务网站、网上支付系统等关键网站一般都会在登录页面使用 HTTPS 协议对传输的信息进行加密处理,并且在浏览器的地址栏会显示"安全锁"标识,单击安全锁可以查看网站认证信息,核对网站详细信息中的证书"使用者"的单位名称,确认网站所属单位的真实身份。如果用户发现网银登录页面没有使用 HTTPS 协议,那就要引起重视,该网站极有可能是钓鱼网站。

另外,所有浏览器都内置了基于 SSL 协议的安全验证机制,只有通过了 SSL 认证的网站,浏览器才会显示所属单位的名称,如图 6-20 所示。如果没有看到认证信息,那就需要引起重视。

图 6-20　通过了 SSL 认证的网站所显示的单位名称

2) 检查网站使用的 DNS 域名

即使打开的网站是正规且知名的网站(如淘宝网、京东商城等),除观看页面外,还需要仔细检查网站使用的 DNS 域名。

3) 检查网站是否提供身份验证功能

一般情况下,钓鱼网站对用户名、密码没有验证功能,任意输入一个账户和密码都会提示登录成功,并让用户付款。如果用户怀疑一个钓鱼网站,可以随机输入密码进行测试。

另外,在登录网站输入重要信息时,一定要注意辨别真伪,切勿轻易输入账户和密码,涉及账号、密码和动态口令的操作时更要慎重;不要轻易相信邮件、QQ 上传播的低价优惠信息,钓鱼网站通常都利用用户的心理进行诈骗;对于网上支付,可使用指纹、人脸识别等功能,钓鱼网站一般不会支持上述功能。

6.6　黑链的攻防

黑链主要指黑客在网站代码中加入隐蔽的超链接和一些特定词汇,但从网站页面来看一切正常,不受任何影响。黑链篡改是指黑客通过扫描服务器的弱口令和漏洞,然后侵入网站,再把链接加载进去的过程。

6.6.1　黑链的实现方法

在网站代码中,黑链标签被放在一个隐藏的 div 中,所以用户在浏览器中是无法看到的,但是在 HTML 源代码中可以查看,同时搜索引擎也同样能捕捉到该链接,这也是为什么将该隐藏链接称为"黑链"的原因。在 HTML 源代码中,黑链的隐藏方式如下。

```
< div style = "display:none;">
< a href = "www.黑链域名">黑链文本</a>
</div >
```

黑客这样做的目的主要是通过在权重较高的网站(如政府和高校网站)的代码中加入超链接,欺骗搜索引擎,用以提高指定网站的搜索引擎权重,从而达到指定网站搜索引擎优化的目的。而这些黑链通常都是赌博、色情、私服游戏等非法网站。黑链目前已经形成了一个地下产业链,有专门售卖黑链的"黑市"。

图 6-21 所示的是某政府网站被加载黑链后,在打开网站源代码后显示的信息(以 IE 浏览器为例,可以在打开的网站中右击,在弹出的快捷菜单中选择"查看源文件"选项打开)。从中可以看出,该网站被植入了类似美文、电影等方面的文字和链接。

图 6-21 网站被植入黑链后显示的文字和链接

6.6.2 黑链的应用特点

黑链的特点是在短时间内可以迅速提高某网站在浏览器中的排名。由于很多搜索引擎的搜索结果通过网站的 PR 值(PageRank,网页级别)来排名,该值为 0～10,其值越高说明该网页越受欢迎(越重要)。一个网站的外部链接数越多,其 PR 值就越高,外部链接站点的级别越高,网站的 PR 值也就越高。例如,如果网站 A 上有一个网站 B 的链接,那么当网站B 受欢迎时,搜索引擎便会把来自网站 A 的链接质量作为它对网站 B 的衡量标准,提高其PR 值。通过黑链可以在知名度高的网站上单向链接知名度低的网站,以此来提高原来知名度低的网站在搜索引擎中的排名。

用户可以利用"站长工具"(http://tool.chinaz.com/),在打开的页面中输入待查的网站地址后,单击"查询"按钮来查看该网站的 PR 值,如图 6-22 所示。

黑链一般用于暴利的黑色产业,一些冷门行业网站为了经济利益亟须通过黑链方式提高网站的知名度。因为黑链一般以隐藏链接的模式存在,所以在网站的常规检查中管理员很难发现被挂了黑链。因此,黑客通过黑链篡改网站得到越来越普遍的应用,也成为搜索引擎重点防范的对象。

图 6-22 利用"站长工具"查看网站的 PR 值

6.6.3　黑链篡改的检测和防范方法

由于黑链篡改的实现方法非常简单，因此对于网站管理人员来说不需要具备太高深的专业知识就可以检测出某一网站是否被黑链篡改。

1. 通过查看网站的源代码来检查黑链

一般情况下，黑链会被挂在网站的首页上，网站管理员只需要经常查看网站首页的源代码，就可以检测出是否存在黑链篡改。

2. 通过专业工具检查黑链

可使用"站长工具"的"网站死链检测"功能来检测该网站固定的链接地址，在所有链接中当发现可疑链接时，对其进行进一步确认，如果是黑链则将其删除。

3. 通过查看网站文件的修改时间来检查黑链

黑客在通过黑链篡改某一网站后，其网页文件的修改时间会发生变化。这样，网站管理人员可以经常查看网站文件的最后修改时间，如果发现某一文件的修改时间突然发生了变化，则可以怀疑该网站被黑链篡改。

4. 经常修改网站上传文件(FTP)的用户名和密码

为了对网站进行远程管理，一般每一个网站都有一个针对该网站空间的管理账号，网站建设者和管理员必须管理好此账号的用户名和密码。

5. 加强网站自身管理

主要从技术上尽量选择漏洞少的建站程序，同时在网站建设中尽可能注意其安全性。另外，加强对网站主机(网站服务器)的安全管理，一方面防范因服务器操作系统漏洞而导致网站被黑链篡改，另一方面当同一台服务器上同时发布有多个网站(这种现象很普遍)时，需要加强对其他网站的安全管理，以防利用其他网站的漏洞来间接攻击本网站。

习题

1. 回顾 WWW 的发展过程，简述 Web 浏览器的功能。
2. Web 浏览器插件存在哪些安全风险？如何防范？
3. 什么是脚本攻击？如何防范？
4. Web 浏览器存在哪些安全风险？
5. Web 浏览器是如何收集用户信息的？如何防范？
6. 以 IE 为例，简述 Cookie 的功能、组成及安全防范方法。
7. 针对网页木马攻击的特点，简述针对服务器端渗透攻击与针对 Web 浏览器端渗透攻击的异同。
8. 网页挂马有哪些实现方法？
9. 什么是内嵌链接？如何通过内嵌链接实现网页挂马？
10. 什么是网页动态视图？如何通过网页动态视图实现网页挂马？

11. 什么是"环境探测＋动态加载"？如何通过"环境探测＋动态加载"提高网页木马攻击的成功率？

12. 名词解释：混淆免杀、人机识别、动态域名解析。

13. 可以采取哪些方法来有效地防范网页木马？

14. 与网页木马相比，钓鱼网站在实现方法上有何特点？

15. 结合图 6-17，简述网络钓鱼攻击的实现流程。

16. 结合具体案例，并联系自己日常网络应用实际，试分析网络钓鱼攻击的防范方法，并提出应对措施。

17. 什么是黑链？黑链有哪些应用特点？如何防范黑链篡改？

第7章

移动互联网应用的攻防

移动互联网是当前信息技术领域的一个热门话题,它以"无处不在的网络,无所不能的业务"思想正在改变着人们的生产、生活和工作方式。移动互联网作为一项应用技术,在用户数量和应用范围上已远远超过了人们的预期,且还以难以预测的速度和应用方式快速地向前发展。然而,作为互联网的衍生物,移动互联网不仅要解决互联网中已存在的安全问题,更要主动发现和处理移动应用中的各类安全威胁,攻击与防范之间的较量在移动互联网中显得尤为突出。

7.1 移动互联网概述

移动互联网(Mobile Internet,MI)使得人们可以通过随身携带的智能手机、PDA (Personal Digital Assistant,个人数字助理)、平板电脑等移动终端随时随地乃至于在移动状态下接入互联网,不受线缆束缚,自由自在地享受由互联网带来的各类服务。

7.1.1 移动互联网的概念

到目前为止,计算机技术的发展先后经历了大型机、小型机、个人计算机、桌面互联网和移动互联网5个阶段。如果说桌面互联网实现大型机、小型机与个人计算机之间的互联互通,为互联网的发展奠定了坚实的基础,那么移动互联网技术的出现,将各类具有通信功能的智能移动终端接入了互联网,在扩大了传统互联网连接范围的同时,扩大了互联网的应用。与此同时,移动互联网技术的出现和各类传感器技术的广泛应用,推动了物联网(Internet of Things,IoT)的产生和快速发展。

移动互联网已成为学术界和工业界普遍关注的热点。2011年由我国工业和信息化部电信研究所发表的《移动互联网白皮书》中对移动互联网进行了如下描述:移动互联网是以移动网络作为接入网络的互联网及服务,包括移动终端、移动网络和应用服务3个要素。由该描述,可以将移动互联网理解为移动通信网络与互联网的融合体,用户以移动终端接入3G/4G/5G、WLAN、WiMax 等无线移动通信网络,进而接入互联网。同时,由于接入互联网的终端具有移动性、可定位和随身携带等特点,利用这些特点可以为用户提供个性化的服务,如手机定位、手机导航等。

从技术角度和学科分类而言,移动互联网是一个多学科交叉、涵盖范围广泛的研究和应用领域,同时涉及互联网、移动通信、无线网络、嵌入式系统等技术。根据目前的研究现状,从体系结构上可将移动互联网分为 3 个不同层次,而且每层都包含相关的安全及隐私保护等问题,如图 7-1 所示。

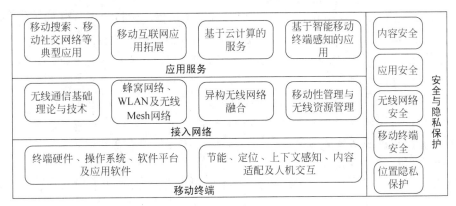

图 7-1 移动互联网体系结构示意图

7.1.2 移动终端

移动终端是移动互联网体系的最末端,它直接面对的是广大的用户,决定着移动互联网的应用和发展。随着移动终端技术的不断发展,移动终端逐渐具备了较强的计算、存储和处理能力,同时提供了触摸屏、定位、视频摄像头等功能,拥有了智能操作系统和开放的软件平台。

当前主要的智能终端操作系统有 Google 的 Android(安卓)、微软的 Windows Mobile、Nokia(诺基亚)的 Symbian(注:微软已于 2013 年 9 月 3 日宣布收购了 Nokia 的手机业务)、Apple 的 iOS 和 RIM 的 Blackberry OS(注:2013 年 9 月 30 日,加拿大 RIM 公司宣布其手机名称为 Blackberry,即黑莓手机)等。目前,我国大量使用的手机等移动终端多采用 Android 和 iOS 智能操作系统。采用智能操作系统的移动手机,除了具备通话和短信等传统手机具备的功能外,还具有网络扫描、能量监控、节能控制、接口选择、蓝牙接口、后台处理、位置感知(定位)等功能。这些功能使得智能手机在社交网络、环境监控、交通管理、医疗卫生等领域得到越来越多的应用。对于智能手机而言,节能和定位是非常重要的两项功能。

1. 节能

随着移动终端功能的不断增强,能耗需求和有限的电池容量之间的矛盾日益加剧,制约着移动互联网的应用。因此,需要从硬件设置,芯片、显示屏等元器件的低能耗设计等方面着手，研究节能技术。其中，无线接口（WLAN、3G/4G/5G 通信等）是移动终端中主要的能量消耗组件之一，在其进行数据传输时，能量消耗最为明显，所以为了节能，必要时可以暂时关闭 WLAN 无线上网功能。

2. 定位

定位技术是移动终端的另一项重要功能，它是智能手机所具备的一项关键技术。定位也称为位置感知，是指借助已知空间中的一组参考点的位置信息，动态地获得该空间中移动用户位置的过程。目前使用的无线定位技术主要分为 3 种类型：使用 GPS（全球定位系统）、北斗卫星导航系统、伽利略卫星导航系统的卫星定位技术，利用 2G/3G/4G/5G 蜂窝基站、WLAN 访问点（Access Point，AP）等信息基础设施的网络定位技术，使用 RFID（射频识别）、超声波、红外线等无线方式判定其信号覆盖范围内物体位置的感知定位技术。

需要说明的是，目前使用的智能手机终端一般同时提供了至少 3 种不同的定位功能。

1）蜂窝基站定位

传统的手机定位，通过移动运营商的蜂窝基站，可以对使用 GMS、CDMA、3G/4G/5G 等制式的手机进行定位。1996 年美国联邦通信委员会（FCC）颁布的 E-911 规定：全美移动通信运营商必须提供移动终端的定位信息。目前，这项定位功能在我国未被民用。

2）GPS 定位

GPS 定位是目前最常用的一种定位方式，主要用于交通导航，以及对重要标志物（如建筑、桥梁、工程设施等）地理位置坐标的确定等。不过，在隧道、树荫遮盖路段、高楼之间、立交桥下等环境中，GPS 信号会被屏蔽，将暂时失去直接定位功能。

3）WLAN 定位

WLAN 定位即利用手机上的无线局域网（即 WiFi）进行定位。简单来说，当用户携带已打开 WiFi 通信功能的手机进入某个（家庭、单位或运营商）WLAN 信号的覆盖范围时，AP（如家用的无线路由器）便会记录用户手机上无线网卡的 MAC 地址等信息，如果将这些信息集中起来，结合每个 AP 的分布位置，就可以确定用户的具体位置，或什么时间去过什么地方。目前，WLAN 是用户隐私被泄露的主要方式之一。

7.1.3　接入网络

接入网络是指移动互联网中直接负责将移动终端设备接入互联网的网络，这些网络既可能是运营商的网络（如 3G/4G/5G 等），也可能是用户自建的网络（如家用无线局域网等）。

根据网络覆盖范围的不同，可以将现有的无线接入网络分为 5 种不同的类型：卫星通信网络、蜂窝网络（如 3G、4G、5G 等）、无线城域网（WiMax，但该技术目前在国内尚未使用）、无线局域网（WLAN，也称为 WiFi）和基于蓝牙技术的无线个域网（例如，由靠得很近的手机之间或手机与 iPad 之间通过蓝牙连接后形成的网络）。在以上网络接入方式中，蜂窝网络覆盖范围大，移动性好，可管理技术成熟，但存在带宽低、数据通信成本高等缺点。WLAN 的优势是带宽高，使用成本低，但其覆盖范围有限，设备的移动性较差。目前，国内移动互联网使用的无线接入主要以 WLAN 为主，蜂窝网络为辅。

另外，现在很多公共场所和公共交通工具上也为用户提供了免费的 WLAN 上网服务，其网络连接方式一般采取了图 7-2 中的某种方式。例如，在许多家庭都安装有无线路由器

（无线 AP），无线路由器一般采用局域网（如以太网）或 ADSL 拨号等方式连接到 Internet；
而在公交车上，安装在公交车上的无线 AP 一般通过 3G、4G、5G 或 4G 移动方式、5G 移动
方式接入 Internet。

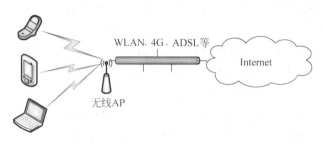

图 7-2   公共场所免费 WLAN 的网络连接方式示意图

随着移动互联网的迅猛发展，无线接入网络承载的业务已经由原来的单一语音，转变到
现在的综合语音、数据和图像的多媒体应用，无论是移动性、带宽、实时性、覆盖范围，还是可
管理性和可融合性，原有接入网络已经无法满足其需求。目前，4G 网络的全面推广解决了
移动互联网中存在的一些问题，但信号覆盖范围、数据业务与语音业务的融合等关键问题还
没有很好地解决，等到 5G 网络全面推广后，这些问题是不是会全部解决，仍然还是一个未
知数。需要注意的是，任何一项新应用的出现，同时也会伴随着新安全问题的产生。

7.1.4 应用服务

网络的核心是应用，网络中的其他技术都是为应用而服务的。与传统的互联网应用相
比，移动互联网的应用必须支持可移动性和内容的可定制性，尤其提供的内容要视不同的社
会群体需要能够自由选择和定制。目前，主要的应用服务包括移动搜索、移动社交网络、移
动电子商务、基于智能手机的定位服务等。

1. 移动搜索

百度、Google 等传统的互联网搜索服务为传统互联网应用带来了极大的便利，为人们
获取知识、寻求帮助、促进交流提供了途径，加速了互联网应用的发展。移动搜索以移动互
联网应用为特点，提出了比传统搜索服务更多的需求。

移动搜索是指基于移动网络的搜索技术，具体是指用户通过智能手机、PDA、平板电脑
等移动终端设备，利用浏览器、短信、交互式语音应答（Interactive Voice Response，IVR）等
多种搜索方式，获取所需的信息和服务。

虽然移动搜索是对传统互联网搜索服务的扩展，但移动搜索在用户操作的便捷性、搜索
结果的显示方式和个性化服务等方面都表现出了不同以往的要求。例如，由于手机等移动
终端在屏幕显示、输入方式、网络带宽、电能等方面都受到了限制，因此移动搜索的显示结果
在能够正确表述内容的前提下应尽可能简约，力求一目了然。也可以采用分级显示的方式，
根据用户选择，从简到繁逐级显示。

2. 移动社交网络

社交网络服务（Social Networking Services，SNS）是指为一群拥有相同兴趣或存在社会

关系的人创建的在线社区。这类服务往往是基于互联网，为用户提供各种联系、交流的交互通路，如电子邮件、即时通信服务（如 QQ、微信）等。

SNS 源自网络社交，从网络出现开始，人们便通过电子邮件实现点对点的信息发送，随后出现的 BBS（公告板系统）实现了一对多点的信息发布，BBS 把网络社交向前推进了一步。即时通信（IM）和博客（Blog）更像是前面两个社交工具的升级版本，IM 提高了即时效果（传输速度）和同时交流能力（并行处理），而 Blog 则开始体现社会学和心理学的理论：信息发布节点开始体现越来越强的个体意识，因为在时间维度上的分散信息开始可以被聚合，进而成为信息发布节点的"形象"和"性格"。

随后的发展更是目不暇接，网络社交衍生出了社交网络，从 Facebook、Twitter、YouTube，到人人、微博、优酷，从以前的短信拜年，到现在越来越多的微信祝福。由此可以这样来描述移动社交网络：它并不是新生事物，更像是社交网络服务与移动终端特性的自然结合。简单地说，就是用户将进行网络社交活动的媒介，更多地从传统的 Web 网页转移到了移动 App（application 的缩写）上。而这个看似简单的转移，却包含了不小的意义，即从社交网络服务形成初期，人们逐渐将线下生活的更完整的信息流转移到线上进行低成本管理，从而发展为大规模的虚拟社交，到现在通过移动终端更紧密地结合了现实生活的各种元素，形成虚拟社会与真实社会的更深层的交织。

3. 自媒体

在由谢因波曼与克里斯威理斯两位学者联合提出的"We Media"（自媒体）研究报告中，对自媒体进行了较为严谨的定义："自媒体是普通大众经由数字科技强化与全球知识体系相连之后，一种开始理解普通大众如何提供与分享他们自身的事实、新闻的途径。"根据这一定义，可以将自媒体理解为：普通大众用以发布自己亲眼所见、亲耳所闻事件的载体，这些载体包括博客、微博、微信、论坛/BBS 和个人门户等网络社区。自媒体是一种"公民媒体"或"个人媒体"，它的特点是私人化、平民化、泛在化和自主化。

在自媒体时代，原有的"主流媒体"不再是社会声音的唯一来源，也不再是"统一的声音"，普通大众都可能成为信息的生产者、传播者和分享者。传统的新闻媒体在传播者与受众之间存在一条很明晰的界线，是一种"自上而下"的"点到面"的传播方式；而自媒体打破了这一格局，通过"点到点"或"点到多点"的传播方式，每个人既是媒体的传播者也是新闻提供者。各种形式的自媒体使得原来处于新闻制造边缘的受众成为新闻信息传播的中坚力量，传统媒体受到自媒体的挑战。目前，自媒体平台主要有美国的 Facebook 和 Twitter，中国的 QQ 空间、新浪微博、腾讯微博、微信朋友圈、微信公众平台、抖音、人人网、百度贴吧、小红书等，且在不断发展变化中。

7.1.5　安全与隐私保护

安全是一个永恒的命题。移动互联网不仅要解决传统互联网中存在的安全问题，而且要不断面对新环境中出现的新的安全问题。对于任何一种网络类型或应用来说，如果安全问题解决不好，必然会影响甚至是阻碍其应用的发展。

在图 7-1 所示的移动互联网体系结构中，每一个层面都会涉及安全问题，而且任何一个安全问题的出现，都会影响到整个移动互联网的应用。下面通过移动终端的安全和定位信息安全两个实例,分析移动互联网存在的安全问题和隐私保护问题。

1. 移动终端的安全

与传统互联网中的服务器和个人计算机相比,移动互联网中的移动终端在安全技术的实施上存在以下困难或不足。

(1) 移动终端的内存、CPU 处理能力和通信能力有限,所以一些在传统互联网中很成熟的安全方案在移动互联网中很难部署。例如,针对个人计算机的防病毒系统要求提供较大的存储空间来存放病毒库,但对手机等终端来说实现起来较为困难。

(2) 由于移动互联网的应用特点,许多恶意代码的传播更快,影响面更广,造成的威胁更大。

(3) 手机需要长时间处于开机状态,这为黑客的攻击提供了更大的可能性和更高的成功率。

(4) 手机等移动终端设备上一般都会保存联系人信息、照片等与设备拥有者相关的敏感信息,这些信息对黑客来说具有更大的吸引力,为此用户信息被窃取、监视和攻击的可能性更大。

另外,目前国内大量终端都采用 Android 这一开源操作系统,其开放性在为 App 开发提供便利的同时,同样也降低了攻击软件编写和成功入侵的门槛。

2. 定位信息安全

定位是移动互联网中一项非常重要的应用。由于定位过程和结果都依赖于手机拥有者的个人信息,因此由定位而引起的隐私保护在移动互联网中将显得非常重要。定位涉及用户曾经去过哪里,正在做什么、将要去哪里,还有与谁在什么时间去过哪里,正在与谁在一起等。这些问题都属于个人隐私保护的范畴,一旦被窃取和利用,将会对终端拥有者及相关人员造成很大的危害。为此,随着移动互联网应用范围的快速扩展,与位置相关的用户隐私保护引起社会普遍关注。

7.2　智能移动终端系统的攻防

智能移动终端是移动互联网中重要的组成部分。结合当前实际应用,本节主要以 Android 手机应用为基础,对 Android 操作系统及 App 的主要安全问题进行介绍。

7.2.1　登录安全

当用户通过手机等终端进行网络支付等操作时首先要进行登录。在登录过程中,系统要求用户输入账号名称、密码和用户的身份证号码等信息,之后再由客户端软件与服务器端进行通信,完成用户的上网行为。在这一过程中,一旦用户的登录过程被攻击者监视或劫持,通信数据就会被截获或破解,将会产生严重的安全问题。根据对各类安全事件的综合分析,目前较为严重的安全隐患主要有由加密机制引起的安全问题和由服务器证书验证产生的安全问题两个方面。

1. 加密机制的安全问题

加密机制安全问题是指因加密算法、方法不完整或过于简单，致使用户登录过程被攻击者劫持和破解。数据加密是信息安全中采用最为广泛的一种方法，也是其他安全技术的基础和保障。目前，银行客户端等安全应用的登录加密机制一般采用 HTTPS 和"HTTP＋数据加密"两种方式。其中，大部分安全客户端采用目前互联网通用的 HTTPS 加密机制，但也有部分安全客户端采用"HTTP＋数据加密"机制。

(1) HTTPS 方式。HTTPS(HyperText Transfer Protocol over Secure Socket Layer，基于安全套接字层的超文本传输协议)是以安全为目标的 HTTP 通道，是基于 HTTP 的安全版本。HTTPS 在 HTTP 中加入 SSL 层，由 SSL 协议负责其安全性，用于安全的 HTTP 数据传输。HTTP 报文中信息是以明文方式传输的，而 HTTPS 则是通过具有安全加密机制的 SSL 加密方式进行传输。另外，HTTP 的连接方式很简单，是一种无状态的连接方式，而 HTTPS 是由 SSL＋HTTP 构建的可进行加密传输、身份认证的网络协议，其连接的建立需要一套完善的交互机制的保障。

(2) "HTTP＋数据加密"方式。"HTTP＋数据加密"方式是指使用 HTTP 方式进行传输，同时采用加密机制对传输的数据进行加密处理。在该安全机制中，如果数据加密机制不完整或过于简单，就会存在安全风险。这里以一个实例说明该安全机制存在的问题。当采用"HTTP＋数据加密"方式时，加密后的数据(密文)对 HTTP 来说是以"明文"来对待的，可以通过抓包软件得到如图 7-3 所示的信息(注意：对于略懂计算机网络知识的人来说，这是一件非常简单的事情)。这时，不管其中的内容是不是进行了加密，只需要原样进行复制后进行提交，就可以登录服务器，实现攻击目的。这种攻击方式被称为"重放攻击"。

packet={
"token":"352136063327718",
"password":"286E1679CC38EC6488D89E8EFC4D1A3C6C294601579A1A
"phone":"cd23a729a44a7ba5d2d34b44511ce442",
"sys_type":"1"}

图 7-3 抓包显示的 HTTP 中传输的信息

"重放攻击"(replay attacks)也称为新鲜性攻击(freshness attacks)，即攻击者通过重放消息或消息片段达到对目标主机进行欺骗的攻击行为，主要用于破坏认证的正确性。重放攻击是攻击行为中危害较为严重的一种。例如，客户 C 通过签名授权银行 B 转账给客户 A，如果攻击者 P 窃听到该消息，并在稍后重放该消息，银行将认为客户 C 需要进行两次转账，从而使客户账户 C 遭受损失。

2. 服务器证书验证安全问题

服务器证书验证存在的安全问题是，当客户端登录服务器时，在通信过程中不对服务器端身份的合法性进行验证，从而导致登录过程容易被"中间人攻击"劫持。

如图 7-4 所示，中间人攻击(Man-in-the-Middle Attack，MITMA)是一种"间接"的入侵攻击方式，通过各种技术手段将受入侵者控制的一台计算机(或手机)虚拟放置在网络连接中的两台通信计算机之间，这台计算机就称为"中间人"(MITM)。然后入侵者把这台计算机模拟成一台或两台原始计算机，使"中间人"能够与原始计算机建立活动连接并允许其读取或修改传递的信息，然而两个原始计算机用户却认为他们是在两者之间进行直接通信。

利用中间人攻击方式,攻击者可以冒充服务器与客户端进行通信,之后再冒充客户端与服务器进行通信,在充当中间人的过程中窃取用户信息(如账号、密码等)。在图 7-4 所示的中间人攻击中,由于客户端没有对服务器的证书进行验证(没有验证与其通信的服务器的身份),即客户端默认信任所有的服务器。利用这种信任,中间人中转了 HTTPS 中的 SSL 通信过程。这样一来,与客户端通信的并不是服务器而是中间人。中间人在知道了用于通信的密码后,就可以对 HTTPS 的通信数据进行窃听。其窃听过程为:中间人将自己的证书提供给客户端,而客户端在不进行验证的情况下,信任并使用此证书对要传输的数据进行加密,之后再传给中间人。

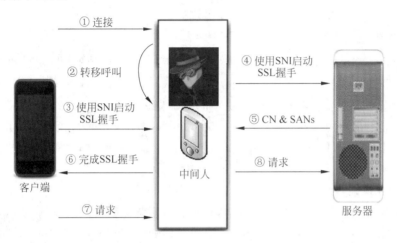

图 7-4 中间人攻击实现过程示意图

在以上攻击过程中,好像所有通信过程中的信息都是经过 HTTPS 加密的,但由于该密钥本来就是中间人与客户端之间"协商"而来的,因此中间人收到加密数据包后,就可以很方便地进行解密处理得到明文信息。对于用户来说,由于是与虚假的服务器进行通信,因此所有通信内容事实上全部可以被中间人获得。所以,像网上银行这些机构,如果不能严格地确定参与通信者的身份,那么任何加密手段的使用都没有意义。攻击者在窃取了通信数据后,便可以冒充合法用户进行登录,也可以制作钓鱼网站从事非法行为。中间人既欺骗了客户端,也欺骗了服务器。

针对服务器登录过程存在的安全威胁,最有效的解决办法是采用相对完善的 HTTPS 安全机制。

7.2.2 软键盘输入安全

软键盘是通过软件模拟传统计算机键盘的功能,通过鼠标单击或手指按压输入字符的一种软件。软键盘可以防止木马记录键盘输入的用户账户与密码等敏感信息,原来多用于银行网站上要求用户输入账号和密码的地方,现在几乎所有的移动终端设备都提供了软键盘功能。其实,Windows 操作系统早已提供了软键盘程序"Osk.exe"(见图 7-5),具体位于 C:\Windows\system32 目录下。

图 7-5　Windows 操作系统自带的软键盘

1. 软键盘输入方式

借鉴台式计算机上通过强制用户安装安全插件后才能显示输入框这一安全保护措施，手机等智能移动终端设备在客户端软件的信息输入框处定制了一套自己的输入方式，即通过软键盘输入来防止恶意输入法等应用软件窃取用户信息。

移动终端上采取的软键盘一般分为 3 种类型：系统默认输入法、自绘固定软键盘和自绘随机软键盘。其中，使用系统默认输入法时安全性最差，而自绘随机软键盘的安全性能最好。

1）系统默认输入法

系统默认输入法是指用户设置的默认输入法。系统默认输入法并不一定是系统自带的输入法，也可能是第三方的输入法。对于 Android 操作系统来说，用户一般使用"文本编辑框"（Edit Text）输入内容，而这一过程调用的便是系统默认输入法。因为默认输入法是一个独立的软件，它的实现是独立于操作系统和客户端软件的，所以当用户使用默认输入法输入信息时，输入的内容其实是由输入法进程交给客户端程序的。因此，一旦默认输入法程序感染了恶意代码，或该输入法被具有记录键盘输入功能的恶意代码控制，则会导致所有输入的信息被窃取。

2）自绘固定软键盘

出于安全考虑，像网上银行等对输入安全要求高的移动终端客户端会在密码输入框处使用自己绘制的密码输入键盘，以避免可能出现的被第三方输入法程序窃取这一风险。不过，当自绘软键盘采用固定分布方式时，由于每次打开输入法时出现的软键盘上字母、数字和特殊符号的分布位置是固定的，恶意程序可以通过记录用户在屏幕上的单击位置信息，再配合自绘固定软键盘的功能设置来猜测用户输入的信息。

3）自绘随机软键盘

自绘随机软键盘是安全性最高的一种软键盘输入方式。由于每次打开软键盘时，字母、数字和特殊符号在键盘上的分布位置是随机性的，因此可以大大提高攻击者的门槛。因为，恶意程序即使记下了用户在屏幕上的单击位置信息，但能够正确猜测具体输入内容的可能性是很小的。

2. 软键盘输入的安全

对于网上银行等安全要求高的客户端，在使用输入法时建议采用自绘随机软键盘方式。在移动终端客户端输入过程中，很多人习惯于使用分布格局与传统键盘相同的软键盘输入方式(绝大多数自绘固定软键盘都是这样),对于字符分布没有规律的自绘随机软键盘方式不太喜欢,甚至认为很麻烦,产生应用上的抵触情绪。对于有这种认识的用户来说,必须强调这样一个事实:安全与便利之间是成反比的。

需要说明的是,在信息领域没有绝对的安全,输入法也是这样。虽然自绘随机软键盘大大提高了输入法的安全性和被攻击的难度,但如果攻击者针对某个(如某一网上银行)客户端软件事先植入了恶意代码,攻击者同样也能够窃取到用户输入的信息。对于这种极端攻击现象,一般是很难预防的。

7.2.3 盗版程序带来的安全问题

视频讲解

大量的免费下载网站为用户下载各类应用软件提供了便利。但是,部分网站对上传的应用软件审核不严,使许多带有恶意代码的软件被上传并通过网站传播,为用户安全带来了极大威胁。

1. 逆向工程

逆向工程也称为"反向工程",在信息技术领域是指对一个信息系统或软件进行逆向分析及研究,从而得到系统或软件的架构和开发源代码等要素,进而对其进一步分析或优化处理。

攻击者也可以利用逆向工程原理和思路,采用逆向分析工具对一些自认为有利用价值的软件进行反编译,并在反编译后的程序中加入恶意代码,经再次编译(二次打包)后上传到一些审核不严的免费网站(如手机应用商店、手机软件商店等),供用户下载,以达到入侵和窃取用户信息的目的。

对于大量使用的基于 Android 开源系统的应用软件,目前出现了许多汇编和反汇编工具,如 Smali 和 Baksmali。首先使用 Baksmali 工具对有利用价值的客户端软件和木马程序进行反汇编,然后对反汇编结果进行整合(整合过程中还会尽可能地隐藏木马程序的代码),之后再利用 Smali 工具进行汇编编译,生成最后的二次打包可执行文件(DEX 文件)。

2. 二次打包

利用 Android 操作系统的漏洞,通过在反汇编后的程序中隐藏木马代码,以达到篡改原始客户端软件的执行流程、截获用户的账号信息和隐私信息等目的。经过二次打包后的应用软件,其界面和操作与原软件几乎没有区别,对于隐藏的威胁普通用户几乎无法感知。

经国内一些专业安全公司分析,目前几乎所有的银行客户端软件均未能完全有效防范逆向分析和二次打包,不具有防止逆向分析和二次打包的可靠能力,大量与用户贴身利益相关的移动客户端软件都存在盗版现象,而且某些软件还存在多个甚至是几十个不同的盗版版本。用业内很有概括性的一句话描述:正版下载量越大,盗版版本数也就越多。

例如,已发现的针对 Android 操作系统的"XX 神器",就是攻击者将病毒二次打包后再上传到一些热门手机应用商店中供用户下载,利用手机论坛、非安全电子市场进行传播。该病毒可以读取用户手机联系人,并调用发短信权限,将"(手机联系人姓名)看这个+ ****/XXshenqi.apk"发送到手机通讯录的联系人手机中。当该手机通讯录中的用户接收该短信,不小心点击了链接并选择了"安装"后,在用户完全不知情的情况下,该病毒开始再向用户手机通讯录中的联系人群发同样的短信,从而导致被该病毒感染的手机用户数呈几何级增长,而且该病毒可能导致手机用户的手机联系人、身份证、姓名等隐私信息泄露,在手机用户中形成严重恐慌。

3. 防范方法

防范二次打包的有效方法主要有对 App 进行签名验证和对 App 进行加固处理等方式。

1）签名验证

在应用程序发布时,每一款应用程序都会有一个专门针对该款软件的数字签名,用此验证软件的具体身份信息,不同厂商的软件其数字签名不同。由于数字签名是无法伪造的,因此利用该特征就可以知道一款应用程序是否为正版软件。对于加入了数字签名验证代码的软件,如果盗版者对其进行二次打包时没有去掉验证代码,则打包生成的盗版 App 在运行过程中就会自动报警,被安全软件识别。但是,"道高一尺,魔高一丈"的道理在软件盗版领域显得尤为突出,如果盗版者具有较强的逆向分析水平,能够找到原 App 的数字签名代码并移除或屏蔽,就可以避免报警。为此,要较好地解决此问题,单纯从软件技术上是无法实现的,目前最有效的办法仍然是采用验证技术,将安全性寄托在数字签名的证书管理上,通常可通过信誉度高的可信第三方(如知名 App 安全软件商)负责对 App 进行数字签名验证。

2）加固处理

应用加固是近年来兴起的一种反盗版、防篡改技术,其基本方法是先将正版应用程序进行反汇编,之后对程序的汇编代码进行加密和混淆处理,然后再进行重新编译打包生成应用程序,同时由正版作者对经过加固处理的应用程序进行重新签名。经过加固处理的应用程序,虽然理论上仍然可以进行反汇编,但由于程序事先经过了加密处理,因此反汇编之后的代码的可读性将大大降低;相应地,盗版者对程序进行逆向分析的难度也大大增加,使得盗版者通常难以在原有代码中植入恶意代码,从而可以有效地阻止应用程序被二次打包和篡改。例如,国内安全厂商 360 从 2014 年 4 月开始推出的"360 加固保"(如图 7-6 所示,https://jiagu.360.cn/#/global/index)可以为手机 App 开发者提供免费的加固服务,以防止产品被破解和篡改。

图 7-6 "360 加固保"页面

需要说明的是,自身带有数字签名验证能力的客户端软件通常不适合进行加固处理。这是因为加固处理本身就是一种对源码的重新组合,如果在加固之前没有移除源程序中的数字签名验证代码,那么数字签名验证代码就会将经过加固处理的应用程序视为盗版应用程序,并因此引起程序内部冲突。为此,在对移动终端上的 App 进行加固处理之前,必须提前移除或屏蔽掉数字签名代码。

7.2.4 认证安全

认证即验证用户身份信息的合法性。例如,当用户登录自己的邮件系统或 QQ 账号时都要输入验证密码,这是对账户的真实性进行验证。许多安全场所都要求用户出示自己的身份证,对用户身份的真实性进行验证。为此,认证系统或认证方式决定着认证的安全性和认证效率。

1. 双因子认证

认证过程是用户(要求验证者)向认证服务器(验证者)输入自己的身份信息并验证其真实性的过程,是确保访问者合法性的重要环节。用户与认证服务器之间的认证可以基于如下一个或几个因素。

(1) 用户所知道的东西,如口令、密码等。

(2) 用户拥有的东西,如印章、智能卡(如信用卡)等。

(3) 用户所具有的生物特征,如指纹、声音、视网膜、签字、笔迹等。

如果认证过程中使用了以上其中一种因素(因子),称为单因子认证;如果同时采用了两种或两种以上的因素,则称为双因子认证或多因子认证。在一次认证过程中,认证的安全性通常与参与认证的因素之间成正比关系。

基于传统单因子认证存在的安全风险,目前很多网络账号管理系统通常采用双因子认证甚至是多因子认证方式。在网络账户管理系统中,通常双因子认证中的一个认证信息是由用户自己掌握的,一般为账号对应的密码。而另一个认证信息是由双因子认证系统(认证服务器)提供的,如验证邮件、手机验证码、动态电子令牌或 U 盾等。为此,双因子认证的安全性也取决于两个认证信息之间的相互独立性。越是相互之间独立的信息,越不容易被攻击者在限制的时间内同时截获。这里的独立性包括认证信息内容的相互独立,也包括认证信息传输途径或传输介质之间的相互独立。例如,当用户在计算机上进行网上银行支付时,虽然用户账户密码由用户直接输入,但验证信息却发送到该账户注册者的手机上,这就增加了攻击者获取验证码的难度。

但是,手机等移动互联网终端受自身众多因素的限制,如果要实现与传统个人计算机上相似的双因子认证还存在一定的困难。例如,当用户利用手机进行网上银行在线支付时,一方面是通过手机来登录网上银行系统,并发送支付请求;另一方面又是通过手机来接收银行发回的短信验证码和确认信息。这在很大程度上限制了短信验证信息的独立性。将这种虽然使用了双因子认证方式,但却无法较好隔离不同认证信息的认证称为"伪双因子认证"。

目前,大部分银行客户端软件采用的是"账号密码+短信验证码"的伪双因子认证体系。这种认证体系在面对具有短信劫持功能的手机木马攻击时显得极为脆弱。

2. 验证短信的安全分析

对于使用伪双因子认证的移动互联网客户端软件来说,能否保证验证信息不被劫持和窃听是手机等移动终端认证安全性的决定因素。目前,包括网上银行在内的许多重要移动终端客户端软件还没有提供针对短信劫持的防范功能。如果终端被植入了短信劫持木马,那么银行等短信网关发送给用户的短信验证码、交易通知等各种重要信息就有可能被木马截获并自动转发给攻击者。

以银行网上支付系统为例,银行系统向用户手机发送验证短信以验证登录者身份的合法性,这是基于"验证码只有手机拥有者本人可见"的条件,如果手机被植入了木马,那么这一假设就不再成立。然而,在多数情况下,短信劫持木马为了避免被发现,往往会在本地手机上采取短信拦截手段,即在转发银行短信给窃听者的同时,不会在手机上显示银行发来的短信。这样,攻击者就可以在用户毫无察觉的情况下,利用窃取的用户账户信息盗刷用户的手机银行账户。

目前,主流的短信劫持木马通常会劫持并自动转发手机验证码短信、密码找回验证短信、消费通知短信等多种短信信息,而且这些木马在转发信息的同时,还会在本地手机上销毁短信原文,以避免自身被暴露或被发现。

3. 防范方法

目前,为了解决像网上银行等重要应用的伪双因子认证中存在的安全问题,主要采取以下 3 种防范方法。

1) 新技术的应用

通过对新技术的应用,将伪双因子认证改造成真正意义上的双因子认证。目前,市场上已经出现了一些专门针对手机银行等重要应用的双因子认证解决方案,如音频盾、蓝牙盾、电子密码器等。以工商银行提供的音频盾为例,它可以通过与手机上的音频口(耳机接口)相连(见图 7-7),用于手机银行的数字签名和数字认证,对交易过程中的保密性、真实性、完整性和不可否认性提供安全保障。蓝牙盾的工作原理类似于音频盾,只不过是通过手机上的蓝牙接口进行连接。而电子密码器则与传统的动态电子令牌相似,它与手机银行客户端配合使用。

图 7-7　音频盾的外形

不过,联想到近年来移动互联网的快速发展过程,应用的便捷性和易用性是决定用户接受程度的关键因素,如果单纯为了安全,在手机上额外增加这些大小和能耗接近于手机本身的部件,很不适合在移动环境中的应用。所以,对于新技术的研究还有很大的发展空间。

2) 权限管理

如果能够采取技术措施,使客户端软件能够早于木马程序获得短信信息并将短信内容直接通知和展示给用户,就可以避免木马劫持信息事件的发生。目前,最常采用的是类似于 Windows 操作系统"兼容模式"的 App Hook 技术。通过 App Hook 技术,可以提升客户端接收短信软件(短信接收 App)的权限,以保证短信在以广播形式分发给木马程序之前被拦截,终止短信的分发。不过,从目前的应用来看,这种方式也存在以下一些局限性。

（1）该方案要求手机客户端程序必须获得手机的 root 权限,这已大大超出了一般手机软件的能力。

（2）使用该技术方案后,有可能导致手机客户端与其他应用之间产生权限冲突。

（3）木马程序也可以采用同样的手段来争夺手机短信的优先阅读权限。

针对以上问题,从 Android 4.4 版本开始就将短信接收（SMS_received）广播方式改为无序广播,同时对应用程序删除短信的权限进行了更严格的限制。这种安全机制的改进大大降低了木马程序优先获取信息阅读权限的能力,同时使木马程序失去了销毁短信的能力。但是,即使木马程序无法优先读取和销毁短信,但木马程序仍然有能力监听短信内容,所以针对 Android 等任何一款操作系统,其安全仍然是一个长期研究和逐步解决的问题。

3）短信加密认证

在无法确保验证短信不会被恶意程序窃取的情况下,对短信内容进行加密这一看似传统的方法,却成为一种有效的解决方案。短信加密认证,就是由认证服务器厂商对发送到用户手机的短信进行加密,用户手机在接收到短信后,再通过手机客户端中的安全模块对接收到的加密短信进行解密操作,最后得到短信明文的过程。在这种安全机制中,由于手机收到的验证短信为密文,即使被木马程序截取也无法直接获取有效信息。更客观地讲,即便是恶意程序对加密验证码进行了暴力破解,此过程所需要的时间通常也远远超过了该验证短信的实际有效期,这样可以从根本上解决 Android 系统短信验证码被泄露的问题。

7.2.5 安全事件分析

本节前面的内容主要以 Android 操作系统为例,介绍了移动终端系统本身的安全问题。这并不意味着只有 Android 系统才存在安全问题,使用其他类型操作系统的移动设备就不存在此类问题。其实不然,从目前的统计数据来看,几乎所有的智能移动终端操作系统都存在不同程度的安全问题和风险。

1. 苹果 iPhone 擅自采集个人隐私事件

中央电视台在 2014 年 7 月 11 日的《新闻直播间》节目中曝光了苹果 iPhone 未经用户许可擅自采集个人隐私的事件。央视调查揭秘指出,在苹果 iOS7.0 版本中,用户只要在苹果手机上使用软件、连接 WiFi,用户使用软件的时间、地点等日常行迹信息就会被完全记录下来。对于此质疑,苹果公司也首次公开承认了收集用户信息的事实,这一行为引发了国内用户的强烈不满,也为广大消费者敲响了警钟。根据央视对苹果安全事件的调查显示,苹果手机在我国拥有上亿台,而大部分 iPhone 用户对其擅自采集个人信息一事并不知情。

2. 手机预装恶意软件

在 2014 年央视"3·15"晚会上,手机预装恶意程序被曝光。央视的调查显示,名为鼎开联合的公司可以经过手机植入平台,为合作商户的手机量身定做软件包,可以做到让用户想删都无法删掉。有些预装软件还能够监测用户的使用情况,仅仅这一项预装业务每年为公司能带来不菲的收入。另一家大唐高鸿技术有限公司,是大唐旗下的公司,大唐神器号称全自动智能安装软件,这款产品就是与手机商合作的。在事件曝光时,他们有 1404 家加盟代理商,安装软件超过 4600 万个。图 7-8 所示的便是在手机上预装的一些软件,其中一些便是恶意软件。

图 7-8　手机上预装的一些软件

现实世界中还有一种更为"暗黑"的应用推广方式"静默渠道",这种应用推广渠道已有非法之嫌。具体方式为与手机厂家深度合作,将留有"后门"的软件内置在出厂手机中,通过"后门"远程控制这些应用,在后台偷偷下载安装其他程序。不需要用户确认就能直接安装,而且安全软件也无法查出来。

3. Android"诈尸"漏洞

2014 年 3 月 26 日,安卓手机系统被曝存在一个新的高危安全漏洞"Android 诈尸漏洞",利用该漏洞黑客可通过简单的攻击代码使被入侵手机崩溃后不断进行重新启动操作,只有通过恢复出厂设置才能修复,但手机中所有数据将因此彻底丢失。

当安卓应用(App)的名称长度大于 387 000 个字符时,一旦运行就会造成手机关键系统进程崩溃,导致关机无法正常使用,如果该应用为开机自启动,这将导致手机开机后再次崩溃,最终导致手机进入循环死机的状态。安卓系统 2.3、4.2.2 和 4.3 等主流版本都发现存在该漏洞。

7.3　移动应用的攻防

本节以手机应用为主,介绍移动应用面临的主要安全问题和安全威胁,以及对应的安全措施和安全防御方法。

7.3.1　恶意程序

与个人计算机中对恶意程序的定义类似,移动终端中的恶意程序也通常是指带有攻击意图的一段程序,主要包括陷门、逻辑炸弹、特洛伊木马、蠕虫、病毒等。随着移动互联网的发展,针对新出现的恶意攻击现象,对手机等移动终端上的恶意程序类型进行了细分。

1. 恶意程序影响

根据"中国反网络病毒联盟"分类标准,可将移动终端恶意程序分为资源消耗、隐私窃取、恶意扣费、诈骗欺诈、流氓行为、系统破坏、远程控制和恶意传播几种类型。其中,感染量最大的为资源消耗类恶意程序,其主要恶意行为是通过自动联网、上传和下载数据、安装其他应用,消耗用户手机流量和资费。

2. 恶意程序事件分析

1)"窃听大盗"木马

"窃听大盗"木马通过论坛链接、扫描二维码等方式骗取用户安装。安装之后手机会自动重启,重启后手机桌面并没有任何新增图标。"窃听大盗"木马会偷录用户的通话语音,调用摄像头偷拍手机周围环境,窃取通讯录、通话记录、短信文本等全部隐私信息,并能定位用户的地理位置,随后将这些信息发送到木马作者的邮箱。同时,由于安装前激活了设备管理器,导致用户根本无法正常卸载该木马。"窃听大盗"木马二代则伪装成多达几百款软件欺骗手机用户下载,拨号器、WiFi 万能钥匙、百度、91 助手、淘宝等几百款软件均被其"冒名顶替"。这些恶意程序通过开机自启动、定时器触发、短信触发 3 种方式执行窃听行为。更为隐蔽的是,一旦被触发,恶意程序会进入系统预装列表,手机用户无法正常卸载。

2)Android"长老"木马

2014 年 3 月 6 日,有一种潜伏在手机预装 ROM 中长达三年的"长老"手机木马首次被发现,从 2011 年以来已衍生出十几个变种,最新变种不但会窃取用户手机号、IMEI(International Mobile Equipment Identity,移动设备国际辨识码,是由 15 位数字组成的"电子串号",它与每台手机一一对应,而且该码是全世界唯一的)及地理位置等隐私信息,同时还强制手机小组件来推广广告、篡改手机浏览器主页、偷偷安装其他未知手机应用。该"长老"木马甚至还可根据窃取的手机号码单独控制某一款手机,替换 Android 系统正常进程 Debuggerd 来实现自启动,用户不会在启动程序中看到它,行为非常隐蔽。木马运行后会立即释放多个 apk/jar/elf 等木马"小弟"恶意程序来实施破坏。"长老"木马有着极强的远程控制手段,不但支持网络和短信两种远控模式,并且带有十几个可配置参数,甚至可对某台手机单独控制,将手机彻底沦为"肉鸡"。为了更好地控制这些配置参数,木马还会启动一项服务专门用来监控系统时间,如果重启手机后 WiFi 开启,将立即更新配置文件,如果没有 WiFi 或者超过一天没有重启,会在 22:00—00:00 的整点,尝试通过上网流量的方式进行更新。更新的同时,还会将隐私信息上传至指定的服务器。

3)"夺命锁"木马

2014 年 6 月出现的"夺命锁"木马可以伪装成"天天酷跑专用修改(超哥破解)""妖艳制作"等 600 余款手机应用,诱骗安卓手机用户进行下载。当手机用户不小心下载安装后,手机会被强制锁死,24 小时无法正常使用,采用重启手机的方式仍然无法解决。

3. 安全防范方法

对于以上恶意程序存在的风险,建议从以下几个方面加强安全管理。

(1) 不随意点击不明链接。由于绝大多数木马程序是通过 QQ 或微信等方式来发送链接,在收到不明链接或网上购物时,一定要验证发送者信息的真实性。

(2) 平时养成关闭 WiFi 或蓝牙功能的习惯,一方面防止黑客在公共场所通过 WiFi 或蓝牙对手机进行攻击并窃取信息,另一方面可有效节约电能,并可以预防通过 WiFi 实施定位。

(3) 及时备份手机等移动终端中的数据,尤其是一些敏感数据,以防止手机因攻击导致无法正常工作,需要初始化时不至于丢失数据。

(4) 从运营商、专业供应商或信誉度高的手机软件商店处更新软件固件,避免到一些不明身份的第三方站点下载和安装固件。

（5）为手机设置流量提醒功能，在手机不幸感染病毒或恶意软件，避免后台偷偷联网造成资费消耗。

（6）不要随意用手机扫二维码，二维码已经成为恶意程序新的传播途径。

（7）从有安全信誉的来源下载应用程序。

7.3.2 骚扰和诈骗电话

到目前为止，中国已经实现了平均每人拥有一部手机。相应地，借助手机进行欺诈或扣费的多种骚扰和诈骗电话开始泛滥，轻则为人们的生活造成影响，重则导致用户经济损失或名誉受损。

1. 骚扰电话

骚扰电话以短时间振铃为特征，用户通常情况下无法正常接听，其呼叫违背手机用户的意志并且对用户的通信自由、生活安宁造成侵害或者蒙蔽用户的呼叫。绝大多数响一声电话都是声讯台等吸费电话，有些声讯台还设在国外，一旦拨打回去，手机资费就会快速地被消耗殆尽；而广告推销类骚扰电话则是人们感受最深的骚扰电话，类似推销保险、推销贷款、推销商铺等业务之类的电话频频骚扰用户的日常生活。骚扰电话一般具有以下特征。

（1）大批量呼叫。大批量呼叫是指针对批量手机目标号码发起呼叫或对单一目标号码的反复呼叫。针对单一用户的大批量呼叫违背了手机用户的主观意愿并且对用户造成了骚扰。

（2）反向验证不正常。通过对主叫号码进行反向呼叫测试，如果播放欺骗信息或诱骗用户拨打声讯台等，都将视为骚扰电话号码。

（3）违背用户主观意愿。这是骚扰电话的主要特点之一。骚扰电话号码对被叫用户而言都是陌生号码或根本不存在的虚拟号码，通过该号码强制对用户进行呼叫。这些呼叫行为都是违背用户主观意愿的，对被叫用户而言是无效的呼叫。

（4）对用户造成骚扰。这是骚扰电话的另一重要特点。骚扰电话均以短时间接通为特征（如响一声），在用户正常接通前就已经挂断，以期用户进行反向拨打，从而达到其不法目的，这对用户的正常通信造成了骚扰。

2. 诈骗电话

诈骗电话（也称电信诈骗）是指借助手机、固定电话、网络等通信工具和现代网络技术实施的非接触式诈骗活动。开始时诈骗者通常会抓住一些人贪图小利、避险消灾等心理，不断变换手段实施诈骗，使受害人承受财产损失和精神骚扰的双重伤害，给人们造成了巨大的财产损失，社会危害不断加剧。诈骗电话一般具有以下特征。

（1）诈骗手段多样。目前，主要的诈骗手段可分为以下几种类型。

① 假冒国家机关工作人员进行诈骗。

② 冒充电信等有关职能部门的工作人员，以电信欠费、送话费、送奖品为由进行诈骗。

③ 冒充被害人的亲属、朋友，编造生急病、发生车祸等意外急需用钱，或称被害人家人被绑架索要赎金等事由，骗取被害人财物。

④ 冒充银行工作人员，以假称被害人银联卡在某地刷卡消费为名，诱骗被害人转账实施诈骗等。

（2）有组织的集团作案。该类事件组织化程度高,犯罪分子以诈骗为常业,有固定的诈骗窝点,作案时分工明确、组织严密,且大都使用假名,呈现明显的集团化、职业化特点。

（3）迷惑性强。不法分子首先通过有关手段得到用户的电话（固定电话或手机号码）,再利用改号软件使被害人的电话来电显示出拨打过来的电话是110、12315或电信10000等常见的业务电话,或是被害人熟悉的亲友的电话,使被害人相信对方确实是公安、工商、电信公司的工作人员或自己的亲友,从而放松警惕。

（4）实施手段隐蔽。不法分子往往只通过电话或短信的方式与被害人进行联系,从不直接和被害人见面,电信诈骗的组织者几乎从来不抛头露面。

（5）社会危害大。该类事件的诈骗范围广,诈骗数额大,动辄就是几十万甚至上百万元,使受害人蒙受巨大财产损失,严重扰乱社会经济秩序。相对于普通诈骗中"一对一"或者"一对多"的诈骗,电信诈骗表现出来的是面对整个电话用户或者特定群体的诈骗,其诈骗行为的实施并不是特意针对特定对象,而是广泛散布诈骗信息,等待受害者上钩。这种方式带来的后果往往是大批的电话用户上当受骗,涉案数额往往很大,对社会的危害极其严重。

3. 安全防范方法

电信诈骗的实质是利用社会工程学手段,抓住人性的弱点,通过手机、固定电话和计算机网络等方式,对用户实施的一种犯罪行为。可以从以下几个方面防范电信诈骗。

（1）不贪婪。不要轻信中奖的电话和短信,要明白"天下没有免费的午餐"这一基本道理,当接到不明身份的人员发过来的所谓中奖短信时,直接将其删除即可,切莫急于兑奖或按对方的指示支付给对方款项（如预交个人所得税、预交手续费等）。

（2）不轻信。不要相信任何"紧急通知"。当在ATM自动取款机取款过程中出现操作故障时,不要相信贴在ATM机旁纸条上的任何"紧急通知"上的所谓"银行值班电话",而应拨打银行正规的客服专线请求帮助。

（3）多防范。对于来历不明的电话要谨慎小心,防止不法分子借机诈骗,如接到"猜猜我是谁"这种电话时,不要急于说出对方的名字,也不要透露自己更多的信息。如有人以电信工作人员或民警身份打电话调查欠费并索要个人信息时,千万不要急于转账或透露个人信息,要通过正规渠道核实电话是否欠费,核实对方的身份,或者及时拨打"110"进行报警、咨询。

（4）添加黑名单。现在几乎所有的智能手机都提供了黑名单功能,也可以通过下载手机防火墙安全软件来实现黑名单操作。目前,有一些专业的手机安全软件本身就提供了对骚扰电话的自动屏蔽功能。对于已确定的骚扰电话,可以直接添加黑名单,如图7-9所示。

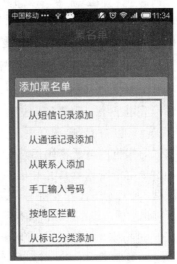

图7-9 手机黑名单操作

7.3.3 垃圾短信

当移动手机几乎成为人手一机的通信工具时,随着手机输入法的不断丰富和便捷,手机短信已成为人与人之间一种极为便捷的交流方法。与此同时,利用手机短信进行诈骗的现象开始泛滥,不仅严重侵犯了人们的财产安全,而且破坏了正常的社会经济秩序。

1. 垃圾短信的概念

垃圾短信是指未经用户同意向用户发送的与用户意愿相违背的短信息,或与国家法律法规相违背的短信息,或用户不能根据自己的意愿拒绝接收的短信息。垃圾短信主要包括广告推销、诈骗信息、违法信息(如代开发票、赌博、博彩、办证、电话卡复制、色情服务、枪支出售等)。相比于在媒体上进行广告投放,群发垃圾短信的推广成本要低得多,而且事后追查相对较难,已严重影响到人们的正常生活及移动运营商的形象,甚至是社会稳定。

诈骗短信是垃圾信息中一种特殊的形式,是指以非法占有为目的,向手机用户发送虚假或隐瞒真相的短信,骗取公私财物的行为。手机短信诈骗是传统诈骗与现代通信技术相结合而产生的一种新型诈骗行为。诈骗短信要求接收到短信的用户进行转账或汇款;或冒充银行工作人员诱导用户点击恶意网站地址链接,使用户访问伪造的银行钓鱼网站;或冒充律师、法官、警察等工作人员,声称可以帮助用户从监狱或看守所等地方"捞人",使用户相信可以提前释放等。

例如,有些不法分子在获得了部分具有特殊背景的人员信息后,就可以发送类似"你的朋友××正在××看守所,我可以找人疏通关系放出,事后结算,联系手机1330401××××"。这类诈骗短信正是利用了人们侥幸心理实施诈骗,他们在骗取钱财后往往会失踪。其实,只要静下心来略作思考就会知道这是不可能的,因为所谓"捞人"本身就是违法的,不仅捞不出人,反而有可能会导致人财两空。

再如,当用户收到类似"恭喜您的手机已被《中国最强音》选为场外幸运号,您已获得苹果手机及5万元现金,请你登录网站http://www.zxx66.com,验证码9800"的冒充热门电视节目中奖类短信时,如果用户从未参加过相关电视节目的抽奖活动,就不要轻信任何此类短信。如果用户确实参加了此类节目,可到官方网站查询或通过官方联系方式确认。

2. 银行"电子密码器升级"诈骗短信

电子密码器是银行面向电子银行客户推出的安全认证工具,为网上银行、电话银行、手机银行等电子银行用户提供更加安全、可靠的身份认证服务。它是继U盾、口令卡之后的安全工具,通常内置电源和密码生成芯片,外带显示屏和数字输入键盘。图7-10所示的是一款工商银行的电子密码器产品。

由于电子密码器具有开机密码保护、无须安装驱动程序、便于携带、为每个交易产生专属的密码、无须连接计算机等设备等特点,除可以用于普通的网上银行、手机银行、电话银行外,还可用于iPhone/Android手机银行、iPad网上银行和Mac计算机网上银行这些无法使用U盾进行安全认证的应用环境,极大地方便了用户,得到了广泛应用。不过,当安全技术在不断发展的同时,不法分子的诈骗手段也在不断翻新,他们可以通过一些技术手段模拟人们熟悉的可信银行官方号码发送钓鱼欺诈短信。例如,十堰市茅箭区陈女士接到一条由号码106071995588发来的短信,内容是"尊敬的用户:你的电子密码器将于次日失效,请尽快登录www.icbco.com进行安全升级,给您带来的不便敬请谅解!"落款是"工商银行"(如图7-11所示的是类似的短信)。之后,陈女士的女儿根据短信中的网址登录后,按照页面提示,先后输入银行卡号、密码、身份证号等信息,按照提示逐项完成操作后,网站显示密码修改升级成功。稍后,陈女士收到工商银行短信提示,称其工行卡上322088元存款全部被转走。

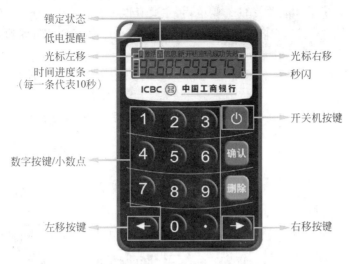

图 7-10　工商银行电子密码器外形示意图

图 7-11　利用电子密码器升级的诈骗短信

3. 安全防范方法

对于垃圾短信和一般诈骗短信,当用户对短信中透露的相关信息有疑问时,一定要通过正规渠道核实账户信息,不要独自做出判断并急于按短信提示进行操作(如银行转账、访问钓鱼网站等),也不要轻易将卡号、存款密码、个人身份等重要信息告知他人。通常情况下,银行、公安、司法部门都不会通过电话询问用户的存款密码,以及要求转账。

对于利用银行"电子密码器升级"这类新型的电信诈骗,由于人们对银行官方号码一般都比较熟悉,很容易轻信由银行号码发来的短信,并按照信息中的提示登录钓鱼网站,结果造成银行卡号和密码泄露,产生的后果非常严重。从对破获的此类案件来看,用户手机能够接收到类似于"95588"等银行发来的诈骗电话,主要有以下两种手段。

（1）不法分子伪装成"95588"等银行官方号码,通过"伪基站"向周边用户手机发送短信。

（2）手机系统存在短信欺诈漏洞,恶意 App 也可以伪造任意号码向手机用户发送诈骗短信。

图 7-12 所示的是由 360 互联网安全中心提供的利用"官方号码"短信钓鱼诈骗的过程示意图。

图 7-12　短信钓鱼诈骗的过程示意图

对于利用银行"电子密码器升级"的诈骗短信,用户应直接与银行工作人员联系,或到银行网点柜台办理,绝对不能通过短信中的网址登录网银。也就是说,提高警惕是防范此类诈骗的有效方法。

7.3.4　二维码安全

扫描二维码已经成为手机一族最流行的查询和互动方式。网上购物、添加好友、物品真伪鉴别,通过手机扫一扫就可以轻松完成。不过,二维码木马钓鱼诈骗等方式已开始出现,并不断更新欺诈手段,骗取用户钱财。

1. 二维码简介

二维码是用特定的几何图形按一定规律在平面(二维方向)上生成的黑白相间的具有唯一性的图形。由于图形的唯一性,因此二维码具有了在互联网上进行信息验证的功能。在移动互联网中,二维码的应用非常广泛,如产品防伪/溯源、广告推送、网站链接、数据下载、商品交易、定位/导航、电子凭证、车辆管理、信息传递、名片交流、WiFi 共享、手机支付等。随着智能手机的普及,手机"扫一扫"功能的应用,使二维码的使用更加普遍。

手机二维码是指以手机等移动终端和移动互联网作为二维码的存储、解读、处理和传播渠道而产生的各种移动应用服务。根据手机承担存储二维码信息或解读二维码信息的功能不同,通常又可将手机二维码服务分为手机被读类应用和手机主读类应用两大类。

1) 手机被读类应用

手机被读类应用通常是以手机存储二维码作为电子交易或支付的凭证。终端用户通过各种在线或非在线方式完成交易后,二维码电子凭证通过移动网络传输并显示在手机屏幕上,可通过专用设备识读并验证交易的真实性。这类应用的特征主要有以下几点。

（1）手机以实现二维码的接收和存储功能为主,不对其承载的业务信息进行解析。

（2）需要专用设备对手机二维码图像进行识读。

（3）识读后的业务处理通常由专用设备执行,而与手机不直接相关。

在这类业务中,二维码在被识读后通常还需要与后台交易系统交互,对其真实性和有效性进行检验。典型应用包括电子票、电子优惠券、电子提货券、电子会员卡和支付凭证等。

2）手机主读类应用

手机主读类应用是将带有摄像头的手机作为识读二维码的工具,手机安装二维码识读客户端软件,客户端通过摄像头识读各种媒体上的二维码图像并进行本地解析,执行业务处理,还可能与应用服务器发生在线交互,进而实现各种复杂的功能。这类应用的特征主要有以下几点。

（1）二维码图像一般印刷在纸媒、户外等平面媒体上。

（2）依赖于手机客户端软件进行识读。

（3）手机客户端软件执行全部或部分业务处理。

典型应用如名片、短信、上网等,根据业务内容的获取方式还可分为“在线模式”与“离线模式”。名片应用是手机客户端将从二维码图像中识读的信息存入手机本地的通讯录;短信应用是客户端从二维码图像中读取内容和特定号码,调用手机短信功能将内容发送给该号码;上网应用是客户端从二维码图像中读取网站地址,并自动发起到该地址的链接,获取信息、广告或其他服务。目前,互联网中的二维码应用主要是手机主读类应用。

2. 事件分析

这里通过两个针对淘宝网购的二维码木马钓鱼欺诈事件,在回顾事件过程的基础上,分析利用二维码进行网络诈骗的特点。

（1）2013年河南淘宝店主王某接收到一买家发来的二维码,该买家称因其需求量较大,怕买错款式,所以特地制作了一个二维码清单,要求王某只需要用手机扫描该二维码就可以知道自己要购买的所有商品。结果王某未经思考就直接扫描了该二维码(见图7-13),随后出现了一个名为“购物清单”的APK文件下载页面,王某也按照系统提示进行了下载安装,但结果只有几行乱码,根本没有看到任何商品信息。但没过几分钟,王某的计算机上弹出了他的支付宝在异地登录的提示信息。当他感觉有些不妥并立即修改支付宝密码时,却发现密码已经被人修改。

图 7-13 用手机扫描接收到的二维码

在该事件中,黑客向王某发送了隐藏有木马钓鱼网站的二维码,当王某下载了该木马并自动启动后,王某手机接收到的所有短信都会被木马拦截并与王某的手机号码一起发给黑客。然后,黑客会利用其手机号码作为支付宝用户名,进行短信重置密码的操作,从而成功盗刷王某的网银。期间,因为手机短信被拦截,所以黑客的所有操作王某完全没有察觉。

（2）2014年的一天,受害人谢某在淘宝商城购买了一件衣服并成功付款后,却收到了一个由卖家发来的二维码,并告诉谢某:扫描二维码后,可获赠免费的运费险,如果运输途中货物丢失或损坏,可以直接由保险公司来赔偿。对于免费的保险,谢某很自然地用手机扫描了二维码,按照提示登录了"淘宝网站"(其实是假冒淘宝的钓鱼网站),并按提示输入了淘宝密码、支付密码及手机验证码等信息。但在提交后,系统出现"运费险授权失败"的提示,并且重复了多次输入后仍然如此。当谢某产生怀疑时,却发现原来的订货记录突然变成了"确认收货",并且钱已经打到了对方账户。

与第(1)种欺诈方式不同的是,本事件中的诈骗对象由原来的淘宝卖家变为买家,以赠送"运费险"为诱饵诱骗买家上当,进而盗取其支付宝账号和密码,并实施盗刷。

二维码支付主要应用于移动支付领域,并广泛应用于出租车、商场、超市等支付方式中。例如,"快的""滴滴"打车软件,以及一些商场和超市推出的扫码支付,只要对准二维码"扫一扫",就可以直接通过支付账户付款,非常方便。但从现状来看,一方面是二维码应用的快速发展,另一方面是二维码技术在移动支付中还存在一定的应用风险。

3. 安全防范方法

作为一项新应用,二维码因其使用便捷、技术要求不高,从其一问世便得到了广泛应用,同时二维码技术也成为手机病毒、钓鱼网站传播的新渠道。除针对淘宝网店的欺诈外,送保险、送礼品、打折等借口通常也是二维码钓鱼过程中常用的诱饵,当用户一旦贪小便宜进而扫描了二维码后,就会被诱导到钓鱼网站,盗取用户的个人信息,骗取钱财。还有部分链接是由不法分子伪装的吸费木马,一旦下载就会导致手机自动发送信息并扣取大量话费。

二维码本身不会携带恶意代码,但很多木马软件可以利用二维码下载。然而,很多手机目前都使用开放式的手机平台,如果下载了这样的木马程序,木马程序就会"接管"手机的短信发送接口,在用户不知道的情况下发送短信。这类短信往往都要扣除高额的话费。

为尽量减少利用二维码隐藏的木马程序带来的危害,用户在扫描二维码前应先判断发布来源是否权威可信。一般来说,正规的报纸、杂志,以及知名商场的海报上提供的二维码是安全的,但在网站上发布的或由 QQ 发送的不知来源的二维码需要引起警惕。如果通过二维码来安装软件,安装好以后,最好先用杀毒软件扫描一遍再打开。当用户习惯于使用二维码时,可以选用管家软件进行实时监控,如 360 手机卫士等。

7.4　云服务的攻防

云计算(cloud computing)是一种基于互联网的计算方式,通过这种方式,共享的软硬件资源和信息可以按需提供给计算机和其他能够接入互联网的设备。云是对互联网的一种形象的比喻,云计算是针对传统计算而言的,它将传统的计算方式从本地计算机延伸到了互联网上(即"云端"),通过网络提供可伸缩的廉价的分布式计算能力。

7.4.1　关于云计算

2006 年,Google 提出"云计算"的概念。但在之前的 2002 年,Amazon 就已经推出了云计算产品 AWS(Amazon Web Service)。云计算虽然是一个新名词,却不是一个新应用。自有网络以来,人们就可以将文件上传到服务器的存储空间中保存,需要时再从服务器存储空间中下载文件。这种操作方式与今天人们使用的百度网盘、360 云盘、腾讯微云等模式没有本质上的区别,今天的应用方式只是提供了更加友好的操作界面并便于操作而已。

　　搜索引擎是一种最简单且在网络服务中已经随处可见的应用工具,当人们在浏览器的搜索引擎中输入关键词时,搜索引擎便会在整个网络中进行搜索,并给出结果。今天的云计算,不仅仅只进行资料搜寻操作,还可以为用户提供各种计算技术、数据分析等服务。因此,就像搜索引擎一样,云计算也是一种服务,而且是一种更广泛的服务。如图7-14所示,利用云计算,人们用接入互联网的个人计算机、手机、PAD、电视机等终端,就可以在数秒之内处理数以千万计甚至亿计的信息,得到和"超级计算机"同样强大效能的网络服务,获得更多、更复杂的数据计算的帮助。

图 7-14　云计算操作示意图

　　云计算是指 IT(Information Technology,信息技术)基础设施的交付和使用模式,指通过网络以按需、易扩展的方式获得所需的资源(硬件、平台、软件)。提供资源的网络被称为"云","云"中的资源在使用者看来是可以无限扩展的,并且可以随时获取、按需使用、随时扩展、按使用付费。这种特性经常被称为像使用水电一样来使用 IT 基础设施。

　　简单来说,云计算机可以将用户所需的软硬件、资料都放到网络上,在任何时间、任何地点,可使用各类接入互联网的 IT 设备(个人计算机、手机、平板电脑等),实现数据上传、下载、运算等目的。当前,常见的云服务有公有云(public cloud)与私有云(private cloud)两种。其中,公有云是基于互联网(Internet)的服务类型,广大互联网用户都可共享一个服务提供商的系统资源,不需要架设任何设备及配备管理人员,便可享有专业的 IT 服务。公有云还可细分为 3 个类别,分别是 SaaS(Software-as-a-Service,软件即服务)、PaaS(Platform-as-a-Service,平台即服务)和 IaaS(Infrastructure-as-a-Service,基础设施即服务)。例如,人们平时使用的电子邮箱、网上相册都属于 SaaS 的一种。而私有云则是由单位根据信息化应用需要在内部网络(Intranet)中建立的云服务系统,它的应用功能与公有云相同,只是应用范围受限而已。

　　对于普通互联网用户来说,云盘(云存储)是云计算中最为普及和大众化的一种服务方式。当云计算系统运算和处理的核心是大量数据的存储和管理时,云计算系统中就需要配置大量的存储设备,这时的云计算系统就转变成为一个云存储系统,所以云存储是一个以数据存储和管理为核心的云计算系统。云存储的普及真正向普通用户证明了云计算时代的到来。

在移动互联网时代，个人计算机、手机、平板电脑、数字电视等成为人们经常使用的上网设备。如何实现同一信息源在不同终端上方便、快捷地转存和浏览，就成为一个很现实的应用课题。云服务和云存储是目前解决跨平台信息交换问题比较有效的解决方案之一。同时，手机、平板电脑等移动设备的更新很快，而在更新后这些设备中存储的各种数据资料的备份也是一个不得不面对的问题，而云服务平台可以很好地解决这一问题。

此外，照片、视频等大文件的分享也需要云存储与云分享服务的支持。使用传统的邮件附件或FTP方式很难传送几百兆字节以上的文件，而且即使能够上传，分享起来也很不方便。而用云存储技术来分享一个大文件，用户只需向对方提供一个下载链接，对方就可以随时随地进行下载。分享链接不仅可以通过电子邮件进行传送，而且通过微博、网站等方式进行分享也非常方便，甚至已经有很多人使用云盘技术来搭建新型的文件下载服务器。

7.4.2　云存储的安全问题

相比于传统硬盘、U盘和光盘存储方式，云存储具有存储量大（以GB为单位）、存储成本低（基本上都是免费）、数据不易损坏、不易丢失（由云存储服务商负责文件的安全备份）等安全性特点。不过，由于云存储作为一种基于互联网的应用，不仅要解决互联网已有的安全问题，同时也要面对这一新型应用特有的挑战与安全性威胁。

1. 云盘成为恶意程序传播的新途径

根据360互联网安全中心的监控，2013年年初，已经出现了大量利用云存储传播恶意程序的事件。目前，平均每天截获的仅利用"360云盘"进行传播的恶意程序文件和疑似恶意程序文件多达几万个。相比于各种传统的病毒传播机制，利用云存储空间传播病毒成本更低、发现更难，而且具有较强的欺骗性。

2. 敏感信息存在安全风险

无论是企业还是个人，都有可能在云存储空间中存放一些私密或机密的文件信息，如涉及个人隐私或单位机密的照片、视频文件等。这些信息通常会面临两类主要的安全威胁：一是云存储空间账号被盗；二是云存储服务器中的信息被非法访问。对于绝大多数用户来说，云存储服务器本身的安全性更受关注。用户只知道将数据放到了"云"端，但至于存在哪里，怎么存的，用户一概不知。这种"神秘性"自然而然地失去了对安全性的认可度。

针对文件存储的机密性，许多云盘提供商采取了一些安全技术，主要有严格的权限和密钥管理，通过数据加密方式保证服务器中的数据安全，通过将同一用户的资料随机分散地存储在服务器的不同位置从而增加入侵者获取完整连续数据的难度等。如图7-15所示，360云盘在分享文件时，对于机密文件设置了访问密码，以防范机密信息的不必要扩散。

3. 服务器损坏风险

云存储服务器也有可能受到如地震、水灾、电力中断等不可抗力的影响而发生数据损失。为抵御此类事故风险，一些云服务提供商通过采取将多个数据中心分布在多个机房，同时数据中心内多份复制并配备专门的备份数据中心的方式，保证数据在存储到数据中心后不会因事故的发生而丢失。很显然，服务器被损坏的风险越小，云服务提供商在数据备份方面的投入也就越大。

图 7-15 为机密信息设置访问密码

7.4.3 云服务的安全防范

目前,关于云计算与安全之间的关系一直存在两种对立的说法:持有乐观看法的人认为,采用云计算会增强安全性。通过部署集中的云计算中心,可以组织安全专家和专业化安全服务队伍实现整个系统的安全管理,避免了现在由个人维护不专业导致安全漏洞频出而被黑客利用的情况。然而,更接近现实的一种观点是,集中管理的云计算中心将成为黑客攻击的重点目标。由于系统相对庞大的规模及其前所未有的开放性与复杂性,其安全性面临着比以往更为严峻的考验。对于普通用户来说,其安全风险不是减少而是增大了。

从应用来看,云计算中用户将数据存储在云端,因而不再拥有对自己数据的完全控制能力,只能依赖云服务商提供的安全保障,使用户能够信任新环境下的数据安全及完整性。相比于传统计算模式,这种数据新的访问和控制模式带来了新的安全挑战。为此,用户一般应选择规模大、信誉度高、安全措施得当的云服务提供商,以减小安全风险。另外,对于重要数据,当确实要通过云盘存储时,建议将同一份文件分别存放在不同的云盘上,实现用户端的安全备份。

云服务中的另一个问题是隐私保护问题。云服务要求大量用户参与,不可避免地出现了隐私问题。很多用户担心自己的隐私会被云服务提供者收集。正因如此,虽然在加入云计划时很多厂商都承诺尽量避免收集用户隐私,即使收集到也不会泄露或使用,但不少用户还是怀疑厂商的承诺,他们的怀疑也不是没有道理的。不少知名厂商都被指责有可能泄露用户隐私,并且泄露事件也确实时有发生。对于隐私保护问题,可从以下几个方面尽量避免。

(1) 行业自律。云服务提供商应规范行业行为,实现自我约束,协调同行利益关系,维护行业间的公平竞争和正当利益,促进行业发展,最大限度地保护云用户的个人隐私。

（2）加强行业规范。一方面是行业内对国家法律、法规政策的遵守和贯彻,另一方面是通过行业内的行规行约制约自己的行为。为了加大对互联网和云服务的安全管理,国家发展和改革委员会等7部委联合发布了《关于下一代互联网"十二五"发展建设的意见》,其中强调:互联网是与国民经济和社会发展高度相关的重大信息基础。加强网络与信息安全保障工作,全面提升下一代互联网安全性和可信性。加强域名服务器、数字证书服务器、关键应用服务器等网络核心基础设施的部署及管理;加强网络地址及域名系统的规划和管理;推进安全等级保护、个人信息保护、风险评估、灾难备份及恢复等工作,在网络规划、建设、运营、管理、维护、废弃等环节切实落实各项安全要求;加快发展信息安全产业,培育龙头骨干企业,加大人才培养和引进力度,提高信息安全技术保障和支撑能力。

（3）提高个人的安全意识。云服务在提供了快捷使用的同时,由于用户无法对云端资源实现可控和可管,当出现一些安全风险时,将束手无策。受利益的驱使,不能确保所有的云服务提供商都是可信、自律的。另外,云服务中的用户数据等敏感信息,也已成为黑客地下产业链的重要信息来源。为此,对于用户来说,最有效的办法是将涉及个人或单位信息的敏感数据不存放在云盘中,即使部分云盘在数据存储时提供了数据安全加密功能,但任何安全技术和措施都是相对的。

（4）加强技术管理。云计算作为一项新型应用技术,其安全性不仅涉及传统互联网中已有的安全问题,而且还必须面对新的安全威胁。例如,云计算环境中数据的传输、用户数据加密等问题都是传统互联网中涉及的,但云计算架构下的按需资源分配、跨域授权、隐私保护等问题,必须针对云计算理论体系和应用特点,做到有的放矢,提出有效可行的安全管理技术规范并加以实施。

7.5　网络购物的攻防

网络欺诈是指通过使用网络进行的各种欺诈行为,其目的是通过现代信息网络并以欺骗手段非法获取用户名、密码、银行卡号、信用卡号、身份证号码、手机号码、邮箱地址、家庭地址等信息,进而用于非法活动。网络欺诈行为的发生数量每年都在增长,产生的社会危害很大,尤其是随着移动互联网的广泛应用,网络欺诈方式不断翻新,影响范围不断扩大,受害人数不断增长。与此相反的是,实施网络欺诈的条件却越来越简单,成本越来越低廉。

木马病毒和钓鱼网站是网络欺诈的常用工具和方法,由网络欺诈而导致的经济损失每年达到几十亿元人民币。作为一种"低投入、高产出"的网络犯罪行为,网络欺诈给普通网络用户造成的经济损失非常巨大。国内专业网络安全机构的统计结果显示,网络欺诈形式和方法主要有网络兼职、虚假购物、网络游戏、账号被盗、虚假团购、话费充值、消费欺诈、网上博彩、虚假票务、网购木马、投资理财、视频交友和虚假中奖等。网络欺诈的传播方式主要有搜索引擎、即时通信（如QQ、微信等）、游戏平台、短信等,特别是不法分子通过QQ发送钓鱼网站或欺诈链接,以诱骗受害者上当。本节通过对几个典型案例的分析,介绍网络购物（简称"网购"）中存在的安全风险及应对方法,以期为大家起到警示作用。

7.5.1 网络游戏网站钓鱼欺诈

无论是传统互联网还是移动互联网时代,网络游戏都是最吸引用户和最为广泛的应用之一,网络游戏产业的发展呈现出蓬勃态势。同时,针对网络游戏网站的钓鱼欺诈现象也频繁发生,对游戏玩家造成了很大危害。

1. 案例分析

游戏玩家李某在玩某一网络游戏时,看到游戏公共频道有人在不停地发送"××搜索××游戏装备大赠送"的信息。于是,李某便到信息中提及的"××搜索"引擎中搜索"××游戏装备大赠送"这一关键词。果然,该搜索内容显示在该搜索引擎的首条。当李某不假思索地点击搜索引擎提供的链接后,在出现的页面中要求李某输入游戏账号和密码。李某按提示输入后,结果系统却没有反应。一开始,李某以为网站出了故障,没有太在意。但几个小时后,当李某再次登录游戏后,却发现自己账户中的"装备"和"金钱"已经一无所有。

在本事件中,不法分子不是通过 QQ 或邮件方式将以"中奖"或"大赠送"为名义的钓鱼网站地址发给用户,而是告诉用户到搜索引擎中去查找该中奖信息的链接地址,使用户放松了警惕。此类事件由于不法分子在实施欺诈前已经掌握了部分用户的心理,以被大家普遍认为可信的搜索引擎作为行骗的中介,迷惑性较强。

近年来,网络游戏已经成为一个强大的产业,在互联网应用中占据着重要的地位,因此也成为不法分子进行钓鱼欺诈的重点。不法分子通过在各大知名游戏网站发送欺诈信息,出售一些明显低于市场价格的"装备""游戏币"或冒充游戏官方发送礼品等行为,不断诈骗用户。在此基础上,再利用一些搜索引擎存在的漏洞,提升欺诈信息的排名,使部分游戏玩家上当。

2. 主要防范方法

网络游戏网站钓鱼欺诈的实现通常由 3 个环节组成:制作钓鱼网站、提升在特定搜索引擎中的排名和在游戏平台发送诈骗信息。其中,最为关键的一个环节是通过 SEO (Search Engine Optimization,搜索引擎优化)或参与竞价,把钓鱼网站排到指定搜索引擎的首条,以增加搜索结果的可信度和被点击的可能性。为此,防止此类诈骗的主要方法是用户可分别到多个搜索引擎中去查找,如果被查询信息仅在指定的搜索引擎中排在首位,而在其他搜索引擎中却查不到或排名靠后,则可以怀疑为虚假信息。

7.5.2 网络退款骗局

退款骗局是网购中出现较早的欺诈方法,随着网购规模的迅猛扩大,各类以退款为手段的欺诈层出不穷,并不断变换方式,以更大限度地迷惑和欺骗用户,对用户造成很大的经济损失。

1. 案例分析

2018 年 5 月,某地的吉先生在国内某知名网店购买了一件电子产品,当完成付款后不久便收到了一个自称是该网店客服的电话,称因为该网店系统临时维护升级,吉先生的订单失效，需要他填写退款协议办理退款。

不明真相的吉先生并不知道该网店退款办理中并没有这一流程，于是打开了对方通过QQ发来的退款链接。根据页面提示，吉先生依次输入了自己的银行卡号、密码、身份证号码、预留手机号码和短信验证码等信息。在单击"提交"按钮后，吉先生便收到了一条告知他的银行卡被消费了3000元的短信。

在该案例中，不法分子通过非法渠道获取了网购的客户信息，利用客户付款后等待收货这一时间段假冒网店卖家或客服，通过电话联系方式，以支付系统出现问题或升级等为由，诱导受骗者进行退款操作。随后，不法分子会给受骗者发送退款网站地址链接，受骗者通过链接打开高仿真钓鱼网站。钓鱼网站会诱导受骗者输入支付宝账号、密码、银行卡号、身份证号码、手机验证码等个人信息，盗刷用户支付宝和银行卡。

2. 主要防范方法

以上诈骗得以实施有两个非常重要的条件（或表象）：一是吉先生的网购信息如此之快地被不法分子获得，进而不法分子冒充为网店客服实施诈骗，说明因个人信息泄露而导致的危害已非常严重，而且泄露速度之快令人震惊；二是由于被骗者打开的钓鱼网站的仿真度极高，普通用户仅凭简单的视觉判断已很难辨别真伪，而制作高仿真度的网站在技术上早已没有门槛。

对于该类骗局，可通过以下方法防范。

（1）在网购过程中，凡是借助QQ等第三方即时通信平台进行沟通的商家，一般都存在安全风险，因为目前知名的网店都具有独立完善的客户在线交流工具，通常不需要借助QQ等第三方即时通信平台来完成。

（2）如果遇到由卖家通过QQ或邮件等方式主动发送来的链接，并称要求补办小额运费险、邮费时，一定要通过官方联系方式进行确认，不能轻信。一般情况下，如果存在小额运费险、邮费等服务，在用户购买商品时就有提示，不需要事后再提醒客户。

（3）一旦遇到需要填写账号、密码、身份证号码等个人信息时，对网站的真实性一定要进行严格的审查和确认。必要时，也可以使用一些安全验证工具（如360安全浏览器的"网站"功能）对网站的真实性进行辨认。

7.5.3　购买违禁品骗局

信息技术是一把双刃剑，一方面信息技术带来的便利已惠及普通大众，另一方面利用信息技术的违法行为也在借助于互联网这一最大的信息平台得到漫延，在一定程度上影响着人们生活的安全和社会的稳定。目前，在互联网上随处可见违法买卖仿真枪、违禁药品、窃听设备等现象，而且由这些违法行为还衍生出了一些网络诈骗行为。

1. 案例分析

浙江肖女士因怀疑自己在外地工作的丈夫有外遇，在朋友的介绍下，通过网络购买了一个手机卡监听器。根据网上产品介绍，只要把该手机卡监听器插入手机的SIM卡插槽，输入要监听的手机号码，就能够起到电话监听、短信拦截、卫星定位等作用。

肖女士通过网络搜索到了一款自认为功能不错的手机卡监听器（这类信息网络上随处

可见,图7-16所示的便是随意搜索到的一个产品宣传和销售网站)。根据网上提供的联系方式,肖女士通过QQ与对方联系后,以6000元购得了该手机卡监听器。但当肖女士将买到的手机卡监听器插入自己的手机后,什么反应都没有,连电话也不能打。肖女士在联系了卖家后,卖家称要交10000元的卡激活费。肖女士只得又汇款给对方,之后对方称还要交9980元购买一款专用手机。

图7-16 网上随处可见的出售监听设备的网站

这时,肖女士意识到自己可能被骗了,于是拒绝继续向对方汇款。但是,对方却声称:如果肖女士不照办,不但拿不到手机,还要通知她的丈夫。顾及和丈夫的关系,肖女士在知道已经上当受骗的情况下,还是将钱汇给了对方。然而,汇了这笔款后,对方又向肖女士提出支付高额封口费的要求。无奈之下,肖女士只得向警方报案。

在本案例中,不管肖女士购买的手机卡监听器能否正常使用,她的这一行为本身就是违法的。这种违法行为,不但买家知道,而且卖家早已明白。所以,卖家也是利用了买家受骗后不敢轻易声张这一弱点,对买家继续进行欺诈。这种通过购买违禁品后,再进行连环诈骗的现象,危害非常严重。

2. 主要防范方法

不法分子通过网络销售所谓的监听器,主要瞄准了用户的以下心态:一是急于窥视他人秘密;二是对设备缺乏必要的了解;三是受骗者通常不敢声张。另外,不法分子实际提供的设备,其功能根本不像网站上宣传的那么强大,多数情况下,甚至就不具备任何功能。例如,本案例中的手机卡监听器根本就没有监听功能。这样,即使被查处,也可以减轻法律责任。

不法分子运用"货到付款"的手段,诱使受骗者一步步误入陷阱。在受骗者收到货后,不法分子又会以密码激活、开启 PIN 码等方式,继续诱骗受骗者不断给其汇款。其实,这类网购诈骗的防范方法很简单:一是不轻信网络广告,不猎奇;二是不做违法的交易。

习题

1. 结合传统桌面互联网应用,试分析移动互联网的应用特点。
2. 以智能手机为例,说明移动终端的节能和定位功能。
3. 名词解释:移动搜索、移动社交网络、自媒体、隐私保护。
4. 什么是中间人攻击?结合移动互联网应用,试分析"中间人攻击"的防范方法。
5. 试分析软键盘的应用特点,如何防范针对软键盘应用的攻击?
6. 名词解释:逆向工程、二次打包、应用加固、签名验证。
7. 什么是双因子认证?什么是伪双因子认证?如何防范移动应用中的伪双因子认证?
8. 结合日常应用,试分析骚扰电话的一般特征以及防范方法。
9. 结合日常应用,试分析诈骗电话的一般特征以及防范方法。
10. 结合日常应用,试分析垃圾短信的一般特征以及防范方法。
11. 结合日常应用,试分析二维码的应用特点以及存在的安全问题,如何进行防范?
12. 什么是云计算?云计算存在哪些应用风险?如何防范?
13. 结合日常应用,试分析针对网络购物攻击的防范方法。

参 考 文 献

[1] 王元卓,林闯,程学旗,等.基于随机博弈模型的网络攻防量化分析方法[J].计算机学报,2010,33(9): 1748-1762.

[2] 毕锦雄,郑志彬,褚永刚.网络攻防——魔和道的持久对峙[J].电信网技术,2013,11:5-8.

[3] 雷璟.网络空间攻防对抗技术及其系统实现方案[J].电讯技术,2013,53(11):1494-1499.

[4] 霍宝锋,刘伯莹,岳兵,等.常见网络攻击方法及其对策研究[J].计算机工程,2002,28(8):9-11.

[5] 刘欣然.网络攻击分类技术综述[J].通信学报,2004,25(7):30-36.

[6] 刘欣然.一种新型网络攻击分类体系[J].通信学报,2006,27(2):160-167.

[7] 何炎祥,刘陶,曹强,等.低速率拒绝服务攻击研究综述[J].计算机科学与探索,2008,2(1):1-19.

[8] 张登银,许芳颂.端口扫描与反扫描技术研究[J].南京邮电学院学报,2005,25(6):54-58.

[9] 王紫阳,赵旺,田渝,等.彩虹表在密码破解中的应用[J].信息安全与通信保密,2010,11:54-56.

[10] 单国栋,戴英侠,王航.计算机漏洞分类研究[J].计算机工程,2002,28(10):3-6.

[11] 张瑜,李涛,吴丽华,等.计算机病毒深化模型及分析[J].电子科技大学学报,2009,38(3):419-422.

[12] 文伟平,卿斯汉,蒋建春,等.网络蠕虫研究与进展[J].软件学报,2004,15(8):1208-1219.

[13] 张新宇,卿斯汉,马恒太,等.特洛伊木马隐藏技术研究[J].通信学报,2004,25(7):153-159.

[14] 朱明,徐骞,刘春明.木马病毒分析及其检测方法研究[J].计算机工程与应用,2003,28:176-179.

[15] 刘华锋,罗宏伟,王力纬.硬件木马综述[J].微电子学,2011,41(5):709-713.

[16] 张慧琳,邹维,韩心慧.网页木马机理与防御技术[J].软件学报,2013,24(4):843-858.

[17] 孙淑华,马恒太,张楠.后门植入、隐藏与检测技术研究[J].计算机应用研究,2004(7):79-81.

[18] 程红蓉,秦志光,万明成,等.缓冲区溢出攻击模式及其防御的研究[J].电子科技大学学报,2007, 36(6):1187-1190.

[19] 蒋卫华,李伟华,杜君.缓冲区溢出攻击:原理、防御及检测[J].计算机工程,2003,29(6):5-7.

[20] 郭南.解读高级持续性威胁[J].信息安全与通信保密,2014(7):71-72.

[21] 陈景亮,张金石,陈晨.基于 BitLocker 加密技术的数据安全驱动器[J].山东师范大学学报(自然科学版),2017,32(3):48-51.

[22] 程宁,程钱洲.基于 BitLocker 数据保护的研究与设计[J].微型电脑应用,2011,27(2):9-10,13.

[23] 刘跃,宋兵.信息系统异地容灾技术探讨[J].中国传媒科技,2012(12):74-77.

[24] Windows 中的 SID 详解[EB/OL].https://www.cnblogs.com/mq0036/p/3518542.html.

[25] 戴有炜.Windows Server 系统配置指南[M].北京:清华大学出版社,2015.

[26] 诸葛建伟.网络攻防技术与实践[M].北京:电子工业出版社,2011.

[27] 张杰,戴英侠.SSH 协议的发展与应用研究[J].计算机工程,2002,28(10):13-15.

[28] 史芳丽,周亚莉.Linux 系统中虚拟文件系统内核机制研究[J].陕西师范大学学报(自然科学版): 2005,33(1):29-32.

[29] Linux 系统日志及分析[EB/OL].http://www.cnblogs.com/yingsong/p/6022181.html.

[30] 肖永康,纪翠玲,谢宝恂,等.ELinux 的安全机制和安全模型[J].计算机应用,2009,29(6):66-68.

[31] 赵杰,杨玉新.计算机病毒[J].云南大学学报(自然科学版),2006,28(S1):102-105.

[32] 诸葛建伟,韩心慧,周勇林,等.僵尸网络研究[J].软件学报,2008,19(3):702-715.

[33] 方滨兴,崔翔,王威.僵尸网络综述[J].计算机研究与发展,2011,8(8):1315-1331.

[34] 插件[EB/OL].https://baike.baidu.com/item/插件.

[35] 张茜,延志伟,李洪涛,等.网络钓鱼欺诈检测技术研究[J].网络与信息安全学报,2017,3(7):1-18.

[36] 360 互联网安全中心.2016 年中国网站安全漏洞形势分析报告[EB/OL].(2018-01-05)[2018-06-09]. http://zt.360.cn/1101061855.php?dtid=1101062368&did=210133742.

[37] 梁雪松.IDN 欺骗行为及其防御技术研究[J].电脑知识与技术(学术交流),2007(5):643-661.

[38] 罗军舟,吴文甲,杨明.移动互联网:终端、网络与服务[J].计算机学报,2011,34(11):2029-2051.